高等职业教育系列教材

常用机床电气控制系统安装与维修

第2版

主　编　刘丽萍　刘　霞　宋云艳
副主编　赵　波　李冠男
参　编　李　峰　齐书可

机械工业出版社

本书以通用机床电气控制系统安装与维修为主线进行编写，共包含18个项目，具体包括：安全用电及触电急救，电工基本操作技能训练，点动与连续控制电路安装，顺序控制电路安装，CA6140型车床电气控制电路安装与调试、测绘、维修，按钮互锁、接触器互锁、双重互锁、正反转控制电路安装，X5032型立式铣床电气控制电路安装与调试、测绘、维修，自动往返控制电路安装与故障检修，双速异步电动机控制电路安装与故障检修，M1432A型万能外圆磨床电气控制电路安装、测绘、维修。

本书参照机电设备安装、调试、维护、维修岗位所需的专业知识和实践技能，以中级维修电工知识和技能要求为准则，将“维修电工实训”“电机与电气控制技术”两门课程的内容有机地结合在一起。

本书可作为高等职业院校、高等专科学校机电类专业教材，也可供电工技术人员参考。

本书配有电子课件，读者可登录机械工业出版社教育服务网www.cmpedu.com免费注册后下载，或联系编辑索取（QQ：1239258369，电话（010）88379739）。

图书在版编目（CIP）数据

常用机床电气控制系统安装与维修/刘丽萍，刘霞，宋云艳主编．—2版．—北京：机械工业出版社，2017.9（2025.7重印）
高等职业教育系列教材
ISBN 978-7-111-57456-9

Ⅰ．①常… Ⅱ．①刘… ②刘… ③宋… Ⅲ．①机床—电气控制系统—安装—高等职业教育—教材②机床—电气控制系统—维修—高等职业教育—教材 Ⅳ．①TG502.35

中国版本图书馆CIP数据核字（2017）第169530号

机械工业出版社（北京市百万庄大街22号 邮政编码100037）
策划编辑：曹帅鹏 责任编辑：曹帅鹏 责任校对：樊钟英
责任印制：单爱军
北京盛通数码印刷有限公司印刷
2025年7月第2版第10次印刷
184mm×260mm · 13.75印张 · 334千字
标准书号：ISBN 978-7-111-57456-9
定价：49.00元

电话服务	网络服务
客服电话：010-88361066	机 工 官 网：www.cmpbook.com
010-88379833	机 工 官 博：weibo.com/cmp1952
010-68326294	金 书 网：www.golden-book.com
封底无防伪标均为盗版	机工教育服务网：www.cmpedu.com

前言

本书本着“以职业标准为依据，以企业需求为导向，以职业能力为核心”的理念，结合高等职业院校学生的特点，采用以项目为驱动的编写方式进行教学内容编写，并且各个项目具有独立性，可根据教学需要及专业要求灵活选取。

在内容编排上，改变了以知识能力点为体系的框架，采用以实践活动为主线组织编排教学内容，每一个项目均通过项目分析、相关知识、项目实施、项目评价的方式进行。依据从基本技能到核心技能到综合技能的能力培养过程，课程的项目与项目之间由浅入深、循序渐进。项目的选取考虑课程内容的全面性、专业岗位工作对象的典型性和教学过程的可操作性，注重知识与技能的有机结合，符合实训课教学特点，适应实践教学改革发展方向。

本书是机械工业出版社组织出版的“高等职业教育系列教材”之一，由长春职业技术学院刘丽萍、刘霞、宋云艳任主编，长春职业技术学院赵波、李冠男任副主编，参与本书编写的还有长春职业技术学院李峰、齐书可。其中项目 1、项目 2、项目 7~项目 13 及附录由刘丽萍编写，项目 3 由刘霞编写，项目 4~项目 6 由赵波编写，项目 14 由李冠男编写，项目 15 由李峰编写，项目 16 由齐书可编写，项目 17、18 由宋云艳编写，全书由刘丽萍进行统稿。

由于编者水平有限，书中难免出现问题和错误，恳请读者批评指正。

编　者

目　　录

项目1 安全用电及触电急救

1.1 项目分析

安全用电及触电急救是电气维修人员必须掌握的基本操作技能。本项目主要介绍电工安全用电常识及触电急救相关知识。通过本项目的学习，学生能够了解触电的种类及方式；了解用电安全技术措施；熟悉触电与电火灾的防范措施；熟悉触电现场急救措施及方法。

1.2 相关知识

1.2.1 安全用电常识

1. 安全用电的意义

当今社会，无论是家庭生活还是工农业生产都离不开电，可是，如果不懂得安全用电常识，用电不当，可能会导致严重的人身触电事故，甚至引发火灾或爆炸。其中对人体的伤害即触电事故是各类电气事故中最常见的事故；同时，也存在电气火灾、电磁伤害等多种事故。据统计，在工伤事故中，电气事故占有很大比例。

触电事故是人体触及带电体导致电流流经人体所发生的伤亡事故。

2. 人体触电的基本知识

（1）触电含义　在日常生活和工作中，人体因触及带电体，受到电压作用造成局部受伤，甚至死亡的现象，称为触电。人体触电时，电流流经人体，就会产生伤害。

（2）触电种类　电流对人体的伤害，按照其性质可以分为电击和电伤两种。

1）电击。电击是指人体接触带电体后，电流流过人体内部器官，使其受到伤害。当电流作用于人体中枢神经，使心脏和呼吸器官的正常功能受到破坏，血液循环减弱，人体发生抽搐、痉挛、昏迷、窒息，甚至心脏停止跳动、血液循环中止而死亡。

2）电伤。电伤是指电流的热效应、化学效应和机械效应对人体外部器官造成的局部伤害，包括电弧引起的灼伤。电流长时间作用于人体，由其化学效应及机械效应在接触电流的皮肤表面形成肿块、电烙印及在电弧的高温作用下熔化的金属渗入人皮肤表层，造成皮肤金属化等。电伤是人体触电事故中危害较轻的一种。

人体触电伤害程度与通过人体电流的大小、时间的长短、流经的途径、电流的频率、触电者的身体健康状况及人体的电阻等因素有关。

一般来说，流经人体的电流越大，时间越长，对人体造成的伤害也就越大。触电时间超过人体的心脏搏动周期（约750ms），或者触电正好开始于搏动周期的易损伤期时，危险最大。一般认为：电流通过人体的心脏、肺部和中枢神经系统的危险性比较大，特别是电流通过心脏时，危险性最大。所以从手到脚的电流途径最为危险。40～60Hz 交流电对人危害最大，直流电流与较高频率电流的危险性则小些。

触电还容易因剧烈痉挛而摔倒，导致电流通过全身并造成摔伤、坠落等二次事故。

以工频电流为例，当1mA左右的电流通过人体时，会产生麻刺等不舒服的感觉；10~30mA的电流通过人体，会产生麻痹、剧痛、痉挛、血压升高、呼吸困难等症状，但通常不致有生命危险；电流达到50mA以上，就会引起心室颤动而有生命危险；100mA以上的电流，足以置人于死地。

通过人体电流的大小不仅与触电电压和人体电阻有关，而且还与环境条件等因素有很大关系。通常人体的电阻在800~$10^4\Omega$范围内变化，人体电阻越大，受电流伤害越轻。细嫩潮湿的皮肤，电阻可降到800Ω以下。另外，人体接触的电压升高时，人体电阻也会大幅度下降。

（3）触电方式

1）单相触电。在低压电力系统中，人体的一部分接触带电体时，另一部分与大地或中性线相接，电流从带电体流经人体到大地形成回路，这种触电称为单相触电，如图1-1所示，单相触电是最常见的触电方式。如图1-1a所示为中性点接地系统的单相触电，若系统中性点接地，则加在人体的电压为220V，流过人体的电流足以危及生命。如图1-1b所示为中性点不接地系统的单相触电，当中性点不接地时，虽然电流对地绝缘电阻能够起到限制人体电流的作用，但电路对地存在分布电容、分布电阻，作用于人体的电压为380V，触电电流仍然能够达到危及生命的程度。人体接触漏电的设备外壳，也属于单相触电，如图1-1c所示。

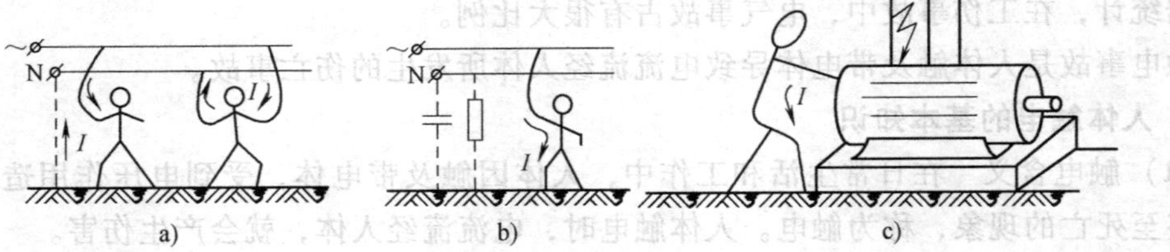

图1-1　单相触电

a）中性点接地系统的单相触电　b）中性点不接地系统的单相触电　c）接触漏电设备外壳的单相触电

2）两相触电。人体不同部位同时接触两相电源带电体而引起的触电称为两相触电，如图1-2所示。两相触电时无论电网中性点是否接地，人体所承受的线电压均比单相触电时高，危险性也更大。

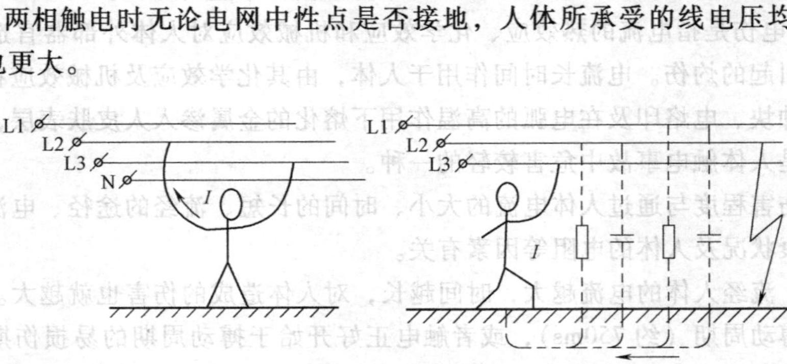

图1-2　两相触电

3）接触电压、跨步电压触电。接触电压、跨步电压触电是危险性较大的触电方式之一。当外壳接地的电气设备绝缘损坏而使外壳带电，或导线断落发生单相接地故障时，电流由设备外壳经接地线、接地体（或由断落导线经接地点）流入大地，向四周扩散，在导线接地点及周围形成强电场。其电位分布以接地点为圆心向周围扩散，一般距接地体20m远处的电位为零。这时，人站在地上触及设备外壳，就会承受一定的电压，这种触电方式称之为接触电压触电。

如果人站在设备附近的地面上，两脚之间就会承受一定的电压，这种电压称为跨步电压，如图1-3所示。

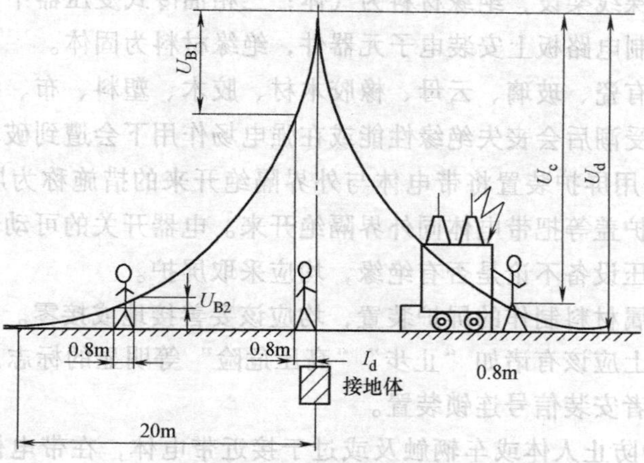

图1-3 接触电压和跨步电压触电

接触电压和跨步电压的大小与接地体电流、土壤电阻率、设备接地电阻及人体的位置有关。当接地电流较大时，接触电压和跨步电压会超过允许值发生人身触电事故，特别是在发生高压接地故障或雷击时，会产生很高的接触电压和跨步电压。一般离接地体20m以外，就不会发生跨步电压触电。

（4）触电原因　触电分为直接触电和间接触电两种情况。直接触电是指人体直接接触或过于接近带电体而造成的触电现象；间接触电是指人体触及正常时不带电而发生故障时才带电的金属导体。

触电的场合不同，引发触电的原因也不同。常见的易发生触电的原因有以下几种情况。

1）电气设备电路架设不符合要求。主要表现在：室内外电路对地距离、导线之间的距离小于容许值；有的地区为节省电线而采用一线一地制送电；通信线、广播线与电力线间隔距离过近或者同杆敷设；电路绝缘破损等。

2）操作不符合安全操作规程。主要表现在：带电操作，不采取可靠的安全保护措施；不熟悉电路和电器进行盲目维修；救护已经触电的人，自身不采取安全保护措施；停电检修，不悬挂警示牌；使用不合格的安全保护工具进行电路检修；人体与带电体过于接近，又缺少绝缘措施或屏护措施。

3）用电设备不符合要求。主要表现在：电气设备内部绝缘低或损坏，金属外壳无保护接地措施或接地电阻过大；开关、闸门、灯具、携带式电器绝缘外壳破损，失去防护作用；开关、熔断器误装在中性线上，一旦断开，就使整个电路带电。

4）用电不规范。主要表现在：违反布线规程，在室内乱拉电线；随意加大熔断器的熔丝规格；在电线上或电线附近晾晒衣物；在电杆上拴牲口；在电线（特别是高压线）附近打鸟、放风筝；在未切断电源时，移动家用电器；打扫卫生时用水冲洗或用湿布擦拭带电电器或电路等。

5）其他偶然因素，如人体受到雷击等。

（5）预防触电的措施

1）预防直接触电的措施

① 绝缘措施。用各种绝缘材料将带电体隔离封闭起来的措施称为绝缘措施。良好的绝缘是防止触电事故的重要措施，根据绝缘材料的不同，可分为气体绝缘、液体绝缘和固体绝缘。高压线在空气中裸线架设，绝缘材料为气体；三相油冷式变压器中住满了变压器油，绝缘材料为液体；在印制电路板上安装电子元器件，绝缘材料为固体。

常用的绝缘材料有瓷、玻璃、云母、橡胶木材、胶木、塑料、布、纸和矿物油等。应当注意：很多绝缘材料受潮后会丧失绝缘性能或在强电场作用下会遭到破坏，丧失绝缘性能。

② 屏护措施。采用屏护装置将带电体与外界隔绝开来的措施称为屏护措施。例如，可以采用遮拦、护罩、护盖等把带电体同外界隔绝开来。电器开关的可动部分一般不能使用绝缘，而需要屏护。高压设备不论是否有绝缘，均应采取屏护。

注意：只要是金属材料制作的屏护装置，均应该妥善接地或接零。

栅栏等屏护装置上应该有诸如“止步”“高压危险”等明显的标志。遮拦出入口的门上应该根据需要装锁或者安装信号连锁装置。

③ 间距措施。为防止人体或车辆触及或过于接近带电体，在带电体与人、畜之间，或者带电体与带电体之间均应保持一定的安全距离。例如，导线与建筑物的最小距离，当线路电压为1000V以下，垂直距离应不小于2.5m，水平距离不小于1m；当线路电压在35kV时，垂直距离最小为4m，水平距离最小为3m等。可见，安全间距的大小与电压的高低、设备的类型、安装的方式等因素有关。

间距措施除了防止触及或过于接近带电体外，还能起到防止火灾、防止混线、方便操作的作用。在低压工作中，最小检修距离不应小于0.1m。

④ 漏电保护。漏电保护又称为残余电流保护或接地故障电流保护。漏电保护仅能用于附加保护而不应该单独使用，其动作电流最大不宜超过30mA。

⑤ 使用安全电压。电流通过人体时，人体承受的电压越低，触电伤害就越轻。当电压低于某一定值后，就不会造成触电伤害了。这种不带任何防护设备，对人体各部分组织均不造成伤害的电压值，称为安全电压。

世界各国规定的安全电压有50V、40V、36V、25V、24V等，其中以50V、25V居多。国际电工委员会（IEC）规定安全电压限定值为50V，我国规定12V、24V、36V三个电压等级为安全电压等级。在湿度大、狭窄、行动不便、周围有大面积接地导体的场所（如金属容器内、矿井内、隧道内等）使用的手提照明，应该采用12V的安全电压。凡手提照明器具，在危险环境、特别危险环境的局部照明灯，高度不足2.5m的一般照明灯，携带式电动工具等，若无特殊的安全防护装置或安全措施，均应采用12V安全电压。安全电压的规定是从总体安全上考虑的，对于某些特殊情况，某些人也不一定绝对安全，所以即使在规定的安全电压下工作，也不能粗心大意。

2）预防间接触电的措施。

① 加强绝缘措施。对电气设备或电路采取双重绝缘，可以使设备或者电路绝缘牢固，不易损坏。即使工作绝缘破坏，还有一层加强绝缘，不会导致发生金属导体裸露造成间接触电。

② 电气隔离措施。采用隔离变压器使得电气电路和设备的带电部分处于悬浮状态。即使电路或设备的工作绝缘损坏，人站在地面上与之接触也不易触电。

必须注意，被隔离回路的电压不得超过500V，其带电部分不能与其他电气回路或大地相连。

③ 自动断电措施。在带电电路或设备上采取漏电保护、过电流保护、过电压或欠电压保护、短路保护、接零保护等自动断电措施，当发生触电事故时，在规定的时间内，这些保护开关或设备能自动切断电源从而起到保护作用。

④ 等电位环境。将所有容易同时接近的裸导体（包括设备外的裸导体）互相连接起来等化其间电位，防止接触电压。等电位范围不应小于可能触及带电体的范围。

3）使用安全标志。

安全标志由安全色、几何图形和图形符号构成，用以表达特定的安全信息。安全标志可以提醒人们注意或按标志上注明的要求去执行，是保障人身和设施安全的重要措施，一般设置在光线充足、醒目、稍高于视线的地方。

安全色是表达安全信息含义的颜色，表示禁止、指令、提示、警告等。为了让人们能够迅速发现、分辨安全标志和提醒人们注意，国家标准《安全色》（GB 2893—2008）中已经规定传递安全信息的颜色。安全色规定为红、蓝、黄、绿四种颜色，其中，红色表示禁止、停止或提示消防设备、设施的信息；蓝色表示传递必须遵守的指令性信息；黄色表示传递注意、警告的信息；绿色则表示传递安全的提示性信息。

让安全色更加醒目的反衬色叫对比色。国家规定的对比色是黑、白两种颜色。安全色与其对应的对比色是：红—白、黄—黑、蓝—白、绿—白。

黑色用于安全标志的文字、图形符号和警告标志的几何边框。白色用于安全标志中红、蓝、绿色的背景色，也可以用于安全标志的文字和图形符号。

《电力成套装置中的导线颜色》中规定：电器母线和引下线应该涂漆，并要按相序进行分色。涂漆的目的是能够进行相序的区分，同时能够防止腐蚀、便于散热。其中L1相（U相）为黄色，L2相（V相）为绿色，L3相（W相）为红色。

该标准还规定：交流回路中中性线为淡蓝色；接地线用黄—绿双色线；双芯导线或绞合线用红—黑色线并行；直流回路中正极用棕色，负极用蓝色，接地中性线用淡蓝色。

国家标准《手持式电动工具的管理、使用、检查和维修安全技术规程》（GB 3787—2006）中特别强调在手持式电动工具的电源线中，黄绿双色线在任何情况下只能用做保护接地线或零线。

3. 用电安全技术措施

（1）工作接地（N线接地） 工作接地是指为了保证电气设备可靠运行，必须把电力系统的中性点接地。工作接地可以降低人体的接触电压。若一相导线接地后，可形成单相短路电流，有关保护装置就能够及时动作，从而切断电源，如图1-4所示。

（2）保护接地（PE线接地） 保护接地简介接地，是将电气设备在正常情况下不带电的金属部分与大地作金属性连接，以保证人身的安全。在电源中性点不接地的供电系统中，当设备外壳不接地而意外带电时，外壳与大地间存在电压，人体触及外壳时，电流就会经过人体和电路对地电容形成回路，发生触电的危险。如图 1-5a 所示。为了避免这种触电危险，尽量降低人体所能接触到的电压，应将电气设备的金属外壳与接地体相连接，即保护接地，如图 1-5b 所示。此时若设备漏电，外壳上的电压将通过接地装置将电流导入大地。这时，当人与漏电设备外壳接触时，由于人体与漏电设备并联，且接地体的电阻 R_d 通常小于 4Ω，人体电阻 R_r 在恶劣的环境下为 1000Ω 左右，因此，流过人体的电流就非常小，完全可以避免或减轻触电伤害。

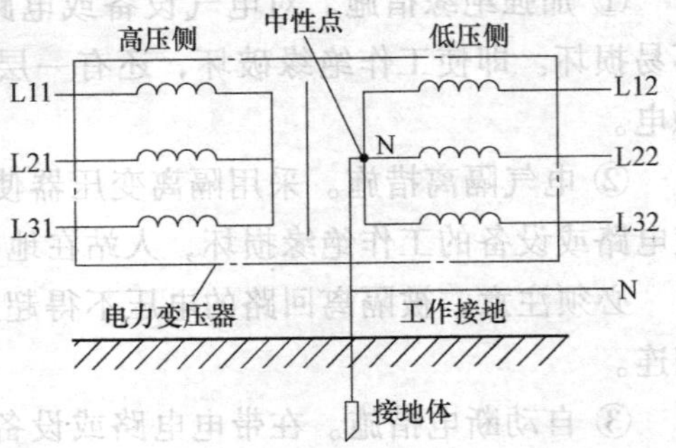

图 1-4　工作接地

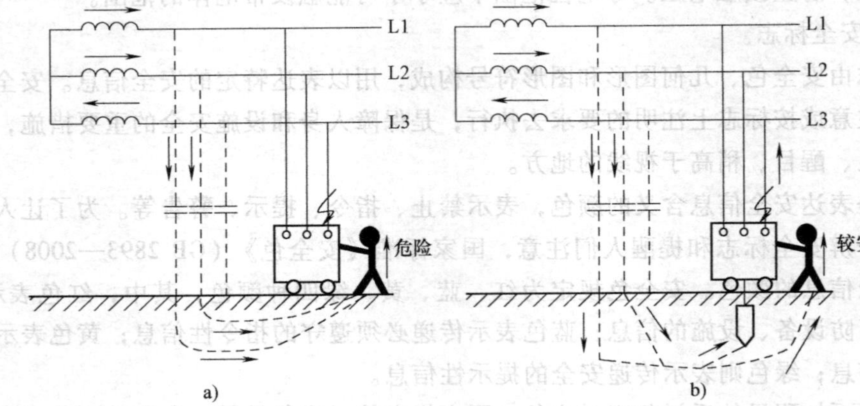

图 1-5　保护接地

a）没有接地　b）有接地

（3）保护接零（PEN 线接地）　保护接零简称接零，是指电源中性点接地的供电系统中，将电气设备的金属外壳与电源中性线（零线）可靠地连接起来。如果电气设备漏电致使其金属外壳带电时，设备外壳将与中性线之间形成良好的电流通路。这时，若有人接触设备金属外壳，由于人体电阻 R_r 远大于设备外壳与零线之间的接触电阻 R_c，因此，通过人体的电流必然很小，也排除了触电危险，如图 1-6 所示。

采用保护接零措施之后。零线绝对不准断开，所以零线上不准安装开关和熔断器。另外为确保安全，还应该将零线与接地装置可靠连接，即重复接地，此时万一零线开路，重复接地将起到把漏电电流导入大地的作用。

（4）重复接地（PEN 线重复接地）　在三相四线制保护接零电网中，除了变压器中性点的工作接地之外，在零线上多点与接地装置的连接叫重复接地。这样可以降低漏电设备外壳的对地电压，减轻触电的危险，如图 1-7 所示。

（5）漏电保护装置　漏电时常出现两种现象：一是金属外壳带电，二是三相电流的平衡遭到损坏。漏电保护装置就是通过检测机构获得这两种异常信号，经过中间机构的转换传递，使执行结构动作，通过开关设备立即切断电源起到保护作用。漏电保护装置分为电压型和电流型两类，其中，电流型又有电磁式和电子式之分。

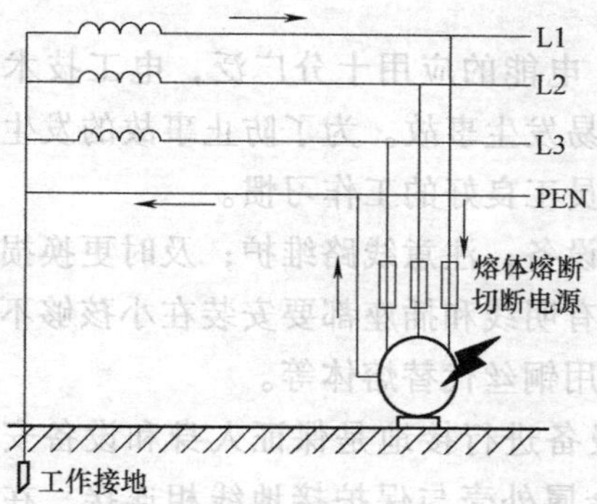

图 1-6　保护接零

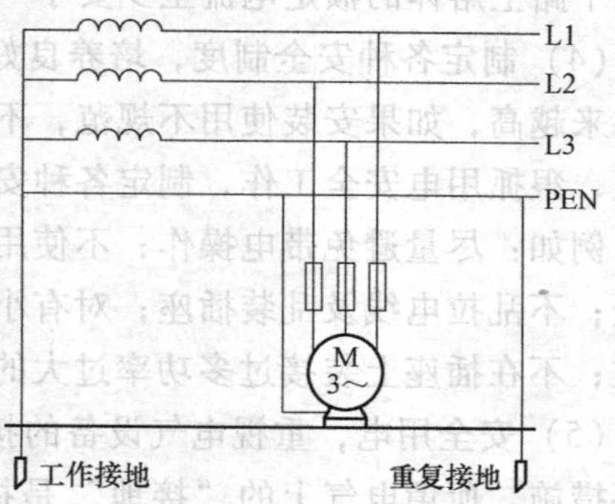

图 1-7　重复接地

(6) 安全电压　根据我国《特低电压限值》(GB/T 3805—2008) 标准规定的安全电压等级，50~500Hz 的交流电压的安全额定值为 42V、36V、24V、12V、6V 这 5 个等级，规定任何时候安全电压不得超过 50V (有效值)，当电气设备采用大于 24V 的安全电压时，必须有防止人体直接触及带电体的保护措施。

我国规定局部照明安全电压为 36V 或 24V，在潮湿与导电的地沟或金属容器内工作时安全电压为 12V，在水下工作时安全电压为 6V。

4. 触电与电火灾的防范措施

(1) 合理选用供电电压　在使用电气设备时，首先要使电气设备的额定电压必须与供电电压相匹配。供电电压过高，容易烧毁电气设备；供电电压过低，电气设备不能充分发挥效能。其次，还要考虑环境对安全用电的影响。

(2) 合理选用导线截面积　在合理选用供电电压之后，还必须合理选用导线截面积。导线是传输电流的，不允许过热，所以导线的额定电流比实际输送的电流要大些。家庭照明配电线路，其导线截面积一般选用 1.5mm^2、2.5mm^2、4mm^2、6mm^2，材料为铜或铝。铜导线以每平方毫米允许通过的电流约为 6A 计算，铝导线则以 4A 计算。

表 1-1 所列为常用铜、铝导线的截面积与安全载流量的对照表。

表 1-1　常用铜、铝导线的截面积与安全载流量的对照表

导线截面积/mm^2	铜导线的安全载流量/A	铝导线的安全载流量/A
1.5	10	7
2.5	15	10
4	25	17
6	36	25

(3) 合理选用开关、熔断器及熔体　应选用质量合格的开关，其额定电压大于电路的工作电压，其额定电流是负载电流的 2~3 倍，还要根据它开断的频率以及操纵距离的远近等条件进行选用。

熔断器选用时，应使额定电压大于电路的工作电压，额定电流是负载电流的 2~3 倍。

熔体的选用要遵循以下几条规则：在电阻性（白炽灯）负载短路保护电路中，熔体的额定电流等于或稍大于电路的工作电流；在电感性（电动机）负载短路保护电路中，熔体的额定电流约等于电路工作电流的 1.5~2.5 倍；在保护配电电路中，支路上熔体的额定电流比干路上熔体的额定电流至少要小一个等级。

(4) 制定各种安全制度，培养良好的工作习惯　电能的应用十分广泛，电工技术要求也越来越高，如果安装使用不规范，不定期检修，就易发生事故。为了防止事故的发生，应严抓、狠抓用电安全工作，制定各种安全制度，培养员工良好的工作习惯。

例如：尽量避免带电操作；不使用不合格的电气设备；注意线路维护；及时更换损坏的导线；不乱拉电线及乱装插座；对有小孩的家庭，所有明线和插座都要安装在小孩够不着的部位；不在插座上装接过多功率过大的用电设备；不用铜丝代替熔体等。

(5) 安全用电，重视电气设备的接地　对电气设备进行接地是保证人身和设备安全的重要措施。所谓电气上的“接地”是指电器设备的金属外壳与保护接地线相连接，在进行电器设备和电路安装时，一定要执行国家现行的电气安装安全规范，特别是住户自己安装电器和电路时，务必安装接地极和保护地线。

1.2.2 触电急救

1. 触电现场急救措施

当触电者脱离电源后，应根据触电者的具体情况，迅速组织现场救护工作。人触电后不一定会立即死亡，出现神经麻痹、呼吸中断、心脏停搏等症状，外表上呈现昏迷的状态，此时要看作是假死状态，如现场抢救及时，方法得当，人是可以获救的。现场急救对抢救触电者是非常重要的。有统计资料指出，触电后 1min 开始救治者，90%有良好效果；触电后 12min 开始救治者，救活的可能性就很小。

触电失去知觉后进行抢救，一般需要很长时间，必须耐心持续地进行。只有当触电者面色好转，口唇潮红，瞳孔缩小，心跳和呼吸逐步恢复正常时，才可暂停数秒进行观察。如果触电者还不能维持正常心跳和呼吸，则必须继续进行抢救。触电急救应尽可能就地进行，只有条件不允许时，才可将触电者抬到可靠地方进行急救。

(1) 使触电者尽快脱离电源　当发现有人触电时，不可惊慌失措，首先应立即设法使触电者迅速而安全地脱离电源。根据触电现场的情况，通常可以采用拉、切、挑、拽、垫的方法使触电者脱离电源。

1) 拉。拉是指出事地点附近有电源开关或插头时，应立即断开开关或拔出插锁或瓷插熔断器，切断电源，如图 1-8 所示。

2) 切。若电源线为明线，且电源开关或插座距离事发地较远，则可用带绝缘柄的电工钳剪断电线或用带有干燥木柄的斧头、锄头等利器砍断电线。同时注意割断的电线位置，不能造成其他人触电。

3) 挑。如果电线搭落在触电者身上，且电源开关远离触电地点，救护人员可用干燥的木棍、竹竿等绝缘物迅速将电线从触电者身上挑开，如图 1-9 所示。

图 1-8　拉开开关或拔掉插头

4) 拽。触电事故发生时，若身边没有上述工具，救护者可用干燥衣服、帽子、围巾等把手包扎好，或带上绝缘手套，去拉触电者干燥的衣服，使其脱离电源。若附近有干燥的木板或木板凳等，救护人员可将其垫在脚下，去拉触电者则更安全。注意救护时只用一只手拉，切勿触及触电者的皮肤或金属物体，如图 1-10 所示。

图 1-9 将触电者身上的电线挑开

图 1-10 将触电者拉离电源

5）垫。如果导线缠绕在触电者身上，救护者用干燥的木板塞进触电者身下，使其与地绝缘，然后再采取其他办法切断电源，使触电者脱离带电体。

在使触电者脱离电源的过程中，救护者必须防止自身触电。例如，在没有绝缘防护的情况下，切勿用手直接接触触电者的皮肤。

注意：以上方法不适用于高压触电。

（2）判断触电者伤害程度 触电者脱离电源后，应首先判断伤害程度，根据其受电流伤害的不同程度，采取不同的施救方法。

1）判断呼吸是否停止。将触电者移至干燥、通风的地方。松开衣裤，使其仰卧，观察胸腹部有无因呼吸而产生的起伏动作。若不明显，则可用手或者小纸条靠近触电者的鼻孔，观察有无气流流动，用手放在触电者的胸部感觉有无呼吸，若没有，说明呼吸已经停止。

2）判断脉搏是否搏动。用手检查颈部的颈动脉或腹股沟处的股动脉，看有无搏动。还可以用耳朵贴在触电者心区附近，倾听有无心脏跳动的心音，如有，则心脏还在工作。

3）判断瞳孔是否放大。处于死亡边缘或已经死亡的人，大脑细胞严重缺氧，大脑中枢失去对瞳孔的调节作用，瞳孔就会自行放大，对外界光线强弱不再做出反应。

根据上述方法简单判断结果，根据受伤程度不同、症状表现不同，采取不同的方法进行救治。

2. 触电现场急救方法

（1）对不同情况的救治

1）如果触电者神志清醒，但有些心慌、四肢发麻、全身无力、出冷汗、恶心、呕吐，但未失去知觉，或触电者在触电过程中曾一度昏迷，但已清醒过来。应使触电者在温度适宜，通风良好处静卧休息，不要走动，严密观察，必要时送医院诊治。

2）如果触电者已经失去知觉，但有呼吸、心跳，应在迅速请医生的同时，将触电者安放在通风、凉爽的地方平卧，解开妨碍呼吸的衣扣、腰带。如果天气寒冷要注意保持体温，并迅速请医生到现场诊治。

3）如果触电者失去知觉，呼吸停止，但心脏还在跳动，应立即进行口对口人工呼吸，并及时请医生到现场。

4）如果触电者呼吸和心脏跳动完全停止，应立即进行口对口人工呼吸和胸外心脏按压急救，并迅速请医生到现场。

抢救过程中注意事项：

在进行人工呼吸和急救前，应迅速将触电者衣扣、领带、腰带等解开，清除口腔内假牙、异物、黏液等，保持呼吸道畅通。

不要使触电者直接躺在潮湿或冰冷地面上急救。

人工呼吸和急救应连续进行，换人时节奏要一致。如果触电者有微弱自主呼吸时，人工呼吸还要继续进行，但应和触电者的自主呼吸节奏一致，直到呼吸正常为止。

对触电者的抢救要坚持进行。发现瞳孔放大、身体僵硬、出现尸斑应经医生诊断，确认死亡方可停止抢救。

（2）口对口人工呼吸法　人工呼吸法是帮助触电者恢复呼吸的有效方法，只对停止呼吸的触电者使用。在几种人工呼吸方法中，口对口呼吸法效果最好，也最容易掌握。操作步骤如下：

1）先使触电者仰卧，解开衣领、围巾、紧身衣服等，除去口腔中的黏液、血液、食物、假牙等杂物。

2）将触电者头部尽量后仰，鼻孔朝天，颈部伸直。救护人一只手捏紧触电者的鼻孔，另一只手掰开触电者的嘴巴。救护人深吸气后，紧贴着触电者的嘴巴大口吹气，使其胸部膨胀；之后救护人换气，放松触电者的嘴鼻，使其自动呼气。如此反复进行，吹气 2s，放松 3s，大约 5s 一个循环。

3）吹气时要捏紧鼻孔，紧贴嘴巴，使不漏气，放松时应能使触电者自动呼气。其操作示意如图 1-11 所示。

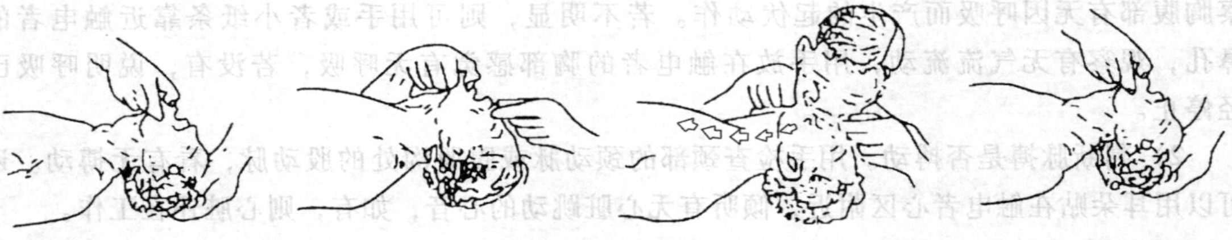

a)　b)　c)　d)

图 1-11　口对口人工呼吸

a）头部后仰　b）捏鼻掰嘴　c）贴嘴吹气　d）放松换气

4）如触电者牙关紧闭，无法撬开，可采取口对鼻吹气的方法。

5）对体弱者和儿童吹气时用力应稍轻，不可让其胸腔过分膨胀，以免肺泡破裂。当触电者自己开始呼吸时，人工呼吸应立即停止。

（3）胸外心脏按压法　胸外心脏按压法是帮助触电者恢复心跳的有效方法。当触电者心脏停止跳动时，有节奏地在胸外廓加力，对心脏进行按压，代替心脏的收缩与扩张，达到维系血液循环的目的。其操作要领如图 1-12 所示。

1）将触电者衣服解开，使其仰卧在硬板上或平整的地面上，找到正确的按压点。通常是救护者伸开手掌，中指尖抵住触电者颈部凹陷的下边缘，手掌的根部就是正确的压点，如图 1-12a 所示。

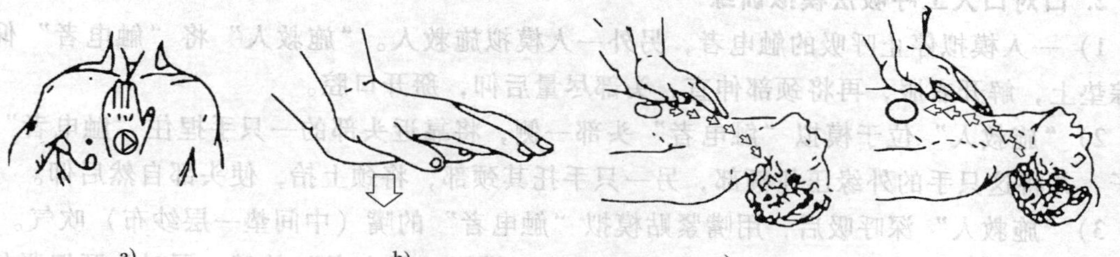

图 1-12 胸外心脏按压法

a）手掌位置（正确压法） b）叠手姿势 c）向下按压 d）突然放松

2）救护人员跨在触电者腰部两侧，身体前倾，两臂伸直，两手相叠（左手掌压在右手掌上）如图 1-12b 所示，手掌根部放至正确压点。

3）掌跟均衡用力，连同身体的重量向下按压，压出心室的血液，使其流至触电者全身各部位。压陷深度成人为 3~5cm，如图 1-12c 所示，对儿童用力要轻。太快、太慢或用力过轻、过重，都不能取得好的效果。

4）按压后掌跟突然抬起，如图 1-12d 所示，依靠胸廓自身的弹性，使胸腔复位，血液流回心房。

重复 3）、4）步骤，每分钟 60 次左右为宜。

总之，使用胸外心脏按压法要注意压点正确、下压均衡、放松迅速、用力和速度适宜，要坚持做到心跳完全恢复。如果触电者心跳和呼吸均已停止，则应同时进行胸外心脏按压和口对口人工呼吸。一人救护时，两种方法可以交替进行；两人救护时，两种方法应同时进行，但两人必须配合默契。

1.3 项目实施

1.3.1 触电现场的急救

1. 目的要求

1）熟悉触电急救的抢救方法；

2）根据触电者的触电症状，选择合适的急救方法。

2. 器材设施

投影仪、口对口人工呼吸法和胸外心脏按压法教学录像带、人体呼吸模型、棕垫一、卫生面纱若干。

1.3.2 触电现场的急救实施步骤

1. 观看教学微课录像

教师组织学生观看事先录制的口对口人工呼吸法和胸外心脏按压法教学微课录像，同时提醒学生认真观察口对口人工呼吸法和胸外心脏按压法操作要领，并记录注意事项。

2. 口对口人工呼吸法模拟训练

1）一人模拟停止呼吸的触电者，另外一人模拟施救人。“施救人”将“触电者”仰卧于棕垫上，解开衣服，再将颈部伸直，头部尽量后仰，掰开口腔。

2）“施救人”位于模拟“触电者”头部一侧，将靠近头部的一只手捏住“触电者”的鼻子，并将这只手的外缘压住额部，另一只手托其颈部，将颈上抬，使头部自然后仰。

3）“施救人”深呼吸后，用嘴紧贴模拟“触电者”的嘴（中间垫一层纱布）吹气。

4）当模拟“触电者”要换气时，应迅速离开模拟“触电者”的嘴，同时放开捏紧的鼻孔，让其自动向外呼气。

按照上述步骤反复进行，对模拟“触电者”每分钟吹气15次左右。

以上模拟训练两人一组，交换进行，认真体会操作要领。

3. 胸外心脏按压法模拟训练

1）将模拟“触电者”仰卧在硬板上或平整的硬地面上（课堂练习时可仰卧在棕垫上），“施救人”跪跨在模拟“触电者”腰部两侧。

2）“施救人”将一只手的掌根按于触电者胸骨下部三分之一处，中指指尖对准颈根凹陷下边缘，另一只手压在那只手的背上呈两手交叠状，肘关节伸直，向模拟“触电者”脊柱方向慢慢压迫胸骨下段，使胸廓下陷3~4cm。

3）双掌突然放松，使胸腔复位。放松时，交叠的两掌不要离开胸部。

重复2）、3）步骤，每分钟60次左右，挤压时间和放松时间大体一样。

4. 注意事项

1）为增加可操作性，本训练若有条件可用假人进行模拟训练，也可以通过多媒体演示等教学手段来替代，增强直观性。

2）在训练时应听从指导教师的现场指导，以免因操作不规范而使模拟“触电者”受到伤害。

3）进行胸外心脏按压法模拟训练时，挤压位置和手势必须正确，下压时要有节奏，不能太用力，以免造成模拟“触电者”胸部骨骼损伤。

1.4　项目评价

1. 学生自评、教师评价

<table>
<tr><th>项目内容</th><th>配分</th><th colspan="4">扣分标准</th><th>学生自评</th><th>教师评价</th></tr>
<tr><td>口对口人工呼吸模拟训练</td><td>45分</td><td colspan="4">1)救护姿势不正确,扣20分
2)人工呼吸时,吹气时间过长或过短,扣10分
3)人工呼吸时频率太快或太慢,扣10分
4)操作错误导致人身受伤,扣45分</td><td></td><td></td></tr>
<tr><td>胸外心脏按压法模拟训练</td><td>45分</td><td colspan="4">1)按压位置不正确,扣20分
2)按压步骤、方法不正确,扣25分
3)操作错误导致人身受伤,扣45分</td><td></td><td></td></tr>
<tr><td>安全操作</td><td>10分</td><td colspan="4">1)不遵守实训室规章制度,扣10分
2)不服从指导教师安排,扣10分</td><td></td><td></td></tr>
<tr><td colspan="6">总分</td><td colspan="2"></td></tr>
<tr><td>班级</td><td></td><td>组别</td><td></td><td>签名</td><td colspan="3"></td></tr>
</table>

2. 小组互评

组别		姓名			
序号	考核标准	配分	得分	得分	得分
1	喜欢合作学习,积极参加小组活动	10			
2	敢于发表自己的见解,同时也尊重同学意见	10			
3	积极帮助小组其他成员,友好相处	10			
4	学习目的明确,组织有序	10			
5	帮助协调,推动整个小组的工作	10			
6	表现积极,主动完成各项学习任务	10			
7	会网上检索资料,有科学信息、资料的摘记	10			
8	口头交流叙述流畅,图示表达简单明了	10			
9	具有自我学习的能力	10			
10	具有自我认知及自我评估的能力	10			
总　　分					

项目 2　电工基本操作技能训练

2.1　项目分析

在电工作业中，经常需要使用一些常用的电工工具、电动工具及电工仪表进行导线剖削及电路连接与检修。作为电工必须正确使用常用电工工具、电动工具及电工仪表。

本项目主要介绍常用电工工具、常用电动工具以及常用电工仪表的识别与使用，导线的连接、焊接与绝缘层的修复。通过本项目的学习，学生可以熟悉各种常用电工工具的使用方法；了解电工基本操作工艺要求；掌握导线连接、焊接及绝缘层恢复、导线封端的方法；能够熟练地、正确地进行导线连接、焊接及接头绝缘层处理。

2.2　相关知识

2.2.1　常用电工工具的识别与使用

电工通用工具是指一般专业电工经常使用的工具。对电气操作人员而言，能否熟悉和掌握电工工具的结构、性能、使用方法和操作规范，将直接影响工作效率、工作质量以及人身安全。

1. 验电器

验电器可分为低压验电器和高压验电器。

(1) 低压验电器

1) 低压验电器的作用及组成

低压验电器又称试电笔，是检验导线、电器和电气设备是否带电的一种常用工具，检测范围为60~500V，有钢笔式、旋具式和组合式多种。

钢笔式低压验电器由笔尖、降压电阻、氖管、弹簧、笔尾金属体等部分组成，如图 2-1 所示。

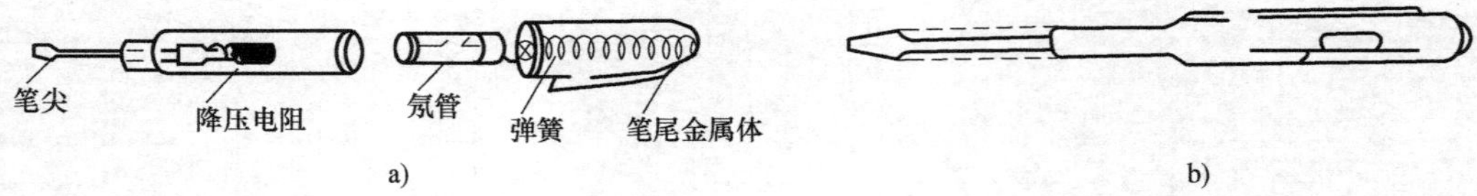

图 2-1　低压验电器

a) 钢笔式低压验电器　b) 旋具式低压验电器

使用低压验电器时，必须按照图 2-2 所示的握法操作。注意手指必须触及笔尾金属体（钢笔式）或试电笔顶部的金属螺钉（旋具式），并使氖管小窗背光且朝向自己，以便观测氖管的亮暗程度，防止因光线太强造成误判断。

2）使用低压验电器的注意事项。

① 使用前，必须在有电源处对验电器进行测试，以证明该验电器确实良好，方可使用。

② 应注意避光，因为在光亮的光线下往往不容易看清氖管的辉光。

③ 验电时，应使验电器逐渐靠近被测物体，直至氖管发亮，不可直接接触被测体。

④ 验电时，手指必须触及笔尾的金属体，否则带电体也会误判为非带电体。

⑤ 验电时，要防止手指触及笔尖的金属部分，以免造成触电事故。

⑥ 笔尖虽然与螺钉旋具形状相同，但它只能承受很小的扭矩，不能像螺钉旋具那样使用，否则会损坏。

⑦ 低压验电器可以用来区分相线和零线，氖管发亮的是相线，不亮的是零线。低压验电器也可用来判别接地故障，如果在三相四线制中发生单相接地故障，用验电器测试中性线时，氖管会发亮；在三相三线制电路中，用其测试三根相线，如果两相很亮，则另一相不亮，则这相可能有接地故障。

⑧ 低压验电器可以用来判断电压的高低。氖管越暗，则表明电压越低；反之，氖管越亮，则表明电压越高。

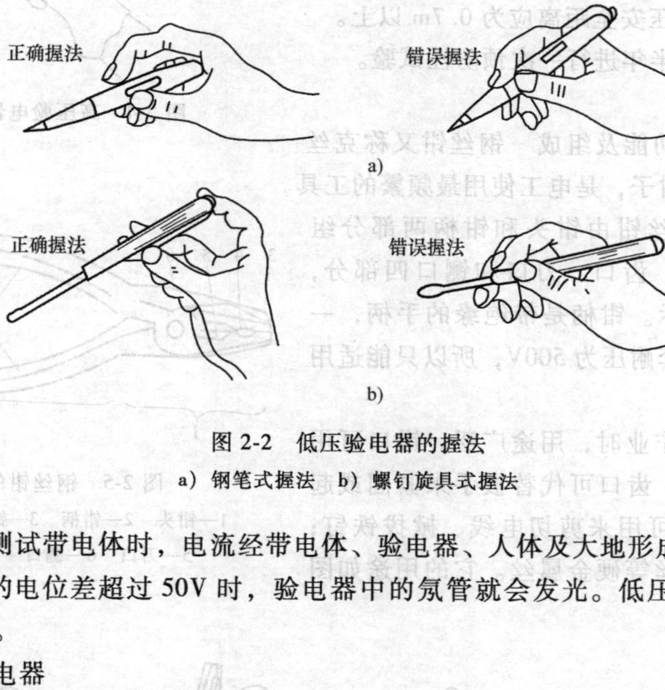

图 2-2　低压验电器的握法
a）钢笔式握法　b）螺钉旋具式握法

当用验电器测试带电体时，电流经带电体、验电器、人体及大地形成通电回路，只要带电体与大地之间的电位差超过 50V 时，验电器中的氖管就会发光。低压验电器检测的电压范围为 60~500V。

（2）高压验电器

1）高压验电器的作用及组成。

高压验电器又称为高压测电笔，主要类型有发光型高压验电器和声光型高压验电器。发光型高压验电器由手柄、护环、紧固螺钉、氖管窗、氖管和金属探针（钩）等部分组成。图 2-3 所示为发光型 10kV 高压验电器。

2）使用高压验电器的注意事项。

① 使用前，首先确定高压验电笔额定电压必须与被测电气设备的电压等级相适应，以免危及操作者人身安全或产生误判。

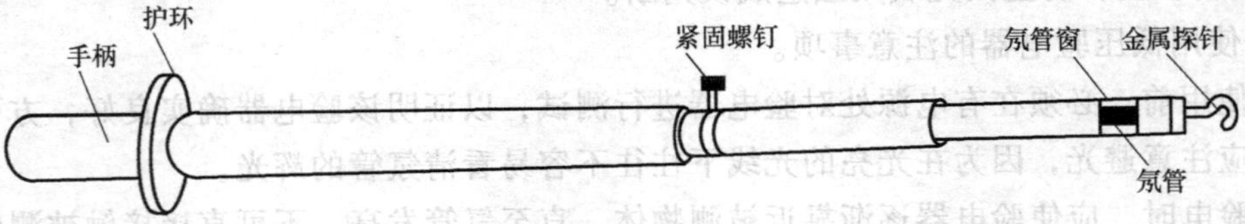

图 2-3　高压验电器的结构

② 验电时，操作者应戴上绝缘手套，手握在握柄部分，同时设专人监护。同时应在有电设备上先验证验电器性能完好，然后再对被验电设备进行检测。注意操作中是将验电器逐渐移向设备，在移近过程中若有发光或发声指示，则立即停止验电。高压验电器验电时的握法如图 2-4 所示。

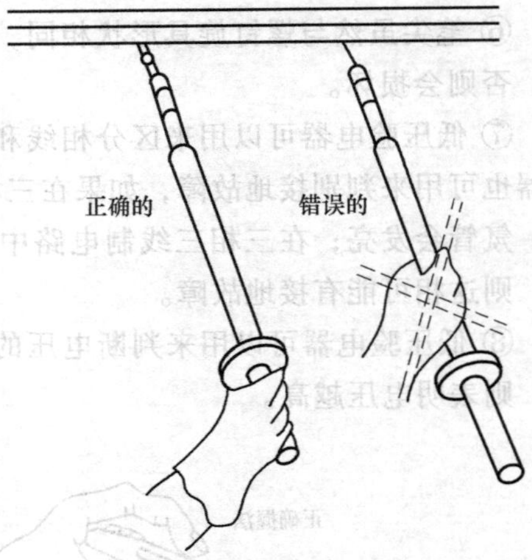

图 2-4　高压验电器的握法

③ 使用高压验电器时，必须在气候良好的情况下进行，以确保操作人员的安全。

④ 验电时人体与带电体应保持足够的安全距离，10kV 以下的电压安全距离应为 0.7m 以上。

⑤ 验电器应每半年进行一次预防性试验。

2. 钢丝钳

(1) 钢丝钳的功能及组成　钢丝钳又称克丝钳、老虎钳，简称钳子，是电工使用最频繁的工具。

电工使用的钢丝钳由钳头和钳柄两部分组成。钳头包括钳口、齿口、刀口和铡口四部分，其结构如图 2-5 所示。钳柄是带绝缘的手柄，一般钢丝钳的绝缘护套耐压为 500V，所以只能适用于低压带电设备。

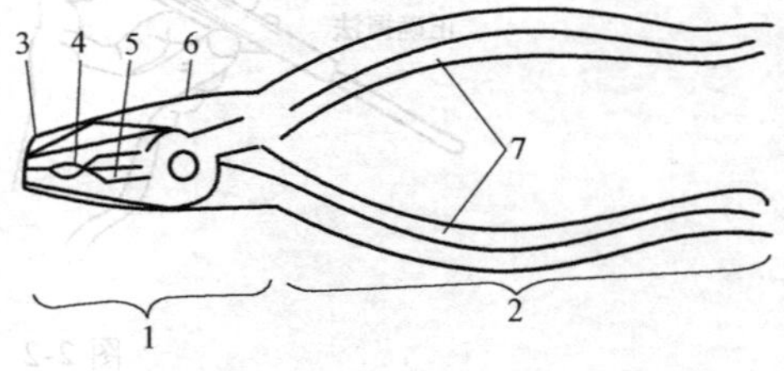

图 2-5　钢丝钳的结构

1—钳头　2—钳柄　3—钳口　4—齿口　5—刀口　6—铡口　7—绝缘套

钢丝钳在电工作业时，用途广泛。钳口可用来钳夹和弯绞导线；齿口可代替扳手来紧固或起松小型螺母；刀口可用来剪切电线、掀拔铁钉；铡口可用于铡切钢丝等硬金属丝。它的用途如图 2-6 所示。

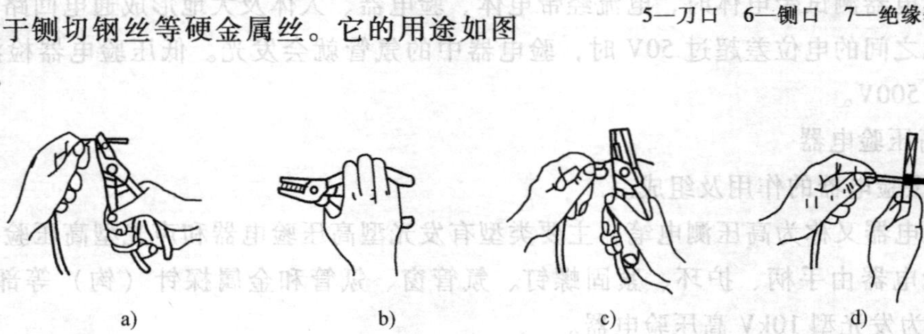

a)　b)　c)　d)

图 2-6　钢丝钳的用途

a) 弯绞导线　b) 紧固螺母　c) 剪切导线　d) 铡切钢丝

（2）使用钢丝钳时需要注意的事项

1）使用前，必须检查其绝缘柄，确定绝缘状况良好，否则，不得带电操作，以免发生触电事故。

2）用钢丝钳剪切带电导线时，必须单根进行，不得用刀口同时剪切不同电位的两根线（如相线与零线、相线与相线等），以免造成短路事故，并且手与钢丝钳的金属部分保持2cm 以上的距离。

3）使用钢丝钳时刀口要朝向内侧，便于控制剪切部位。

4）不能用钳头代替锤子作为敲打工具，以免变形。钳头的轴销应该经常润滑，保证其开闭灵活。

5）根据不同用途，选用不同规格的钢丝钳，一般钢丝钳有 150mm、175mm、200mm 三种规格。

3. 尖嘴钳

（1）尖嘴钳的功能及组成　尖嘴钳其头部尖细，外形如图 2-7 所示，主要由钳头、钳柄和绝缘管等组成。尖嘴钳适用于在狭小的工作空间操作或带电操作低压电气设备。

钳头用来夹持较小的螺钉、螺帽、垫圈、导线，或者把导线端头弯曲成所需形状，也可用来对单股导线整形（如平直、弯曲等）；小刀口可用来剪断较细小的导线、金属丝等。

电工用尖嘴钳的手柄带有绝缘的耐酸塑料套管，耐压 500V 以上。尖嘴钳的规格有130mm、160mm、180mm 和 200mm 四种。

（2）使用尖嘴钳的注意事项

1）绝缘手柄损坏时，不可用来切断带电导线。

2）为了使用安全，手离金属部分的距离应不小于 2cm。

3）钳头部分尖细，又经过热处理，钳夹物不可太大，用力切勿过猛，以防损坏钳头。

4）尖嘴钳使用后应清洗干净，钳轴要经常加油，以防生锈。

4. 剥线钳

剥线钳是专用于剥削直径 3mm 及以下的绝缘导线的塑料或橡胶绝缘层，其外形如图 2-8 所示，它由钳口和手柄两部分组成。剥线钳钳口分为 0.5～3mm 的多个直径切口，用于不同规格线芯的剥削。手柄装有绝缘套。

使用剥线钳剥削导线绝缘层时，先将要剥削的绝缘长度用标尺定好，然后将导线放入相应的刃口中（比导线直径稍大、切口过小会切断芯线），再用手将钳柄一握，导线的绝缘层即被剥离。

5. 斜口钳

斜口钳又称为断线钳，其头部扁斜，外形如图 2-9 所示。

电工用斜口钳的钳柄采用绝缘柄，其耐压等级为 1000V。

斜口钳专门用于剪断较粗的金属丝、线材及电线电缆。对粗细不同、硬度不同的材料，应选用大小合适的斜口钳。

6. 电工刀

（1）电工刀的功能及外形　电工刀是用来剖削和切割电工器材的常用工具，其外形如图 2-10 所示。

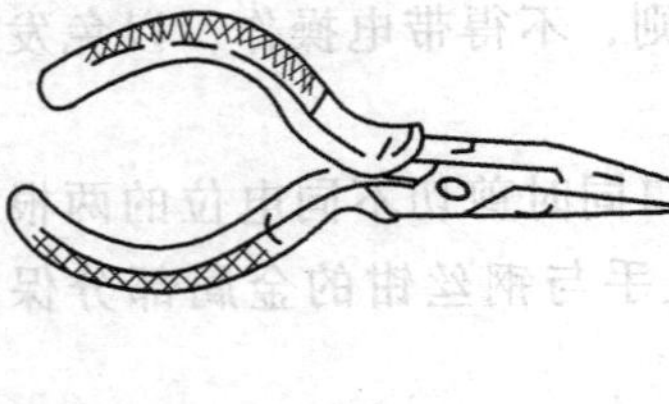

图 2-7 尖嘴钳

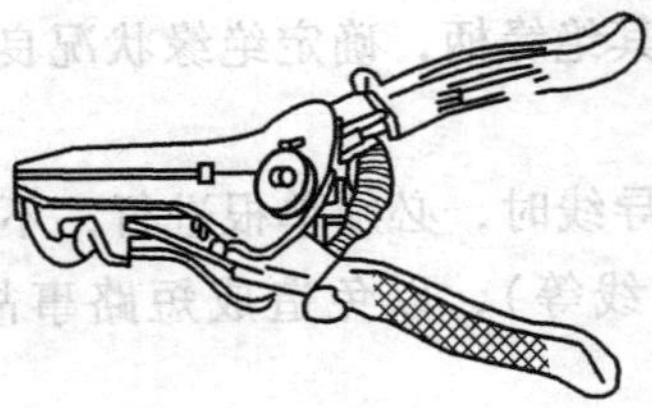

图 2-8 剥线钳

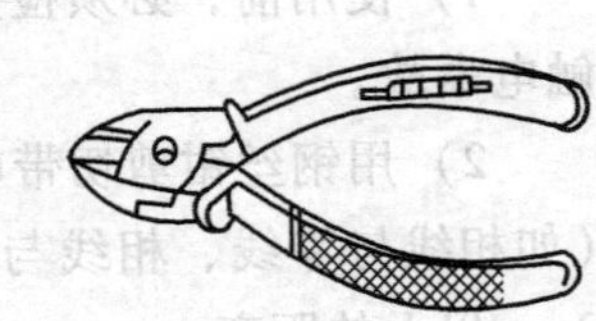

图 2-9 斜口钳

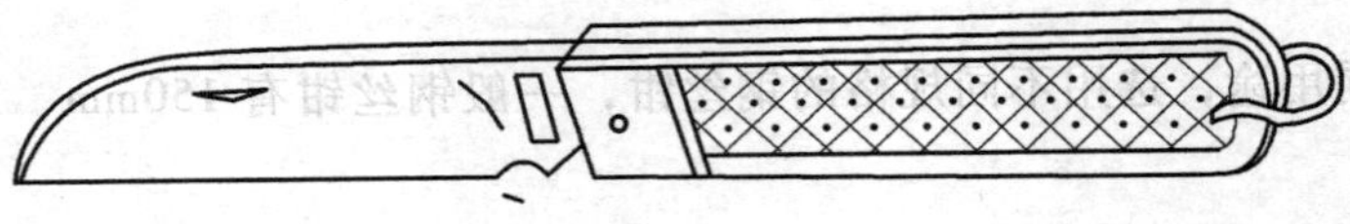

图 2-10 电工刀

电工刀的刀口磨制成单面呈圆弧状的刃口，刀刃部分非常锋利。在剖削电线绝缘层时，可把到略微向内倾斜，用刀刃的圆角抵住线芯，刀口向外推出。这样既不易剖伤线芯，又可以防止操作者受伤。

（2）使用电工刀时的注意事项

1）一般电工刀的刀柄不绝缘，因此严禁用电工刀带电操作，以免触电。

2）使用电工刀时切勿用力过大，以免不慎划伤手指或其他器具。

3）使用电工刀时，刀口应朝外操作，切忌把刀刃垂直对着导线切割绝缘层，以免剖伤线芯。

4）使用完毕，随即将刀身折进刀柄。

7. 螺钉旋具

（1）螺钉旋具的功能及类型　螺钉旋具是用力紧固或拆卸带槽螺钉的常用工具，又称为螺丝刀、改锥。电工使用的是木柄或塑料柄的绝缘螺钉旋具，按照其头部形状的不同，可以分为一字形和十字形两种，如图 2-11 所示。

a)　　b)

图 2-11 螺钉旋具

a）一字形　b）十字形

一字形螺钉旋具用来紧固或拆卸带一字槽的螺钉，其规格用柄部以外的全部长度表示，电工常用的有 50mm、100mm、150mm 和 200mm 四种。

十字形螺钉旋具式专门紧固或拆卸带十字槽螺钉的，其长度和十字头大小有多种，按十字头的规格分为四种型号：1 号适用的螺钉直径为 2～2.5mm，2 号适用的螺钉直径为 3～

5mm，3 号适用的螺钉直径为 6~8mm，4 号适用的螺钉直径为 10~12mm。

另外，还有一种组合式螺钉旋具，它配有多种规格的一字头和十字头，组合螺钉旋具方便性好，具有较强的灵活性，适合紧固和拆卸多种不同的螺钉。

（2）螺钉旋具使用时的注意事项

1）使用时应选择带绝缘手柄的螺钉旋具，使用前先检查绝缘是否良好。

2）电工不得使用金属杆直通柄断的旋具，否则容易造成触电事故。

3）为了避免旋具的金属杆触及皮肤或邻近的带电体，应在金属杆上套上绝缘管。

4）旋具在使用时应该使头部顶牢螺钉槽口，防止因打滑而损坏槽口。

5）螺钉旋具的头部形状和尺寸应与螺钉尾槽的形状和大小相匹配，严禁用小螺钉旋具去拧大螺钉，或用大螺钉旋具拧小螺钉，更不能把螺钉旋具当作凿子用。

6）螺钉旋具较大时，除大拇指、食指和中指要夹住握柄外，手掌还要顶住柄的末端以防旋转时滑脱。

7）螺钉旋具较小时，用大拇指和中指夹着握柄，同时用食指顶住柄的末端用力旋动。

8）螺钉旋具较长时，用右手压紧手柄并转动，同时左手握住螺钉旋具的中间部分（不可放在螺钉周围，以免将手划伤），以防止螺钉旋具滑脱。

9）带电作业时，手不可触及螺钉旋具的金属杆，以免发生触电事故。

2.2.2 常用电动工具的识别与使用

1. 手电钻

（1）手电阻的功能及组成　手电钻是一种电动工具，主要用于对工件钻孔。它主要由电动机、钻夹头、手柄等组成。如图 2-12 所示。

（2）使用手电钻时的注意事项

1）使用前要选用合适的钻头，并用专用钥匙将钻头紧固在卡头上。安装钻头时，不许用锤子或其他金属制品敲击，手拿电动工具时，必须握持工具的手柄，不要一边拉软导线，一般搬动工具，要防止软导线擦破、割破和被轧坏等。

2）开始使用时，不要握手电钻接电源，应将其放在绝缘物上再接电源，用试电笔检测外壳是否带电，按一下开关，让电钻空转一下，检查转动是否正常，并再次验电。

3）钻孔时不宜用力过大、过猛，以防止工具过载。转速明显降低时，应注意把稳，减少施加的压力，突然停止转动时，必须立即切断电源。

4）较小的工件在被钻孔前必须先固定，这样才能保证钻孔时工件不随钻头旋转，保证作业者的安全。

5）电源线和外壳接地线应用橡套软线，外壳应可靠接地。操作人员应戴绝缘手套或穿绝缘鞋，站在绝缘垫上或干燥的木板、木凳上。操作人员禁止戴线手套。

6）外壳的通风口（孔）必须保持畅通，必须注意防止切屑等杂物进入机壳内。

2. 冲击钻

（1）冲击钻的组成及功能　冲击钻也是一种电动工具，一种旋转带冲击的电钻，其外形如图 2-13 所示。它具有两种功能：一是可以作为普通电钻使用，使用时应把调节开关标记为“钻”的位置；二是其可用来冲打砌块和砖墙等建筑面的膨胀螺钉孔和导线过墙孔，此时应调至标记为“锤”的位置。冲击钻采用旋转带冲击的工作方法，一般带有调节开关。当调节开关在旋转带冲击即“锤”的位置时，装有镶有硬质合金的钻头，便能在混凝土和砖墙等建筑构件上钻孔。通常可冲直接为6~16mm的圆孔。

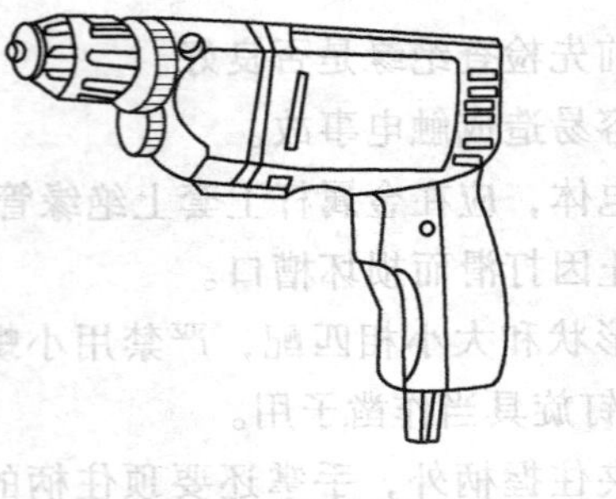

图 2-12　手电钻

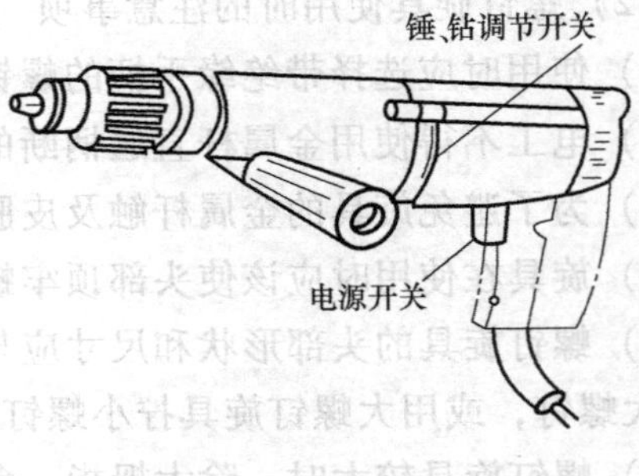

图 2-13　冲击钻

(2) 使用冲击钻时的注意事项

1) 长期搁置不用的冲击钻，使用前必须用500V绝缘电阻表测定其相对绝缘电阻，其值不小于0.5MΩ。

2) 使用金属外壳冲击钻时，必须佩戴绝缘手套，穿绝缘鞋或站在绝缘板上，以确保操作人员的人身安全。

3) 在调速或调档时，应使冲击钻停转后再进行。

4) 在钻孔时遇到坚实物不能加过大压力，以防止钻头或冲击钻因过载而损坏。冲击钻因故突然停转时，应立即切断电源。

5) 在钻孔时应经常把钻头从钻孔中拔出以便排除钻屑。

2.2.3　常用电工仪表的识别与使用

1. 万用表

万用表又叫多用表、三用表、复用表，是一种多功能、多量程的测量仪表，一般万用表可测量直流电流、直流电压、交流电压、电阻和音频电平等，较高档次的万用表还可以测量交流电流、电容量、电感量及半导体的一些参数。近年来，数字式万用表的发展和普及，使得万用表的生产和应用都上了一个新台阶。

由于万用表具有测量种类多，测量范围宽，使用和携带方便，价格低等优点，因而常用来检验电源或仪器的好坏，检查线路的故障，判别元器件的好坏等，应用十分广泛。所以它也是维修电工中最基本、最常用的检测仪表。

万用表根据所应用的测量原理和测量结果显示方式的不同，可分为模拟式（指针式）万用表和数字式万用表两大类。

指针式万用表是先通过一定的测量机构将被测的模拟电量转换成电流信号，再由电流信号驱动表头指针偏转，从表头的刻度盘上即可读出被测量的值。

数字式万用表先由模-数转换器将被测量的模拟量转换成数字量，然后由电子计数器进行计数，最后把测量结果用数字直接显示在显示屏上。

(1) MF47型指针式万用表

1) MF47型指针式万用表的面板结构及测量项目。一般指针式万用表面板上都具备多条标度尺的表盘、表头指针、转换开关、机械调零旋钮、电阻档零欧姆调节旋钮和表笔插孔，其面板如图 2-14 所示。

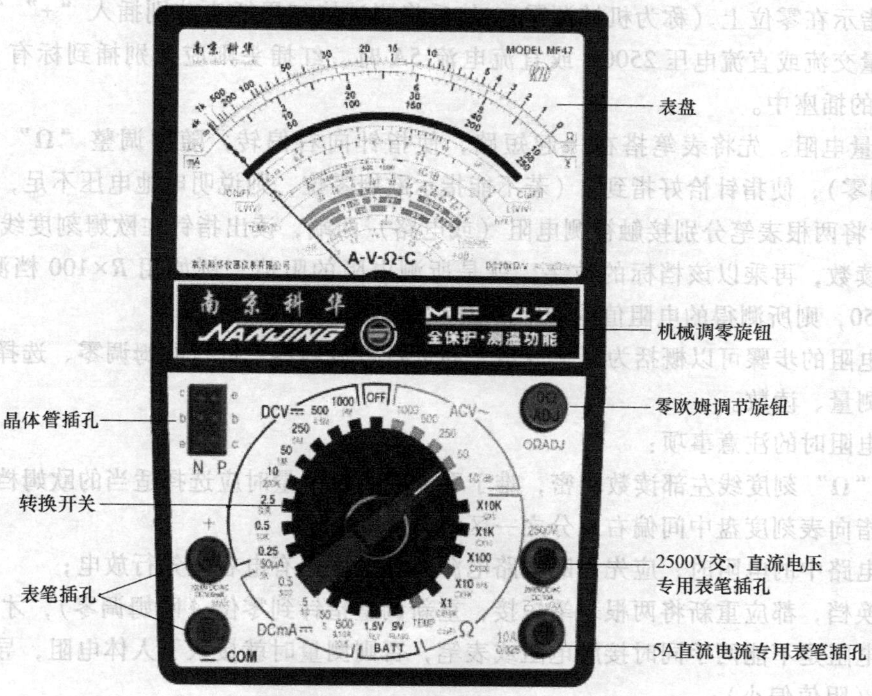

图 2-14　MF47 型指针式万用表面板结构

MF47 型万用表有 24 个档位，可分别测量直流电压、交流电压、电阻、电容、电感、电平和晶体管的共发射极直流放大系数。它们是通过改变面板上转换开关的档位，从而改变测量电路的测量结构，以满足各种功能的测量要求。

2）MF47 型万用表的组成。

① 表头。表头是万用表进行各种不同测量的公用部分，它是一只高灵敏度的磁电式直流电流表，万用表的主要性能指标基本上取决于表头的性能。表头的灵敏度是指表头指针满刻度偏转时流过表头的直流电流值，这个值越小，表头的灵敏度越高。测电压时的内阻越大，其性能就越好。

② 表盘。表盘上的多条标度尺与各种测量项目相对应，使用时应熟悉每条标度尺上的刻度及所对应的被测量。此外，表盘上还附有各种表盘符号、字母和数字。

③ 测量电路。万用表能够用一只表头完成对多种电量进行多量程的测量，关键在于万用表内设置了一个测量电路，测量电路由各基本参量（电流、电压、电阻等）的测量电路综合而成。旋转面板上的转换开关可转换所需要的测量项目和量程。它由电阻、半导体元件及电池组成，能将各种不同的被测量（如电流、电压、电阻等）、不同的量程，经过一系列的处理（如整流、分流、分压等）统一变成微小直流电流送入表头进行测量。

④ 转换开关。万用表转换开关的作用是选择各种不同的测量电路，以满足不同种类和不同量程的测量要求。转换开关一般有两个，分别标有不同的档位和量程。

3）MF47 型万用表的使用方法。MF47 型万用表共有六条标度尺，最上面第一条测量电阻；第二条测量直流电流、电压和交流电流、电压；第三条测量晶体管的参数；第四条测量电容量；第五条测量电感量；第六条测量音频电平。

在使用前应检查指针是否指在机械零位上，如不指在零位时，可旋转表盖的机械调零旋钮使指针指示在零位上（称为机械调零）。然后将测试棒红黑插头分别插入“+”“-”插座中，如测量交流或直流电压2500V或直流电流5A时，红插头则应分别插到标有“2500V”或“5A”的插座中。

① 测量电阻。先将表笔搭在一起短路，使指针向右偏转，随即调整“Ω”调零旋钮（称欧姆调零），使指针恰好指到0（若不能指示欧姆零位，则说明电池电压不足，应更换电池）。然后将两根表笔分别接触被测电阻（或电路）两端，读出指针在欧姆刻度线（第一条线）上的读数，再乘以该档标的数字，就是所测电阻的阻值。例如用 $R\times100$ 档测量电阻，指针指在50，则所测得的电阻值为 $50\times100\Omega=5k\Omega$。

测量电阻的步骤可以概括为以下五步，即进行机械调零、进行欧姆调零、选择合适的量程、进行测量、读数。

测量电阻时的注意事项：

由于“Ω”刻度线左部读数较密，难于看准，所以测量时应选择适当的欧姆档，使指针尽量能够指向表刻度盘中间偏右三分之一区域；

测量电路中的电阻时，应先切断电路电源，如电路中有电容应先行放电；

每次换档，都应重新将两根表笔短接，重新调整指针到零位（欧姆调零），才能测准；

测量电阻是不能两手同时接触电阻或表笔，否则测量时就接入了人体电阻，导致测量结果不准确（阻值偏小）；

读数时，从右向左读，且目光应与表盘刻度垂直；

测量电阻值的大小应为刻度数乘以量程。

② 测量直流电压。首先估计一下被测电压的大小，然后将转换开关拨至适当的“V”量程，将正表笔接被测电压“+”端，负表笔接被测电压“-”端。然后根据该档量程数字与标直流符号“DC-”刻度线（第二条线）上的指针所指数字，来读出被测电压的大小。如用V300伏档测量，可以直接读0~300的指示数值。如用V30伏档测量，只需将刻度线上300这个数字去掉一个“0”，看成是30，再依次把200、100等数字看成是20、10既可直接读出指针指示数值。例如用V500伏档测量直流电压，指针指在22刻度处，则所测得电压就应为220V。

③ 测量交流电压。测交流电压的方法与测量直流电压相似，所不同的是因交流电没有正、负之分，所以测量交流时，表笔也就不需分正、负。首先估计一下被测电压的大小，然后将转换开关拨至适当的“~V”量程（交流档），必须注意的是，测量交流电压时必须选择“交流电压档”（在测量前必须确认已选择的交流电压档后，方可以进行测量）。读数方法与上述测量直流电压读法一样，只是数字应看标有交流符号“AC”的刻度线上的指针位置。

4）使用万用表时须注意事项

① 万用表虽有双重保护装置，但使用时仍应遵守下列规程，避免意外损失。

a. 测量高压或大电流时，为避免烧坏开关，应在切断电源情况下，变换量程。

b. 测量未知量的电压或电流时，应先选择最高数，待第一次读取数值后，方可逐渐转至适当位置以取得较准读数并避免烧坏电路。

c. 偶然发生因过载而烧断熔体时，可打开表盒换上相同型号的熔体（0.5A/250V）。

② 测量高压时，要站在干燥绝缘板上，并一手操作，防止意外事故。

③ 电阻各档用干电池应定期检查、更换，以保证测量精度。平时不用万用表应将档位盘转到交流 250V 档；如长期不用应取出电池，以防止电液溢出腐蚀而损坏其他零件。

④ 每次测量时，须进行机械调零，否则测量结果不准确，测量电阻时每换一次档位都要进行欧姆调零。

⑤ 使用万用表时，应使万表水平放置在桌子上；读数时眼睛视线应与指针垂直，以免出现误差。

（2）DT840 型数字式万用表

1）DT840 型数字式万用表的面板结构。由于数字式万用表具有显示直观、速度快、功能全、测量精度高、可靠性好以及小巧轻便、省电、便于操作等优点，目前已经成为电工、电子测量以及电子设备维修等工作的必备工具。

DT840 型数字式万用表是一种使用电池驱动三位半数字万用表，可以进行交、直流电压，交、直流电流，电阻，二极管，晶体管放大系数 h_{FE}，带声响的通断等测试，并具有极性选择、过量程显示及全量程过载保护等特点。DT840 型数字式万用表面板结构如图 2-15 所示。

2）使用数字式万用表测试前的注意事项。

① 在使用万用表时，不能用手去接触表笔的金属部分，这样一方面可以保证测量的准确，另一方面也可以保证人身安全。

② 万用表使用时，必须水平放置，进行机械调零，以免造成误差。同时，还要注意到避免外界磁场对万用表的影响。

③ 在测量某一电量时，不能在测量的同时换档，尤其是在测量高电压或大电流时，更应该注意。否则，会使万用表毁坏。如需换档，应先断开表笔，换档后再去测量。

④ 测电阻时，每换一次档都要进行调零。调不到零时要更换新电池。

测量电阻或高压时，不能用手捏住表笔的金属部位，以免人体电阻分流，增大测量误差或触电。

⑤ 读数时眼睛要与指针保持垂直

⑥ 万用表使用完毕，应将转换开关置于交流电压的最大档。如果长期不使用，还应将万用表内部电池取出，以免电池腐蚀表内其他器件。

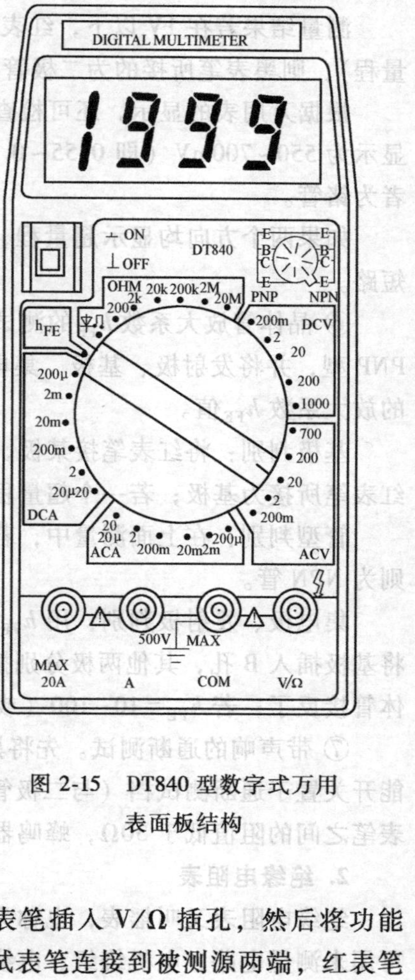

图 2-15 DT840 型数字式万用表面板结构

3）DT840 型数字式万用表的使用。

① 直流电压的测量。先将黑表笔插入 COM 插孔，红表笔插入 V/Ω 插孔，然后将功能（转换开关）置于 DCV（直流）范围的合适量程，并将测试表笔连接到被测源两端，红表笔

接被测电路高电位端，黑表笔接被测电路低电位端，显示器将显示被测电压值。

注意：该类型万用表不能用于测量高于1000V的直流电压。

② 直流电压、交流电压的测量。交流电压测量时表笔插法与“直流电压测量”相同。将功能（转换开关）置于ACV（交流）范围的合适量程，并将测试表笔连接到被测源两端，红、黑表笔不分极性，显示器将显示被测电压值。

注意：该类型万用表不能用于测量高于700V的交流电压。

③ 直流电流、交流电流的测量。先将黑表笔插入COM插孔，红表笔需视被测电流的大小而定。如果被测电流最大为2A，应将红表笔插入A孔；如果被测电流最大为20A，应将红表笔插入20A插孔。再将功能开关置于DCA或ACA量程，将测试表笔串联接入被测电路，显示器即显示被测电流值。

④ 电阻的测量。先将黑表笔插入COM插孔，红表笔插入V/Ω插孔（注意：红表笔极性此时为“+”，与指针式万用表相反），然后将功能开关置于OHM量程，将两表笔连接到被测电路上，显示器将显示出被测电阻值。

⑤ 二极管的测试。先将黑表笔插入COM插孔，红表笔插入V/Ω插孔，然后将功能开关置于二极管档，将两表笔连接到被测二极管两端，显示器将显示二极管正向压降的mV值。当二极管反向时则过载。

测量结果若在1V以下，红表笔所接为二极管正极，黑表笔为负极；若显示为“1”（超量程），则黑表笔所接的为二极管的正极，红表笔接的为二极管负极。

根据万用表的显示，还可检查二极管的质量及鉴别所测量的管子是硅管还是锗管。测量显示为550~700mV（即0.55~0.70V）者为硅管；显示为150~300mV（即0.15~0.30V）者为锗管。

如果两个方向均显示超量程，则二极管开路；若两个方向均显示0V，则二极管击穿、短路。

⑥ 晶体管放大系数h_{FE}的测试。将功能开关置于h_{FE}档，然后确定晶体管是NPN型还是PNP型，并将发射极、基极、集电极分别插入相应的插孔。此时，显示器将显示出晶体管的放大系数h_{FE}值。

基极判别：将红表笔接某极，黑表笔分别接其他两极，若都出现超量程或电压都小，则红表笔所接为基极；若一个超量程，一个电压小，则红表笔所接不是基极，应换管脚重测。

管型判别：在上面测量中，若显示都超量程，为PNP管；若电压较小都在0.5~0.7V，则为NPN管。

集电极、发射极判别：用h_{FE}档判别。在已知管子类型的情况下（此处设为NPN管），将基极插入B孔，其他两极分别插入C、E孔。若结果为$h_{FE}=1\sim10$（或十几），则表示晶体管接反了；若$h_{FE}=10\sim100$（或更大），则接法正确。

⑦ 带声响的通断测试。先将黑表笔插入COM插孔，红表笔插入V/Ω插孔，然后将功能开关置于通断测试档（与二极管测试量程相同），将测试表笔连接到被测导体两端。如果表笔之间的阻值低于30Ω，蜂鸣器会发出声音。

2. 绝缘电阻表

绝缘电阻表又叫摇表，也称为兆欧表，是一种简便、常用的测量高电阻的直读式仪表，可用来测量电路、电机绕组、电缆、电气设备等的绝缘电阻。电气设备绝缘性能的好坏，直接关系到设备的运行安全和操作人员的人身安全。

为了对绝缘材料因发热、受潮、老化、腐蚀等原因所造成的损坏进行检测或检查修复后电气设备的绝缘电阻是否达到规定的要求，都需要经常测量电气设备的绝缘电阻。测量绝缘电阻应在规定的耐压条件下进行，所以必须采用备有高压电源的绝缘电阻表，而不用万用表测量。一般绝缘材料的电阻都在 $10^6\Omega$ 以上，所以绝缘电阻表标度尺的单位以兆欧（MΩ）表示。

（1）绝缘电阻表的外形　绝缘电阻表外形如图 2-16 所示。表上有两个接线柱，其中“L”表示“线”或“相线”接线柱；“E”表示“地”接线柱，此外还有一个铜环“G”，也称为保护环或屏蔽端。

一般情况下用有足够绝缘强度的单相绝缘线将“L”和“E”分别接到被测物导体部分和被测物的外壳或其他导体部分（如测相间绝缘）。

在特殊情况下，如被测物表面受到污染不能擦干净、空气太潮湿或者有外电磁场干扰等，就必须将“G”接线柱接到被测物的金属屏蔽保护环上，以消除表面漏流或干扰对测量结果的影响。

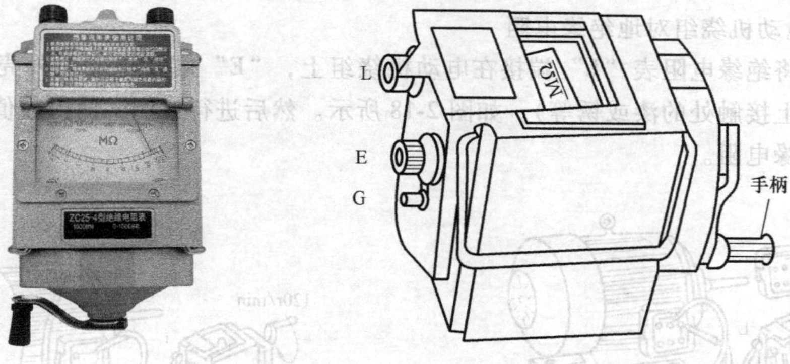

a)　　　　b)

图 2-16　绝缘电阻表的结构外形图

a）实物图　b）示意图

（2）绝缘电阻表使用前的准备

1）种类的选择。绝缘电阻表的选用主要是选择其电压及测量范围，高压电气设备需使用电压高的绝缘电阻表。低压电气设备需使用电压低的绝缘电阻表。一般选择原则是：500V 以下的电气设备选用 500~1000V 的绝缘电阻表；瓷瓶、母线、刀闸应选用 2500V 以上的绝缘电阻表。

绝缘电阻表测量范围的选择原则：要使测量范围适应被测绝缘电阻的数值，以免读数时产生较大的误差。如有些绝缘电阻表的读数不是从零开始，而是从 1MΩ 或 2MΩ 开始，这种表就不适宜用于测定处在潮湿环境中的低压电气设备的绝缘电阻。因为这种设备的绝缘电阻有可能小于 1MΩ，使仪表得不到读数，容易误认为绝缘电阻为零，而得出错误结论。

电阻量程范围的选择。绝缘电阻表的表盘刻度线上有两个小黑点，小黑点之间的区域为准确测量区域。所以在选表时应使被测设备的绝缘电阻值在准确测量区域内。

2）导线的选择

绝缘电阻表测量时用的导线应该采用单根绝缘导线，不能采用双绞线。

3）放置平稳

绝缘电阻表应放置在平稳的地方，以免在摇动手柄时因表身抖动和倾斜产生测量误差。

4）开路试验、短路试验

测量前先将绝缘电阻表进行一次开路和短路试验，检查绝缘电阻表是否正常。具体操作为：将两连接线开路，摇动手柄，指针应指在无穷大处，再把两连接线短接一下，指针应指在零处。

5）读数

摇动手柄的转速要稳定在 120r/min，约 1min，待绝缘电阻表指针稳定后读数，单位是 MΩ。

（3）绝缘电阻表的使用

1）测量电动机绕组的相间绝缘电阻

首先拆开电动机接线盒内部的Y和△联结的连接片和电源线。在用导线将绝缘电阻表“L”端和“E”端分别连接在电动机两绕组的接线端上，如图 2-17 所示。然后进行摇测，测得数值就是电动机绕组间的相间绝缘电阻。

2）测量电动机绕组对地绝缘电阻

用导线将将绝缘电阻表“L”端接在电动机绕组上，“E”端接电动机外壳（事先要清除电动机机壳上接触处的漆或锈等），如图 2-18 所示。然后进行遥测，测得数值就是电动机绕组的对地绝缘电阻。

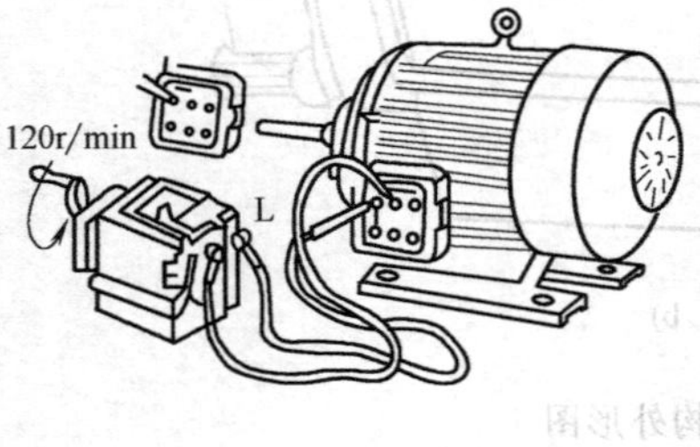

图 2-17 测量电动机绕组的相间绝缘电阻

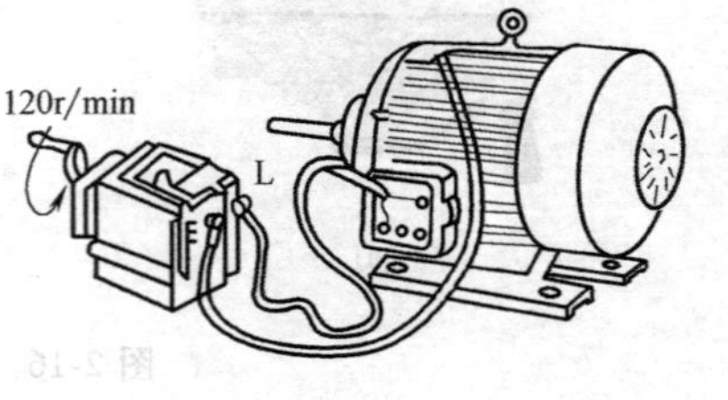

图 2-18 测量电动机绕组的对地绝缘电阻

（4）绝缘电阻表使用时的注意事项

1）被测设备必须与其他电源断开，测量完毕一定要将被测设备充分放电（需 2~3min），以保护设备及人身安全。

2）绝缘电阻表与被测设备之间应使用单股线分开单独连接，并保持线路表面清洁干燥，避免因线与线之间绝缘不良引起误差。

3）摇测时，将绝缘电阻表置于水平位置，摇把转动时其端钮间不许短路。摇测电容器、电缆时，必须在摇把转动的情况下才能将接线拆开，否则反充电将会损坏绝缘电阻表。

4）为了防止被测设备表面泄漏电阻，使用绝缘电阻表时，应将被测设备的中间层（如电缆壳芯之间的内层绝缘物）接于保护环。

5）摇动手柄时，应由慢渐快，均匀加速到 120r/min，允许有±20%的变化，但不能超过 25%。摇动 1min 后，待指针稳定下来再读数。如被测电路中有电容，摇动时间要长一些，待电容充电完成，指针稳定下来再读数。摇动过程中，当出现指针已指零时，就不能再继续摇动，以防表内线圈发热损坏。

6）禁止在雷电天气或在邻近有带高压导体的设备处使用绝缘电阻表测量。

7）应视被测设备电压等级的不同选用合适的绝缘电阻表。

(5) 绝缘电阻表使用后的注意事项　兆欧表在使用后应该将“L”“E”两导线短接，对绝缘电阻表进行放电，以防止发生触电事故。

3. 钳形电流表

钳形电流表是一种便携式电表，主要用在要求电路不断电的情况下，测量正在运行的电气电路中具有安级的电流。测量时只要将被测导线夹于钳口中，便可读出电流安数。

（1）钳形电流表的原理　钳形电流表的原理是建立在电流互感器工作原理的基础上的，其外形结构如图2-19所示。当放松扳手铁心闭合后，根据互感器的原理而在其二次绕组上产生感应电流，电流表指针偏转，从而指示出被测电流的数值。当握紧钳形电流表扳手时，电流互感器的铁心可以张开，被测电流的导线进入钳口内部作为电流互感器的一次绕组。

值得注意的是：由于钳形电流表是利用互感器的原理，所以铁心是否闭合紧密，是否有大量剩磁，对测量结果影响很大，当测量较小电流时，会使得测量误差增大。这时，可将被测导线在铁心上多绕几圈来改变互感器的电流比，以增大电流量程。

（2）钳形电流表的使用方法

1）首先正确选择钳形电流表的电压等级，检查其外观绝缘是否良好，有无破损，指针是否摆动灵活，钳口有无锈蚀等。根据电动机功率估计额定电流，以选择表的量程。

2）在使用钳形电流表前应仔细阅读说明书，弄清是交流还是交直流两用钳形表。

3）由于钳形电流表本身精度较低，在测量小电流时，可采用下述方法：先将被测电路的导线绕几圈，再放进钳形表的钳口内进行测量。此时钳形表所指示的电流值并非被测量的实际值，实际电流应当为钳形表的读数除以导线缠绕的圈数。

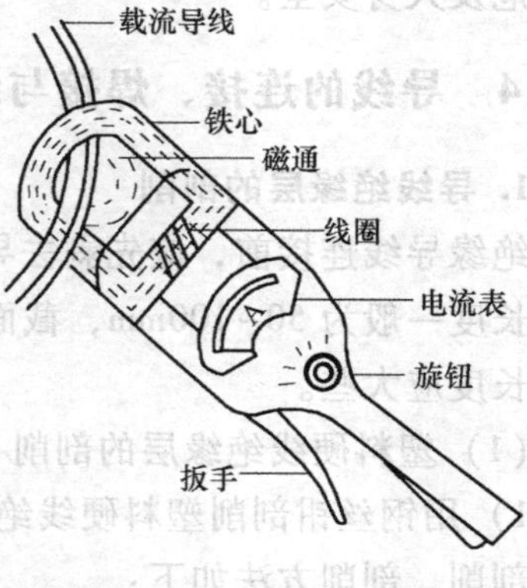

图2-19　钳形电流表的外形结构

4）钳形表钳口在测量时闭合要紧密，闭合后如有杂音，可打开钳口重钳一次，若杂音仍不能消除时，应检查磁路上各接合面是否光洁，有尘污时要擦拭干净。

5）钳形表每次只能测量一相导线的电流，被测导线应置于钳形窗口中央，不可以将多相导线都夹入窗口测量。

6）被测电路电压不能超过钳形表上所标明的数值，否则容易造成接地事故，或者引起触电危险。

7）测量运行中笼型异步电动机工作电流。根据电流大小，可以检查判断电动机工作情况是否正常，以保证电动机安全运行，延长使用寿命。

8）测量时，可以每相测一次，也可以三相测一次，此时表上数字应为零（因三相电流相量和为零），当钳口内有两根相线时，表上显示数值为第三相的电流值，通过测量各相电流可以判断电动机是否有过载现象（所测电流超过额定电流值），电动机内部或电源（把其他形式的能转换成电能的装置叫作电源）电压是否有问题，即三相电流不平衡是否超过10%的限度。

(3) 钳形电流表使用时的注意事项

1) 在高压回路上测量时，禁止用导线从钳形电流表另接表计测量。测量高压电缆各相电流时，电缆头线间距离应在300mm以上，且绝缘良好，待认为测量方便时，方能进行。

2) 观测表计时，要特别注意保持头部与带电部分的安全距离，人体任何部分与带电体的距离不得小于钳形表的整个长度。

3) 测量低压可熔熔断器或水平排列低压母线电流时，应在测量前将各相可熔熔断器或母线用绝缘材料加以保护隔离，以免引起相间短路。

4) 使用高压钳形电流表时应注意钳形电流表的电压等级，严禁用低压钳形表测量高电压回路的电流。用高压钳形表测量时，应由两人操作，非值班人员测量还应填写第二种工作票，测量时应戴绝缘手套，站在绝缘垫上，不得触及其他设备，以防止短路或接地。

5) 钳形电流表测量结束后把开关拨至最大程档，以免下次使用时不慎过流，并应保存在干燥的室内。

6) 当电缆有一相接地时，严禁测量。防止出现因电缆头的绝缘水平低发生对地击穿爆炸而危及人身安全。

2.2.4 导线的连接、焊接与绝缘层的修复

1. 导线绝缘层的剖削

绝缘导线连接前，应先剥去导线端部的绝缘层，并将裸露的导体表面擦干净。剥去绝缘层的长度一般为50~100mm，截面积小的单股导线剥去长度可以小些，截面积大的多股导线剥去长度应大些。

(1) 塑料硬线绝缘层的剖削

1) 用钢丝钳剖削塑料硬线绝缘层线芯截面为$4mm^2$及以下的塑料硬线，一般用钢丝钳进行剖削，剖削方法如下：

① 用左手捏住导线，根据所需线头长度用钢丝钳的钳口切割绝缘层，但不可切伤线芯。

② 用右手握住钢丝钳头部用力向外移，去掉塑料绝缘层，如图2-20所示。

③ 剖削出的芯线应保持完整无损。如果芯线损伤较大，则应剪去该线头，重新剖削。

2) $4mm^2$以上塑料硬线，可用电工刀来剖削其绝缘层，其方法如下：

① 根据所需线头长度，在需剖削线头处，用电工刀以45°角倾斜切入塑料绝缘层，注意刀口不能伤着线芯，如图2-21a所示。

② 刀面与导线保持25°左右角，用力要均匀，硬线绝缘层向线端推削，只削去上面一层塑料绝缘，不可切入线芯，如图2-21b所示。

③ 将余下的线头绝缘层向后扳翻，把该绝缘

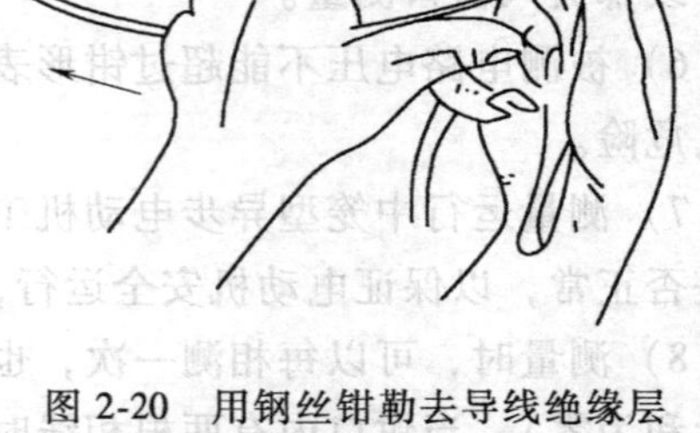

图2-20　用钢丝钳勒去导线绝缘层

层剥离线芯，见图 2-21c，再用电工刀切齐。

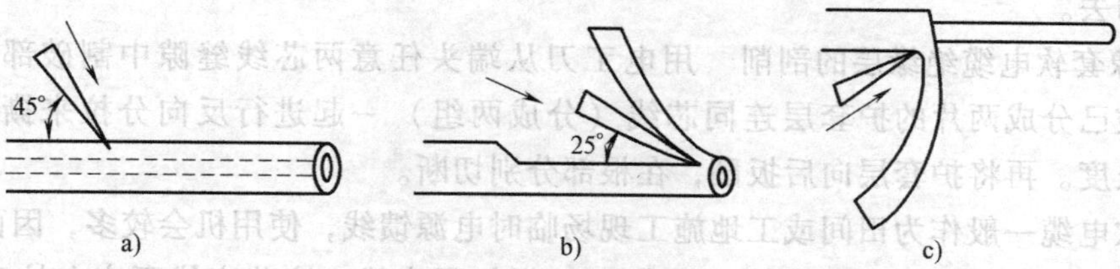

图 2-21　电工刀剖削塑料硬线绝缘层
a）刀以 45°角倾斜切入　b）刀以 25°角倾斜推削　c）翻下余下塑料层

（2）塑料软线绝缘层的剖削　塑料软线绝缘层剖削可以用剥线钳或钢丝钳剖削。剖削方法与用钢丝钳剖削塑料硬线绝缘层方法相同，不能用电工刀剖削，因为塑料软线太软，线芯又由多股铜丝组成，用电工刀非常容易损伤线芯。软线绝缘层剖削后，要求不存在断股（一根细芯线称为一股）和长股（即部分细芯线较其余细芯线长，出现端头长短不齐）现象。否则应切断后重新剖削。

（3）塑料护套线绝缘层的剖削　塑料护套线绝缘层分为外层的公共护套层和内部每根线芯的绝缘层。公共护套层一般用电工刀剖削，先按线头所需长度，将刀尖对准两股芯线的中缝，划开护套层，并将护套层向后扳翻，然后用电工刀齐根切去，如图 2-22 所示。

切去护套层后，露出的每根芯线可用钢丝钳或电工刀按照剖削塑料硬线绝缘层的方法分别除去。钢丝钳或电工刀在切入时切口应离护套层 5~10mm 处。

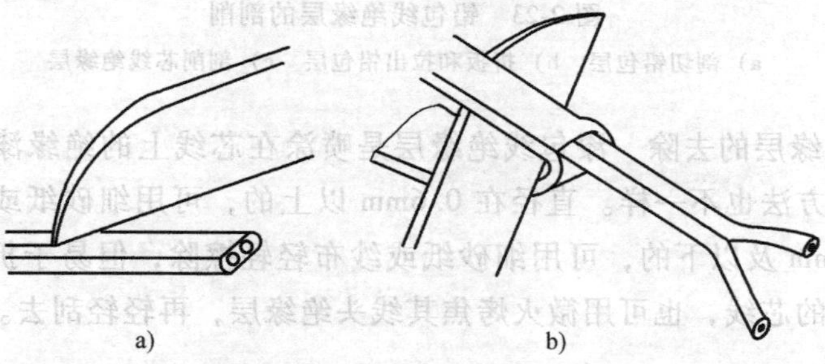

图 2-22　塑料护套线绝缘层的剖削
a）用刀尖在线芯缝隙处划开护套层　b）扳翻护套层并齐根切去

（4）橡皮线绝缘层的剖削　在橡皮线绝缘层外还有一层纤维编织保护层，其剖削方法如下。

1）把橡皮线纤维编织保护层用电工刀尖划开，将其扳回后齐根切去。剖削方法与剖削护套线的保护层方法类似。

2）用剖削塑料线绝缘层相同方法削去橡胶层。

3）最后将棉纱层向后扳翻，用电工刀切去。

（5）花线绝缘层的剖削　花线绝缘层分外层和内层，外层是一层柔韧的棉纱编织层。剖削时先用电工刀在线头所需长度处将棉纱织物保护层四周割切一圈后将其拉去，然后在距离棉纱织物保护层 10mm 左右处用钢丝钳按照剖削塑料软线绝缘层的方法将内层的橡胶绝缘层拉去。有的花线在紧贴线芯处还包含有棉纱层，在拉去橡胶绝缘层后，再将棉纱层松开扳翻，齐根切去。

（6）橡套软电缆绝缘层的剖削　用电工刀从端头任意两芯线缝隙中割破部分护套层。然后把割破已分成两片的护套层连同芯线（分成两组）一起进行反向分拉来撕破护套层，直到所需长度。再将护套层向后扳翻，在根部分别切断。

橡套软电缆一般作为田间或工地施工现场临时电源馈线，使用机会较多，因而受外界拉力较大，所以护套层内除有芯线外，还有 2~5 根加强麻线。这些麻线不应在护套层切口根部剪去，应扣结加固，余端也应固定在插头或电具内的防拉板中。芯线绝缘层可按塑料绝缘软线的方法进行剖削。

（7）铅包线绝缘层的剖削　铅包线绝缘层分为外部铅包层和内部芯线绝缘层。剖削时先用电工刀在铅包层上切下一个刀痕，再用双手来回扳动切口处，将其折断，将铅包层拉出来。内部芯线的绝缘层的剖削与塑料硬线绝缘层的剖削方法相同，操作过程如图 2-23 所示。

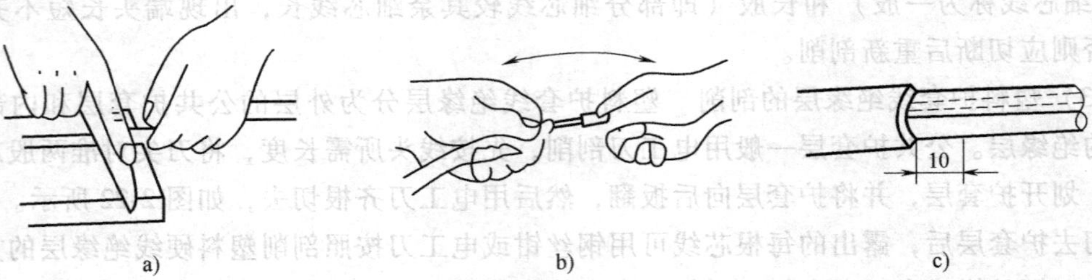

图 2-23　铅包线绝缘层的剖削

a）剖切铅包层　b）折扳和拉出铅包层　c）剖削芯线绝缘层

（8）漆包线绝缘层的去除　漆包线绝缘层是喷涂在芯线上的绝缘漆层。由于线径的不同，去除绝缘层的方法也不一样。直径在 0.6mm 以上的，可用细砂纸或薄刀片小心磨去或刮去；直径在 0.1mm 及以下的，可用细砂纸或纱布轻轻擦除，但易于折断，需要小心。有时为了确保漆包线的芯线，也可用微火烤焦其线头绝缘层，再轻轻刮去。

2. 导线的连接

（1）导线连接的基本要求

1）接触紧密，接头电阻小，稳定性好。接头与同长度、同截面积导线的电阻比应不大于 1。

2）接头的机械强度应不小于导线机械强度的 80%。

3）耐腐蚀。对于铝与铝连接，如采用熔焊法，应主要防止残余焊剂或熔渣的化学腐蚀。对于铝与铜连接，应主要防止电化腐蚀。在接头前后，要采取措施，避免这类腐蚀的存在。

4）接头的绝缘层强度应与导线的绝缘层强度一样。

（2）铜芯导线的连接

1）单股铜芯线的直接连接　单股芯线有绞接和缠绕两种方法。绞接法适用于截面积较小的导线，缠绕法适用于截面积较大的导线。

绞接法是先剥去线端绝缘层，约芯线直径 40 倍长，拉直芯线后，再按以下步骤进行：

① 两根线头在距离芯线根部的 1/3 处呈“×”状交叉。如图 2-24a 所示。

② 把两线头如麻花状互相紧绞合 2~3 圈，如图 2-24b 所示。

③ 先把一根线头扳起，与另一根处于下边的线头保持垂直，如图 2-24c 所示。

④ 把扳起的线头按顺时针方向在另一根线头上紧缠 6~8 圈，圈间不应有缝隙，且应垂直排绕。缠毕切去芯线余端，并钳平切口，不准留有切口毛刺，如图 2-24d 所示。

⑤ 另一端头的加工方法，按上述步骤第③、第④步操作。连接好的导线如图 2-24e 所示。

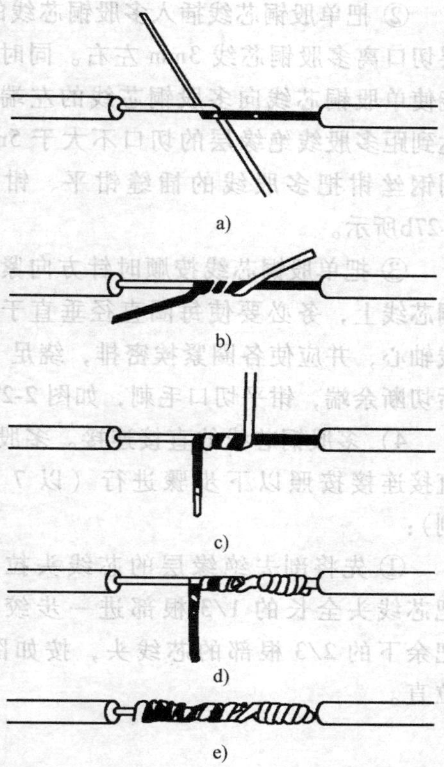

图 2-24 单股铜芯线的直接连接

缠绕法是将已经去除绝缘层和氧化层的线头相对交叠，再用直径为 1.6mm 的裸铜线做缠绕线，在其上进行缠绕，如图 2-25 所示。其中，直径在 5mm 及以下的线头，缠绕长度为 6cm；直径大于 5mm 的，缠绕长度为 9cm。

2）单股铜芯线的 T 形连接。单股芯线 T 形连接时仍可用绞接法和缠绕法。

绞接法是先将除去绝缘层和氧化层的支路芯线与干路芯线剖削处的芯线十字相交，如图 2-26a 所示。注意在支路芯线根部留出 3~5mm 裸线，接着顺时针方向将支路芯线在干路芯线上紧密缠绕 6 ~ 8 圈，剪去多余线头，修整掉毛刺，如图 2-26b 所示。

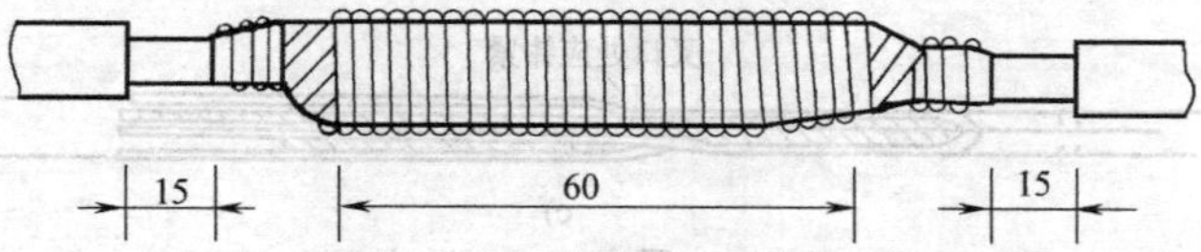

图 2-25 用缠绕法直线连接单股芯线

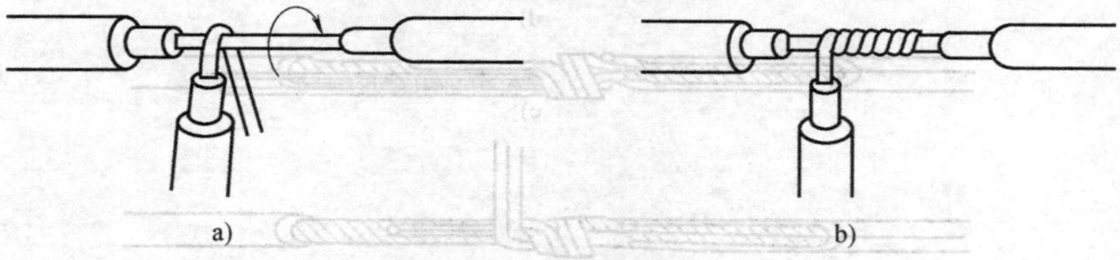

图 2-26 单股芯线 T 形连接

3）单股铜芯线与多股铜芯线的分支连接。先按单股铜芯线直径约 20 倍的长度剥除多股线连接处的中间绝缘层，并按多股线的单股芯线直径的 100 倍左右剥去单股线的线端绝缘层，勒直芯线后，再按照以下步骤进行：

① 在离多股线的左端绝缘层切口 3~5mm 处的芯线上，用一字旋具把多股芯线分成较均匀的组（如 7 股线的芯线以 3 股、4 股分），如图 2-27a 所示。

② 把单股铜芯线插入多股铜芯线的两芯线中间，不可把单股铜芯线插到底，应使绝缘层切口离多股铜芯线 3mm 左右。同时，应尽可能使单股铜芯线向多股铜芯线的左端靠近，以达到距多股线绝缘层的切口不大于 5mm。接着用钢丝钳把多股线的插缝钳平、钳紧，如图 2-27b所示。

③ 把单股铜芯线按顺时针方向紧缠在多股铜芯线上，务必要使每圈直径垂直于多股铜芯线轴心，并应使各圈紧挨密排，绕足 10 圈，然后切断余端，钳平切口毛刺，如图 2-27c 所示。

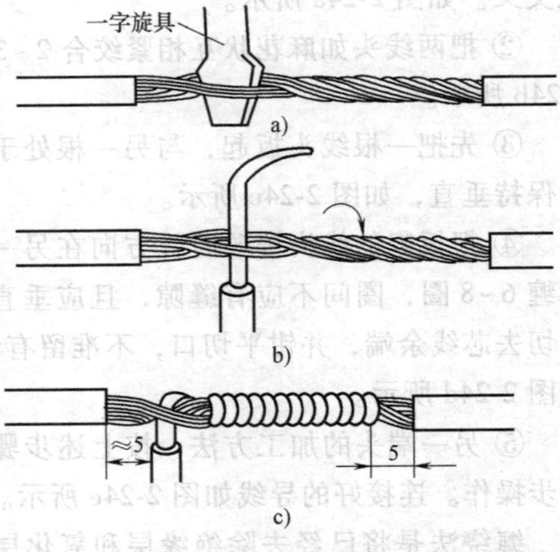

图 2-27　单股铜芯线与多股铜芯线的分支连接

4）多股铜芯线的直接连接。多股铜芯线的直接连接按照以下步骤进行（以 7 股芯线为例）：

① 先将剖去绝缘层的芯线头拉直，接着把芯线头全长的 1/3 根部进一步绞紧，然后把余下的 2/3 根部的芯线头，按如图 2-28a 所示方法，分散成伞骨状，并将每股芯线拉直。

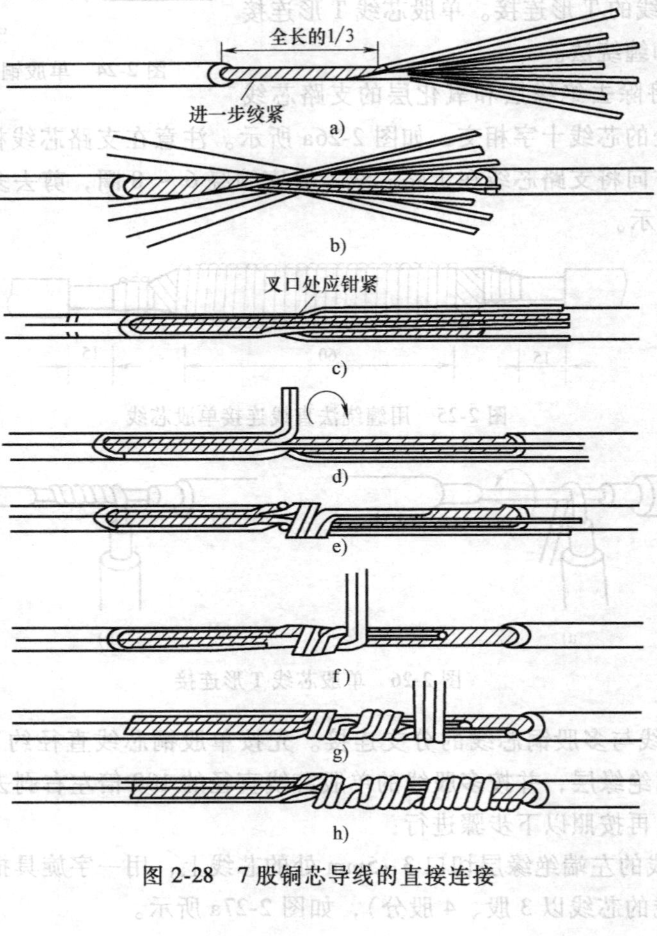

图 2-28　7 股铜芯导线的直接连接

② 把两导线的伞骨状线头隔股对叉，然后捏平两端每股线，如图 2-28b、c 所示。

③ 先把一端的 7 股芯线按 2、2、3 股分成三组，接着把第一组股芯线扳起，垂直于芯线，如图 2-28d 所示。然后按顺时针方向紧贴并缠绕两圈，再扳成与芯线平行的直角，如图 2-28e 所示。

④ 按照上一步骤相同的方法继续紧缠绕第二组和第三组芯线，但在后一组芯线扳起时，如图 2-28f、g 所示，第三组芯线应紧缠三圈，如图 2-28h 所示。每组多余的芯线端应剪去，并钳平切口毛刺。导线的另一端连接方法相同。

5）多股铜芯线的分支连接。先将干线在连接处按支线的单股铜芯线直径约 60 倍长度处剥去绝缘层。支线线头绝缘层的剥离长度约为干线单股铜芯线直径的 80 倍左右，再按以下步骤进行：

① 把支线线头离绝缘层切口根部约 1/10 的一根芯线进一步绞紧，把余下的 9/10 芯线头松散，并逐根勒直后分成较均匀且排成并列的两组（如 7 股线按 3、4 分），如图 2-29a 所示。

② 在干线芯线中间略偏一端的部位，用一字旋具插入芯线股间，分成较均匀的两组。接着把支路略多的一组芯线头插入干线芯线的缝隙中。同时移动位置，使干线芯线约 2/5 和 3/5 分留两端，即 2/5 一段供支线 3 股芯线缠绕，3/5 一段供 4 股芯线缠绕，如图 2-29b 所示。

③ 先钳紧干线芯线插口处，接着把支线 3 股芯线在干线芯线上按顺时针方向垂直地紧紧排缠至三圈，剪去多余的线头，钳平端头，修去毛刺，如图 2-29c 所示。

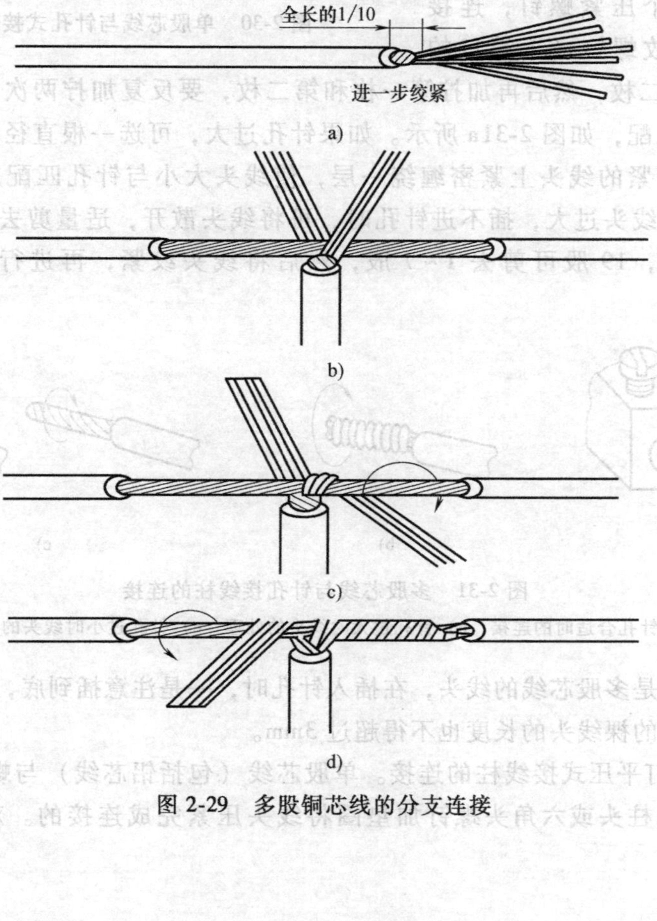

图 2-29 多股铜芯线的分支连接

④ 按前一步方法缠绕另4股支线芯线头，但要缠足四圈，芯线端口也应不留毛刺，如图2-29d所示。

(3) 导线与针孔接线柱的连接

1) 线头与针孔接线柱的连接。端子板、某些熔断器、电工仪表等的接线部位多是利用针孔以及压接螺钉压住线头完成连接的。电路容量小，可用一只螺钉压接，若电路容量较大，或接头要求较高时，应该用两只螺钉压接。

① 单股芯线与接线柱连接时，最好按要求的长度将线头折成双股并排插入针孔，使压接螺钉顶紧双股芯线的中间。如果线头较粗，双股插不进针孔，也可直接用单股，但芯线在插入针孔前，应稍微朝着针孔上方弯曲，以防止压紧螺钉稍松时线头脱出，如图2-30所示。

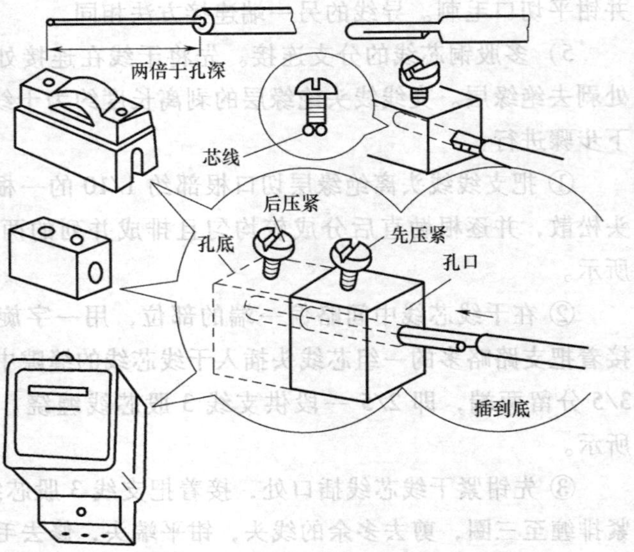

图2-30 单股芯线与针孔式接线柱的连接

② 在针孔接线柱上连接多股芯线时，必须把多股芯线按原方拧紧方向用钢丝钳进一步绞紧，以保证压多股芯线受压紧螺钉顶压时不致松散。由于多股芯线的载流量较大，孔上部往往有两个压紧螺钉，连接时应先拧紧第一枚螺钉（近端口的一枚），后拧紧第二枚，然后再加拧第一枚和第二枚，要反复加拧两次。此时应注意针孔和线头的大小应匹配，如图2-31a所示。如果针孔过大，可选一根直径大小相宜的铝导线做绑扎线，在已绞紧的线头上紧密缠绕一层，使线头大小与针孔匹配后再进行压接，如图2-31b所示。如线头过大，插不进针孔时，可将线头散开，适量剪去中间几股。通常7股可剪去1~2股，19股可剪去1~7股，然后将线头绞紧，再进行压接，如图2-31c所示。

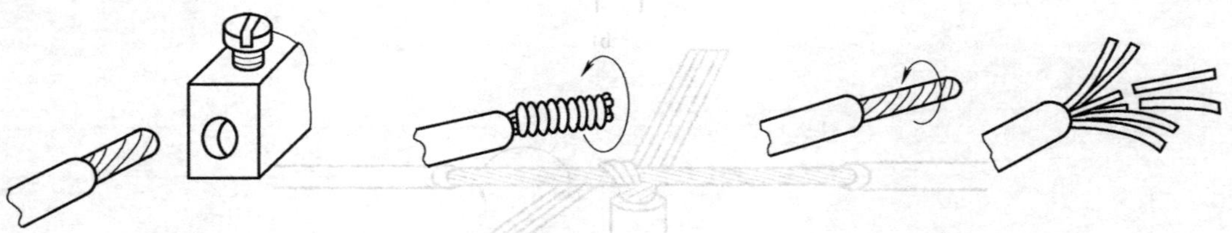

图2-31 多股芯线与针孔接线柱的连接

a) 针孔合适时的连接 b) 针孔过大时线头的处理 c) 针孔过小时线头的处理

无论是单股还是多股芯线的线头，在插入针孔时，一是注意插到底，二是不得使绝缘层进入针孔，针孔外的裸线头的长度也不得超过3mm。

2) 线头与螺钉平压式接线柱的连接。单股芯线（包括铝芯线）与螺钉平压式接线柱，是利用半圆头、圆柱头或六角头螺钉加垫圈将线头压紧完成连接的。对载流量较小的单股芯线，先将线头完成压接圈（俗称羊眼圈），再用螺钉压紧。为保证线头与接线柱有足够的接触面积，日久不会松动或脱落，压接圈必须弯成圆形。单股芯线压接圈弯法如图2-32所示。

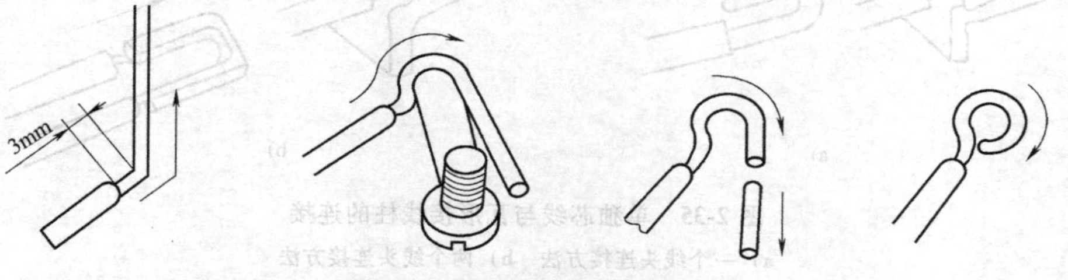

图2-32　单股芯线压接圈弯法

对于横截面积不超过$10mm^2$的7股及以下多股芯线，应按图2-33所示弯制压接圈。把离绝缘层根部约1/2的芯线重新绞紧，越紧越好，如图2-33a所示；绞紧部分的芯线，在离绝缘层根部1/3处向左外折角，然后弯曲圆弧，如图2-33b所示；当圆弧弯曲得将成圆圈（剩下1/4）时，应将余下的芯线向右外折角，然后使其成圆，捏平余下线端，使两股芯线平行，如图2-33c所示；把散开的芯线按2、2、3根分成3组，将第一组两根芯线扳起，垂直于芯线，要留出垫圈边宽，如图2-33d所示；按7股芯线直接对接的自缠法加工，如图2-33e所示。图2-33f是缠成后的7股芯线压接圈。

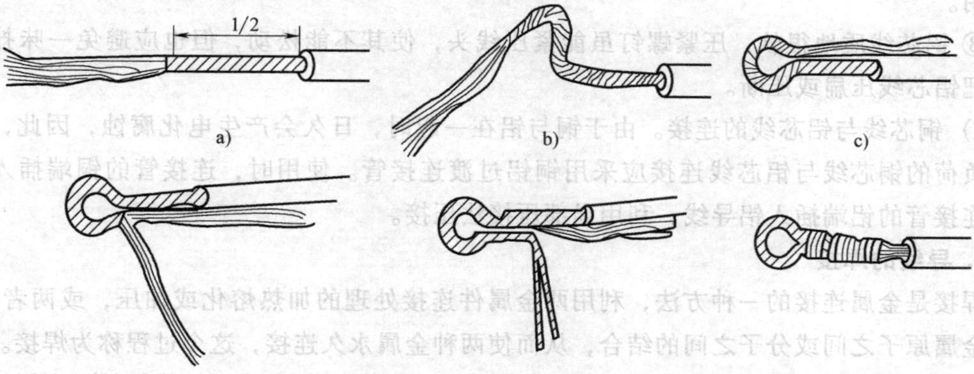

图2-33　多股芯线压接圈弯法

a）芯线绞紧　b）根部1/3处弯曲　c）两股芯线平行　d）将部分芯线扳起　e）自缠法　f）芯线压接法

对于横截面积超过$10mm^2$的7股以上软导线端头，应安装接线耳。软导线线头也可用螺钉平压式接线柱连接。软导线线头压接螺钉之间的连接方法如图2-34所示，其工艺要求与上述多股芯线的压接相同。

（4）单独芯线与瓦形接线柱的连接　瓦形接线柱的垫圈为瓦形，压接时为了使线头不致从瓦形接线柱内滑出，压接前应先将已去除氧化层和污物的线头弯曲成U形的两个线头反方向重叠，再卡入接线柱瓦形垫圈下方压紧，如图2-35所示。

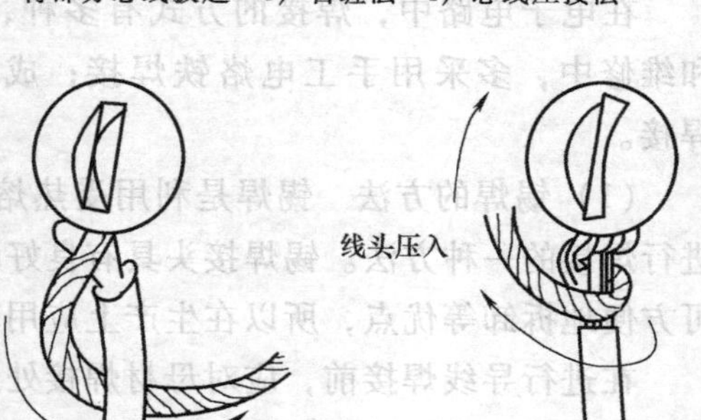

图2-34　软导线线头压接螺钉之间的连接方法

a）围绕螺钉后自缠　b）自缠一圈后端头压入螺钉

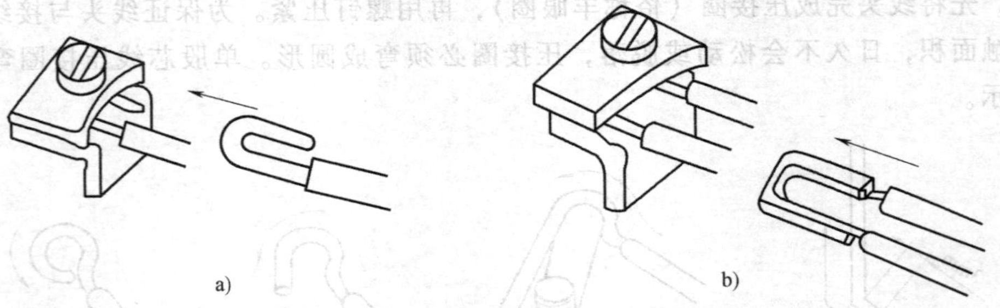

图 2-35　单独芯线与瓦形接线柱的连接

a）一个线头连接方法　b）两个线头连接方法

（5）铝芯线的连接　铝芯线的连接有以下几种方法：

1）小规格铝芯线的连接方法。

① 截面积在 $4mm^2$ 以下的铝芯线，允许直接与接线柱连接，但连接前必须经过清除氧化层薄膜的技术处理。方法是，在芯线端头上涂抹一层中性凡士林，然后用细钢丝或钢丝刷擦芯线表面，再用清洁的棉纱或布抹去含有氧化铝膜屑的凡士林，但不要彻底擦干净表面的所有凡士林。

② 各种形状接点的弯制和连接方法，均与小规格铜质导线的各种连接方法相同，可参照应用。

③ 铝芯线质地很软，压紧螺钉虽能紧压线头，使其不能松动，但也应避免一味拧紧螺钉而把铝芯线压扁或压断。

2）铜芯线与铝芯线的连接。由于铜与铝在一起时，日久会产生电化腐蚀，因此，对于较大负荷的铜芯线与铝芯线连接应采用铜铝过渡连接管。使用时，连接管的铜端插入铜导线，连接管的铝端插入铝导线，利用局部压接法压接。

3. 导线的焊接

焊接是金属连接的一种方法，利用两金属件连接处理的加热熔化或加压，或两者并用，造成金属原子之间或分子之间的结合，从而使两种金属永久连接，这个过程称为焊接。电子装配时使用的主要焊接方法是钎焊，就是在固体待焊材料之间，熔入比待焊材料金属熔点低的焊料，使焊料进入待焊材料之中，从而使待焊材料与焊料实现永久的连接。

在电子电路中，焊接的方式有多种，各种方式的适用性也不尽相同。在小批量生产和维修中，多采用手工电烙铁焊接；成批或大量生产时则采用浸焊和波峰焊等自动化焊接。

（1）锡焊的方法　锡焊是利用受热熔化的焊锡对铜、铜合金、钢、镀锌薄钢板等材料进行焊接的一种方法。锡焊接头具有良好的导电性、一定的机械强度以及对焊锡加热熔化后可方便地拆卸等优点，所以在生产上应用较广。

在进行导线焊接前，应对母材焊接处进行清洁处理，这是保证焊接质量的重要条件。常用纱布、锉刀或刀片清除焊接处的油漆或氧化层。清洁处理后的母材要及时涂上焊剂。

常用的焊接方法有以下几种：

1）电烙铁焊接。电烙铁的操作很方便，适用于薄板和铜导线的焊接。焊接时要注意控制焊锡的熔化温度。过高的温度易使锡氧化而失去焊接能力，过低的温度会造成虚焊，降低焊接质量。

2）沾焊。沾焊时用加热设备（如电炉、煤炉等）将容器中的焊锡熔化，再将涂有焊剂的焊接头浸入熔化的焊锡中实现焊接。这种焊接法生产率很高，焊接质量也较好。

3）喷灯焊接。喷灯是一种喷射火焰的加热工具。焊接时先用喷灯将母材加热并不时地涂焊剂，当达到合适温度时，将焊锡接触母材，使之熔化并铺满焊接处。这种方法适合较大尺寸母材的焊接。

（2）电烙铁的焊接步骤　焊接电子元器件，可用以下五步骤操作，如图2-36所示。

1）准备施焊。准备好焊锡丝和烙铁。此时特别强调烙铁头部要保持干净，即可以沾上焊锡（俗称吃锡）。

2）加热焊件。将烙铁接触焊接点，注意首先要保持烙铁加热焊件各部分，例如印制电路板上引线和焊盘，其次要注意让烙铁头的扁平部分（较大部分）接触热容量较大的焊件，烙铁头的侧面或边缘部分接触热容量较小的焊件，以保持焊件均匀受热。

3）熔化焊料。当焊件加热到能熔化焊料的温度后将焊丝置于焊点，焊料开始熔化并润湿焊点。

4）移开焊锡。当熔化一定量的焊锡后将焊丝移开。

5）移开烙铁。当焊锡完全润湿焊点后移开烙铁，注意移开烙铁的方向应该是大致45°的方向。五步法有普遍性，是掌握手工烙铁焊接的基本方法。特别是各步骤之间停留的时间，对保证焊接质量至关重要，只有通过实践才能逐步掌握。

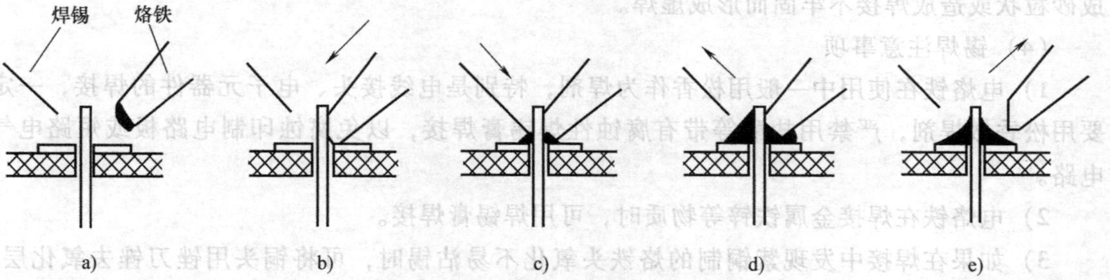

图2-36　五步焊接法

a）准备　b）加热　c）加焊锡　d）去焊锡　e）去烙铁

（3）电烙铁手工焊接要点

1）焊接时的姿势和手法。一般是坐着焊，工作台和座椅的高度要适当，挺胸端坐，操作者鼻尖与烙铁尖的距离应在20cm以上，选好烙铁头的形状和适当的握法。电烙铁的握法一般有三种，第一种是握笔法，如图2-37a所示，这种握法使用的烙铁头一般是直形的，适合于用小功率电烙铁对小型电子设备及印制电路板的焊接。第二种是正握法，如图2-37b所示，用于弯头烙铁的操作或直烙铁头在机架上焊接。第三种是反握法，如图

图2-37　电烙铁的三种握法

a）握笔法　b）正握法　c）反握法

2-37c所示，这种握法动作稳定，适用于大功率电烙铁对热容量大的工件的焊接。

2）锡焊丝的拿法。先将锡焊丝拉直并截成30cm左右的长度，用不拿烙铁的手握住，配合焊接的速度和焊锡丝头部熔化的快慢适当向前送进。焊锡丝的拿法有两种，如图2-38所示，操作者可以根据自己的习惯选用。

3）焊接面在焊前的清洁和搪锡。清洁焊接面的工作可用砂纸（布），也可用废锯条做成刮刀。焊接前应先清除焊接面的绝缘层、氧化层及污物，直到完全露出紫铜表面，其上不留一点脏物为止。有些镀金、镀银或镀锡的母材，由于基材难以上锡，所以不能把镀层刮掉，只能用粗橡皮擦去表面脏物。焊接面清洁处理后，应尽快搪锡，以免表面重新氧化，搪锡前应先在焊接面涂上焊剂。

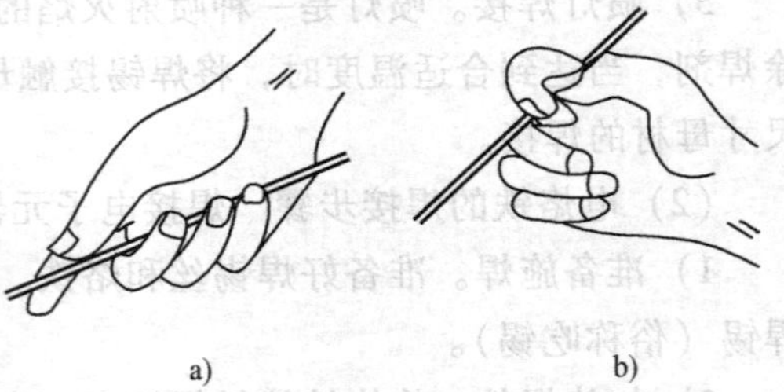

图2-38　焊锡丝的拿法

a）连接焊锡拿法　b）断续焊锡拿法

对扁平集成电路引线，焊前一般不做清洁处理，但焊接前应妥善保存，不要弄脏引线。

4）掌握好焊接温度和恰当时间。

5）恰当掌握焊点形成的火候。焊接时不要将烙铁头在焊点上来回移动，应将烙铁头搪锡面紧贴焊点，等到焊锡全部熔化，并因表面张力收缩而使表面光滑后，迅速将烙铁头从斜面上方约45°的方向移开，这时焊锡不会立即凝固，一定不要使被焊件移动，否则焊锡会凝成砂粒状或造成焊接不牢固而形成虚焊。

（4）锡焊注意事项

1）电烙铁在使用中一般用松香作为焊剂，特别是电线接头、电子元器件的焊接，一定要用松香做焊剂，严禁用盐酸等带有腐蚀性焊锡膏焊接，以免腐蚀印制电路板或短路电气电路。

2）电烙铁在焊接金属铁锌等物质时，可用焊锡膏焊接。

3）如果在焊接中发现紫铜制的烙铁头氧化不易沾锡时，可将铜头用锉刀锉去氧化层，在酒精内浸泡后再用，切勿浸入酸内浸泡以免腐蚀烙铁头。

4）焊接电子元器件时，最好选用低温焊丝，头部涂上层薄锡后再焊接。焊接场效应晶体管时，应将电烙铁电源线插头拔下，利用余热去焊接，以免损坏管子。

4. 导线的封端

安装好的配线最终要与电气设备相连，为了保证导线线头与电气设备接触良好并具有较强的机械性能，对于多股铝线和截面大于2.5mm^2的多股铜线，都必须在导线终端焊接或压接一个接线端子，再与设备相连。这种工艺过程叫作导线的封端。

（1）铜导线的封装　铜导线的封装有以下两种方法：

1）锡焊法。锡焊前，先将导线表面和接线端子孔用纱布擦干净，涂上一层无酸焊锡膏，将线芯搪上一层锡，然后把接线端子放在喷灯火焰上加热，当接线端子烧热后，把焊锡熔化在端子孔内，并将搪好锡的线芯慢慢插入，待焊锡完全渗透到线芯缝隙中后，即可停止加热。

2）压接法。将表面清洁且已加工好的线头直接插入内表面已经清洁的接线端子线孔，用压接钳压接。

（2）铝导线的封装　铝导线一般用压接法封端。压接前，剥掉导线端部的绝缘层，其长度为接线端子孔的深度加上5mm，除掉导线表面和端子孔内壁的氧化膜，涂上中性凡士林，再将芯线插入接线端子内，用压接钳进行压接。当铝导线出线端与设备铜端子连接时，由于存在电化腐蚀问题，因此应采用预制好的铜铝过渡接线端子，压接方法同前所述。

5. 导线绝缘层的恢复

在线头连接完成后，导线连接前破坏的绝缘层必须恢复，且恢复后的绝缘强度一般不应低于剖削前的绝缘强度，才能保证用电安全。在低压电路中，常用的恢复材料有黄蜡布带、聚氯乙烯塑料带和黑胶布等多种。一般采用20mm的规格，其包缠方法如下：

第一步，包缠时，先将绝缘带从左侧的完好绝缘层上开始包缠，应包入绝缘层30~40mm，包缠绝缘带时要用力拉紧，带与导线之间应保持约45°倾斜，如图2-39a所示。

第二步，进行每圈斜叠缠包，后一圈必须压叠住前一圈的1/2带宽，如图2-39b所示。

第三步，包至另一端也必须包入与始端同样长度的绝缘带，然后接上黑胶布，并应使黑胶布包出绝缘带层至少半根带宽，即必须使黑胶布完全包住绝缘带，如图2-39c所示。

第四步，黑胶布也必须进行1/2叠包，包到另一端也必须完全包住绝缘带，收尾后应用双手的拇指和食指紧捏黑胶布两端口，进行一正一反方向拧旋，利用黑胶布的黏性，将两端口充分密封起来，尽可能不让空气流通。这是一道关键的操作步骤，决定着加工质量的优劣，如图2-39d所示。

在实际应用中，为了保证经恢复的导线绝缘层的绝缘性能达到或超过原有标准，一般均包两层绝缘带后再包一层黑胶布。

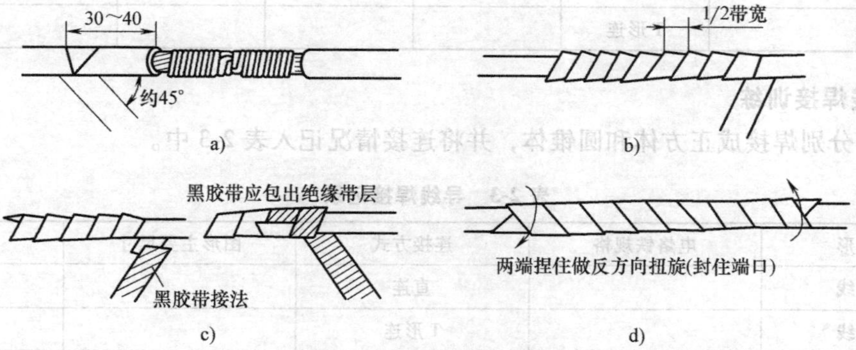

图2-39　对接接点绝缘层的恢复

2.3　项目实施

2.3.1　导线连接及常用电工工具的使用

1. 训练目的

1）掌握导线的连接方法；

2）能够正确、熟练使用常用电工工具。

2. 工具器材

电工工具（螺钉旋具、电工刀、剥线钳、尖嘴钳、电烙铁）一套，松香、焊锡若干；

单股铜线、多股铜线、塑料护套线、花线各 1m；电工胶布 1 卷。

2.3.2　导线连接及常用电工工具的使用训练步骤

1. 单股铜线和多股铜线的线头绝缘层的剥离训练

剖削导线绝缘层，并将有关数据记入表 2-1 中。

表 2-1　常用导线绝缘层剖削

导线种类	导线规格	剖削长度	剖削工艺要点
塑料硬线			
塑料软线			
塑料护套线			
花线			

2. 导线线头连接训练

将常用导线进行连接，并将连接情况记入表 2-2 中。

表 2-2　常用导线的连接

导线种类	导线规格	连接方式	线头长度	绞合圈数	密缠长度	线头连接工艺要点
单股芯线		直连				
单股芯线		T 形连				
7 股芯线		直连				
7 股芯线		T 形连				

3. 导线焊接训练

用铜线分别焊接成正方体和圆锥体，并将连接情况记入表 2-3 中。

表 2-3　导线焊接记录

几何图形	电烙铁规格	连接方式	图形主要尺寸	
单股芯线		直连		
单股芯线		T 形连		
7 股芯线		直连		
7 股芯线		T 形连		

4. 线头绝缘层的恢复

在连接完工的线头上用符合要求的绝缘材料包缠绝缘层，并将包缠情况记入表 2-4 中。

表 2-4　线头绝缘层包缠

电路工作电压	所用绝缘材料	各自包缠层数	包缠工艺要点
380V			
220V			

5. 注意事项

1）在各种电工工具使用操作时要注意使用规范性，并确保人身和设备的安全。

2）在导线的绝缘层剥离、连接、焊接和恢复时注意操作规范。

2.4 项目评价

1. 学生自评、教师评价

项目内容	配分	扣分标准	学生自评	教师评价
导线的剖削	25分	1)导线剖削方法不正确,扣10分 2)操作工艺不规范,扣10分 3)导线损伤为刀伤,扣10分 4)导线损伤为钳伤,扣10分		
导线的连接	25分	1)导线缠绕方法不正确,扣20分 2)导线缠绕不整齐,扣15分 3)导线缠绕不平直,扣10分 4)导线连接不紧凑且不圆,扣15分		
导线的焊接	20分	1)导线焊接方法不正确,扣20分 2)导线焊接不牢固,扣15分 3)焊点有虚焊,扣10分		
导线绝缘层的恢复	20分	1)导线包缠方法不正确,扣20分 2)导线绝缘层数不够,扣15分 3)包缠绝缘带不平直,扣10分		
安全操作	10分	1)不遵守实训室规章制度,扣10分 2)不服从指导教师指导,扣10分		
		总分		

班 级		组别		签 字	

2. 小组互评

组别		姓名				
序号	考核标准	配分	得分	得分	得分	
1	喜欢合作学习,积极参加小组活动	10				
2	敢于发表自己的见解,同时也尊重同学意见	10				
3	积极帮助小组其他成员,友好相处	10				
4	学习目的明确,组织有序	10				
5	帮助协调,推动整个小组的工作	10				
6	表现积极,主动完成各项学习任务	10				
7	会网上检索资料,有科学信息、资料的摘记	10				
8	口头交流叙述流畅,图示表达简单明了	10				
9	具有自我学习的能力	10				
10	具有自我认知及自我评估的能力	10				
	总 分					

项目3　点动与连续运行控制电路安装

3.1　项目分析

电气设备工作时常常需要进行点动调整，如车刀与工件位置的调整，因此需要用点动控制电路来完成。点动控制是指按下按钮时，电动机通电起动、运行；松开按钮时，电动机断电、停止。在操作点动控制电路时，操作人员的手始终不能离开按钮，不能从事其他的工作；如果要求电动机起动后能连续运转时，则要采用接触器自锁控制电路。

本项目是按照控制要求设计点动与连续运行控制电路，绘制电路原理图；并能严格地按照安全操作规程完成电气控制电路的安装，完成材料的总结归档。

3.2　相关知识

3.2.1　三相笼型异步电动机和单相变压器

1. 三相异步电动机

（1）三相异步电动机的分类及用途　三相异步电动机种类繁多，按其外壳防护方式的不同可分开启型（IP11）、防护型（IP22、IP23）、封闭型（IP44、IP54）及特殊防护式等。

另外，异步电动机还可按转子的不同分为笼型异步电动机和绕线转子异步电动机；按工作电压的高低不同分为高压异步电动机和低压异步电动机；按工作性能的不同分为高起动转矩异步电动机和高转差异步电动机；按外形尺寸及功率的大小可分为大型、中型、小型异步电动机等。

三相异步电动机由三相交流电源供电，由于结构简单、价格低廉、工作可靠、坚固耐用、使用维护方便，已成为生产上应用得最为广泛的一种电动机。

（2）三相异步电动机的结构　三相异步电动机由两个基本部分组成，一是固定不动的部分，称为定子；一是旋转部分，称为转子，如图3-1所示。

1）定子。定子是指电动机中静止不动的部分，主要包括定子铁心、定子绕组、机座、端盖、罩壳等部件。

① 定子铁心：定子铁心作为电动机磁通的通路，对铁心材料的要求是既要有良好的导磁性能、剩磁小，又要尽量降低涡流损耗，一般用0.35~0.5mm厚表面有绝缘层的硅钢片（涂绝缘漆或硅钢片表面具有氧化膜绝缘层）叠压而成。定子铁心的内圆冲有沿圆周均匀分布的槽，在槽内嵌放三相定子绕组，如图3-2所示。定子铁心的槽型有开口型、半开口型、半闭口型三种。

② 定子绕组：定子绕组为电动机的电路部分，通入三相交流电将产生旋转磁场。由嵌放在定子铁心槽中的线圈按一定规则连接成三相定子绕组，如图3-3所示。小型异步电动机

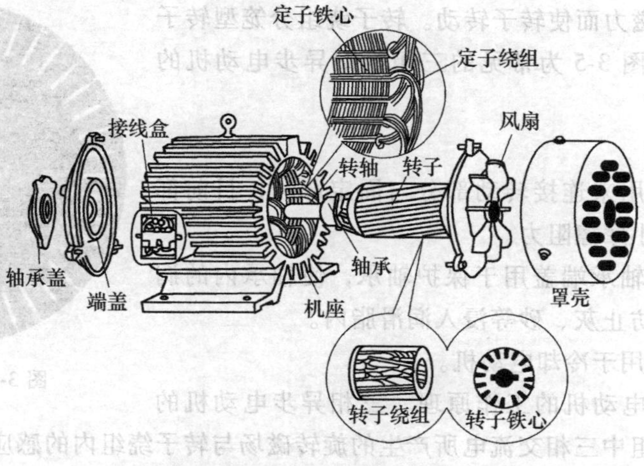

图 3-1 三相异步电动机的结构

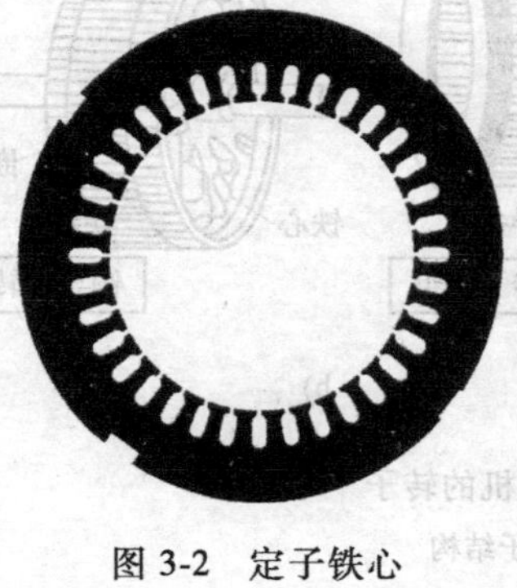

图 3-2 定子铁心

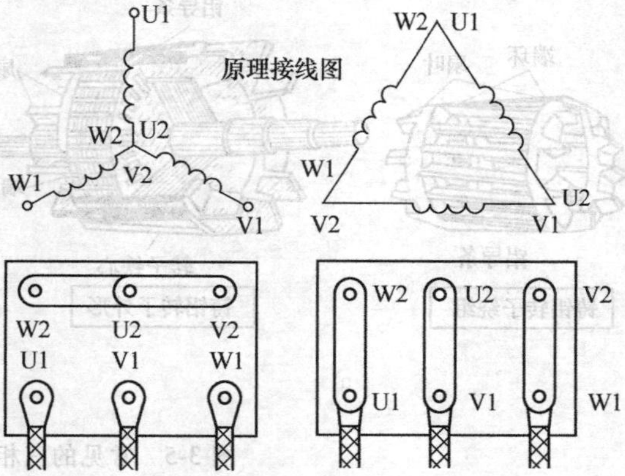

图 3-3 接线盒内的接线图

的定子三相绕组一般采用高强度漆包圆铜线绕成，大、中型异步电动机则用漆包扁铜线或玻璃丝包扁铜线绕成。成型绕组外包绝缘层后，再整体嵌放在定子铁心槽内。

③ 机座：机座的作用是固定定子铁心和绕组，并通过两侧的端盖和轴承来支承转子，同时可保护整台电动机的电磁部分和散发电动机热量。封闭式电动机的机座外面有散热筋，以增加散热面积；防护式电动机的机座两端端盖开有通风孔，使电动机内外的空气可以直接对流，以利于散热。

④ 端盖：借助置于端盖内的滚动轴承将电动机转子和机座连成一个整体。端盖一般均为铸钢件，微型电动机则用钢板或铸铝件。

2）转子。转子指电动机的旋转部分，包括转子铁心、转子绕组、风扇、转轴等。

① 转子铁心：转子铁心作为电动机磁路的一部分，一般用 0.5mm 硅钢片冲压而成，均匀分布的孔用来安置转子绕组。一般小型异步电动机的转子铁心直接压装在转轴上，而大、中型异步电动机（转子直径在 300~400mm 以上）的转子铁心则借助于转子支架压在转轴上，如图 3-4 所示。

为了改善电动机的起动及运行性能，笼型异步电动机转子铁心一般都采用斜槽结构，即转子槽并不与电动机转轴的轴线在同一平面上，而是扭斜了一个角度。

② 转子绕组：转子绕组用来切割定子的旋转磁场，产生感应电动势和电流，并在旋转

磁场的作用下受电磁力而使转子转动。转子绕组分笼型转子和绕线转子两类。图 3-5 为常见的三相笼型异步电动机的转子。

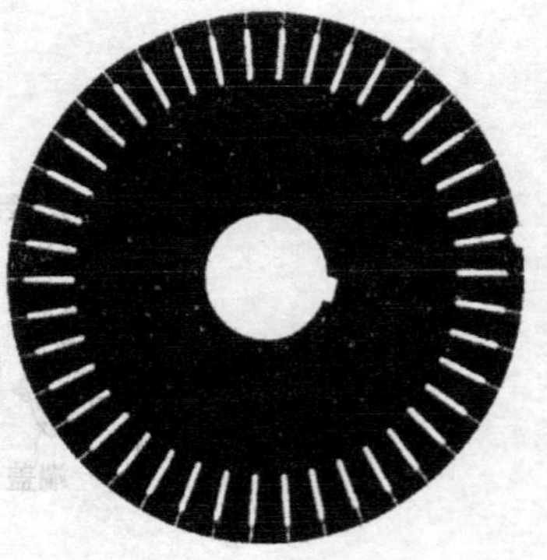

图 3-4　转子铁心

3）其他附件。

① 轴承：轴承用来连接转动部分与固定部分，目前都采用滚动轴承以减小摩擦阻力。

② 轴承端盖：轴承端盖用于保护轴承，使轴承内的润滑脂不致溢出，并防止灰、砂等浸入润滑脂内。

③ 风扇：风扇用于冷却电动机。

（3）三相异步电动机的工作原理　三相异步电动机的旋转是利用定子绕组中三相交流电所产生的旋转磁场与转子绕组内的感应电流相互作用而实现的。

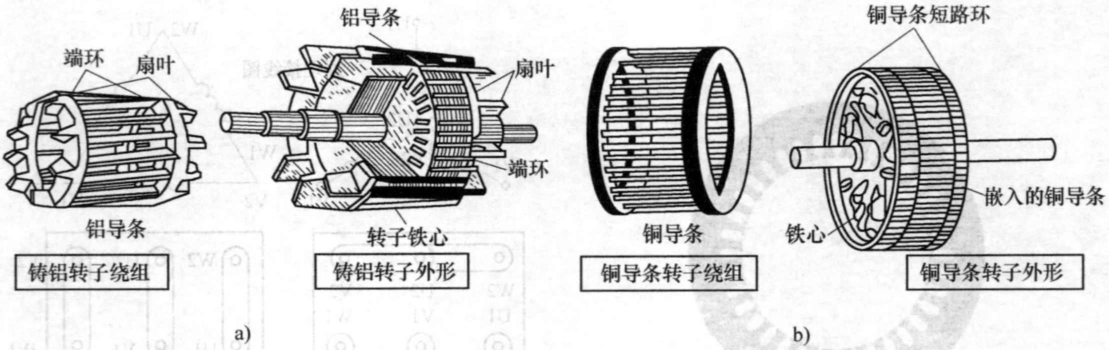

图 3-5　常见的三相笼型异步电动机的转子

a）铸铝转子结构　b）铜导条转子结构

1）旋转磁场的产生。在三相异步电动机的定子铁心上冲有均匀分布的铁心槽，在定子空间各相差 120°电角度的铁心槽中布置有三相绕组 U1U2、V1V2、W1W2，将其末端 U2、V2、W2 连成一点，作星形联结，如图 3-6 所示。

当定子绕组的三个首端 U1、V1、W1 分别与三相交流电源 L1、L2、L3 接通时，在定子绕组中便有对称的三相交流电流 i_U、i_V、i_W 流过，各相电流将在定子绕组中分别产生相应的磁场，所形成的合成磁场是一个旋转磁场。观察这合成磁场的分布规律可见：合成磁场的方向按顺时针方向旋转，并旋转了一周，如图 3-7 所示。

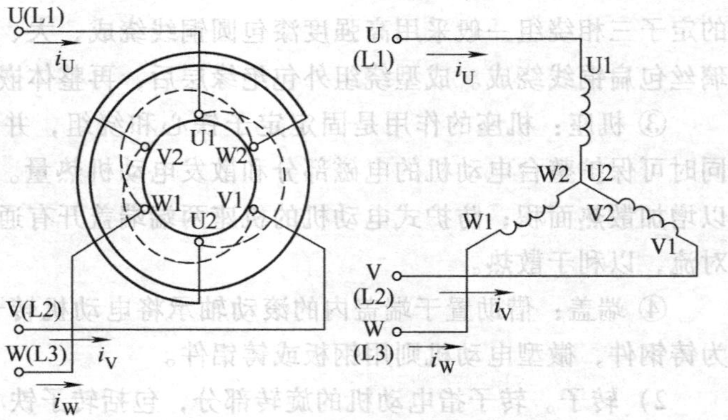

图 3-6　三相异步电动机的定子绕组

由此可以得出如下结论：在三相异步电动机定子铁心中布置结构完全相同、在空间各相差 120°电角度的三相定子绕组，分别向三相定子绕组通入三相交流电，则在定子、转子与

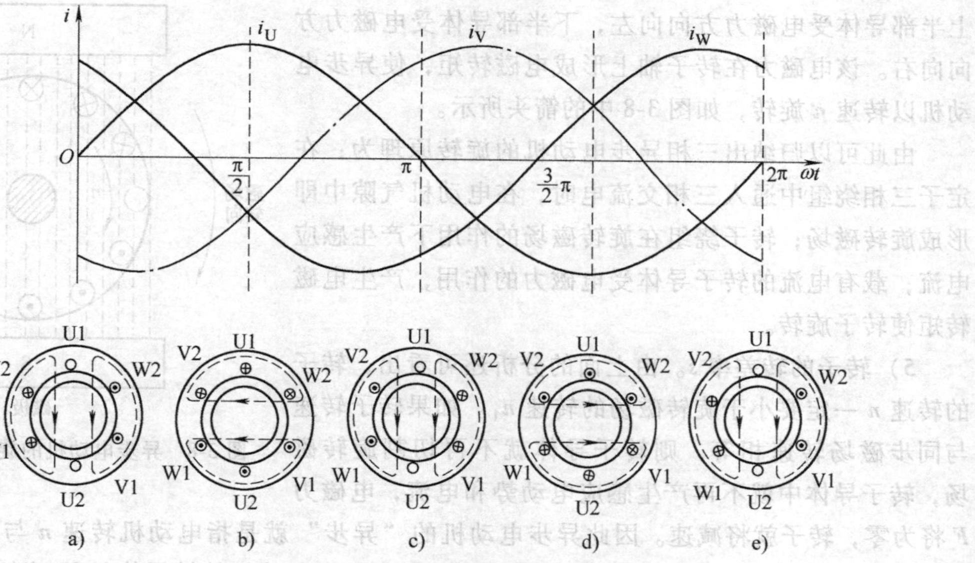

图 3-7　两极定子绕组的旋转磁场

a) $\omega t=0$　b) $\omega t=\frac{\pi}{2}$　c) $\omega t=\pi$　d) $\omega t=\frac{3}{2}\pi$　e) $\omega t=2\pi$

气隙中产生一个沿定子内圆旋转的磁场，该磁场称为旋转磁场。

2）旋转磁场的转速又称为同步转速，即

$$n_1=\frac{60f_1}{p}$$

式中，n_1 为旋转磁场的转速（r/min）；f_1 为交流电源频率（Hz）；p 为电动机定子的磁极对数。

3）旋转磁场的旋转方向。由图 3-7 可以看出，三相交流电的变化次序（相序）为 U 相达到最大值→V 相达到最大值→W 相达到最大值。将 U 相交流电接 U 相绕组，V 相交流电接 V 相绕组，W 相交流电接 W 相绕组，则产生的旋转磁场的旋转方向为 U 相→V 相→W 相（顺时针旋转），即与三相交流电的变化相序一致。由此可以得出结论：旋转磁场的旋转方向取决于通入定子绕组中的三相交流电源的相序，且与三相交流电源的相序 U→V→W 的方向一致。只要任意调换电动机两相绕组所接交流电源的相序，旋转磁场即反转。

三相异步电动机的旋转方向与旋转磁场的转向一致，因此要改变电动机的转向，只要改变旋转磁场的转向即可。

4）转子的转动原理。当向三相定子绕组 U1U2、V1V2、W1W2 中通入三相交流电后，按前面的分析可知将在定子、转子及其气隙内产生一个同步转速为 n_1，在空间按顺时针方向旋转的磁场。该旋转的磁场将切割转子导体，在转子导体中产生感应电动势。由于转子导体自成闭合回路，因此该电动势将在转子导体中形成电流，其电流方向可用右手定则判定。在使用右手定则时必须注意，右手定则的磁场是静止的，导体作切割磁感线的运动，而这里正好相反。为此，可以相对地把磁场看成不动，而导体以与旋转磁场相反的方向（顺时针）切割磁感线，从而可以判定出在该瞬间转子导体中的电流方向，如图 3-8 所示，即电流从转子上半部的导体中流入，从转子下半部导体中流出。

有电流流过的转子导体将在旋转磁场中受电磁力 F 的作用，其方向可用左手定则判定，上半部导体受电磁力方向向左，下半部导体受电磁力方向向右。该电磁力在转子轴上形成电磁转矩，使异步电动机以转速 n 旋转，如图 3-8 中的箭头所示。

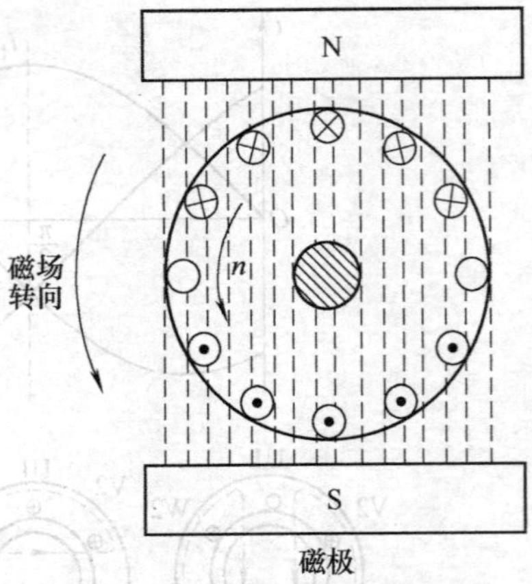

图 3-8　异步电动机的旋转原理图

由此可以归纳出三相异步电动机的旋转原理为：在定子三相绕组中通入三相交流电时，在电动机气隙中即形成旋转磁场；转子绕组在旋转磁场的作用下产生感应电流；载有电流的转子导体受电磁力的作用，产生电磁转矩使转子旋转。

5）转子的转差率 s。由上面的分析还可看出，转子的转速 n 一定要小于旋转磁场的转速 n_1。如果转子转速与同步磁场转速相等，则转子导体就不再切割旋转磁场，转子导体中就不再产生感应电动势和电流，电磁力 F 将为零，转子就将减速。因此异步电动机的“异步”就是指电动机转速 n 与旋转磁场转速 n_1 之间存在着差异，两者的步调不一致。有些异步电动机的转子绕组并不直接与电源相接，而是依据电磁感应产生电动势和电流，获得电磁转矩而旋转，因此又称为感应电动机。

同步转速 n_1 与转子转速 n 之差称为转速差，转速差与同步转速的比值称为转差率，用 s 表示：

$$s=\frac{n_1-n}{n_1}$$

转差率是分析异步电动机运行情况的一个重要参数。

① 当异步电动机在静止状态或刚接上电源的一瞬间，转子转速 $n=0$，则对应的转差率 $s=1$。

② 如转子转速 $n=n_1$，则转差率 $s=0$。

③ 异步电动机在正常状态下运行时，转差率 s 在 0~1 之间变化。

④ 三相异步电动机在额定状态（即加在电动机定子三相绕组上的电压为额定电压，电动机输出的转矩为额定转矩）下运行时，额定转差率 s_N 在 0.01~0.05 之间，由此可看出三相异步电动机的额定转速 n_N 与同步转速 n_1 较为接近。

⑤ 当三相异步电动机空载时（即轴上没有拖动机械负载，电动机空转），由于电动机只需要克服空气阻力及摩擦阻力，故转速 n 与同步转速 n_1 相差甚微，转差率 s 很小，为 0.04~0.07。

（4）三相异步电动机的铭牌

1）型号：三相异步电动机型号由汉语拼音的大写字母和阿拉伯数字组成，用以表示电动机的种类、规格和用途等。型号含义：

Y 1 1 2 M－2
- 2 —— 极数
- M —— 机座号：S－短机座；M－中机座；L－长机座
- 112 —— 机座中心高 (mm)
- Y —— 异步电动机

2）额定功率 P_N：额定功率表示电动机在额定工作状态下运行时允许输出的机械功率，单位为 W，常用 kW。

3）额定电流 I_N：额定电流表示电动机在额定工作状态下运行时定子电路输入的线电流，单位为A。

4）额定电压 U_N：额定电压表示电动机在额定工作状态下运行时定子电路所加的线电压，单位为V。

$$P_N = \sqrt{3} U_N I_N \eta_N \cos\varphi_N$$

5）额定转速 η_N：额定转速表示电动机在额定工作状态下运行时的转速，单位为r/min。

6）额定频率 f_N：电动机的额定频率表示电动机使用交流电源的频率，单位为Hz。

7）联结方式：电动机的联结方式表示电动机定子三相绕组与交流电源的联结方法，有星形联结或三角形联结。

8）防护等级：电动机的防护等级表示电动机外壳防护的方式。

9）绝缘等级：电动机的绝缘等级表示电动机各绕组及其他绝缘部件所用绝缘材料的等级。

10）定额工作制：电动机的定额工作制指电动机按铭牌值工作时可以持续运行的时间和顺序。电动机定额分连续定额、短时定额和断续定额三种，分别用 S_1、S_2 和 S_3 表示。

① 连续定额（S_1）表示电动机按铭牌值工作时可以长期连续运行。

② 短时定额（S_2）表示电动机按铭牌值工作时只能在规定的时间内短时运行。我国规定的短时运行时间有10min、30min、60min及90min四种。

③ 断续定额（S_3）表示电动机按铭牌值工作时运行一段时间就要停止一段时间，周而复始地按一定周期重复运行，每一周期为10min。我国规定的负载持续率有15%、25%、40%及60%四种，如标明40%则表示电动机工作4min就需要休息6min。

（5）三相异步电动机的机械特性及额定转矩

1）三相异步电动机的机械特性。对用来拖动其他机械的电动机而言，在使用中人们最关心的是电动机输出的转矩大小、转速高低以及转矩与转速之间的相互关系等问题。由于三相异步电动机的转矩由载流导体在磁场中受电磁力的作用而产生，因此转矩的大小与旋转磁场的磁通 Φ_m、转子导体中的电流 I_2 及转子功率因数 $\cos\varphi_2$ 有关，即

$$T = C_m \Phi_m I_2 \cos\varphi_2$$

式中，C_m 为电动机的转矩常数。

电磁转矩与定子绕组电压的关系为

$$T \approx \frac{CsR_2U_1^2}{f_1[R_2^2 + (sX_{20})^2]}$$

式中，T 为电磁转矩，在近似分析与计算中可将其看做电动机的输出转矩（N·m）；U_1 为电动机定子每相绕组上的电压（V）；s 为电动机的转差率；R_2 为电动机转子绕组每相的电阻（Ω）；X_{20} 为电动机静止不动时转子绕组每相的感抗值（Ω）；C 为电动机的结构常数；f_1 为交流电源的频率（Hz）。

三相异步电动机的机械特性是指电动机的转速 n 与电磁转矩 T 之间的关系，如图3-9所示。通常异步电动机稳定运行在机械特性曲线的 abc 段上。从这段曲线可以看出，当负载转矩有较大的变化时，异步电动机的转速变化并不大，因此异步电动机具有硬的机械特性。

① 起动状态：在电动机起动的瞬间，即 $n=0$（或 $s=1$）时，电动机轴上产生的转矩称

为起动转矩 T_{st}（又称堵转转矩）。起动转矩 T_{st} 大于电动机轴上所带的机械负载转矩 T_L，电动机就能起动；反之，电动机无法起动。

② 同步转速状态：当电动机转速达到同步转速时，即 $n=n_1$（或 $s=0$）时，转子电流 I_2 为零，故转矩 $T=0$。

③ 额定转速状态：当电动机在额定状态下运行时，对应的转速称为额定转速 n_N，此时的转差率称为额定转差率 s_N，而电动机轴上产生的转矩则称为额定转矩 T_N。

④ 临界转速状态：当转速为某一值 n_C 时，电动机产生的转矩最大，称为最大转矩 T_m。

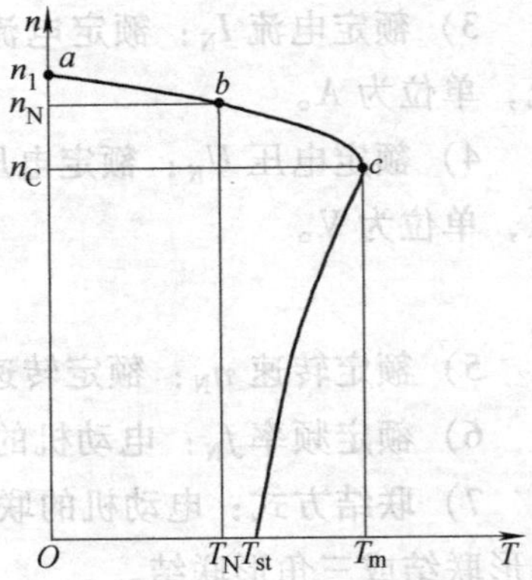

图 3-9　三相异步电动机的机械特性曲线

2）三相异步电动机的额定转矩。由力学知识可知，旋转体的机械功率等于作用在旋转体上的转矩 T 与其机械角速度 Ω 的乘积，即 $P=T\Omega$。因此，三相异步电动机输出转矩的大小为

$$T_2=\frac{P_2}{\Omega}=\frac{P_2\times 60}{2\pi n}=\frac{1000\times 60\times P_2}{2\pi n}\approx 9550\frac{P_2}{n}$$

当电动机在额定状态下运行时，有

$$T_N=9550\frac{P_N}{n_N}$$

式中，T_N、P_N、n_N 分别为额定输出转矩（N·m）、额定输出功率（kW）及额定转速（r/min）。

3）三相异步电动机的过载能力。电动机产生的最大转矩 T_m 与额定转矩 T_N 之比称为电动机的过载能力 λ，即

$$\lambda=\frac{T_m}{T_N}$$

4）三相异步电动机的起动转矩倍数。起动转矩 T_{st} 是衡量电动机起动性能好坏的重要指标，通常用起动转矩倍数 λ_{st} 表示，即

$$\lambda_{st}=\frac{T_{st}}{T_N}$$

5）三相异步电动机的效率。任何机械在实现能量转换的过程中总有损耗存在，三相异步电动机也不例外，因此三相异步电动机轴上输出的机械功率 P_2 总是小于其从电网输入的电功率 P_1。三相异步电动机在运行中的功率损耗有：

① 电流在定子绕组中的铜损 P_{Cu1} 及转子绕组中的铜损 P_{Cu2}。

② 交变磁通在电动机定子铁心中产生的磁滞损耗及涡流损耗，通称铁损 P_{Fe}。

③ 机械损耗 P_t，包括电动机在运行中的机械摩擦损耗、风阻及其他附加损耗。

输入的功率 P_1 中有一小部分供给定子铜损 P_{Cu1}，和定子铁损 P_{Fe} 后，余下的大部分功率通过旋转磁场的电磁作用经过空气隙传递给转子，这部分功率称为电磁功率 P。电磁功率扣除转子铜损 P_{Cu2} 和机械损耗 P_t 后即为输出功率 P_2，电动机的功率平衡方程式为

$$P_2=P-P_{Cu2}-P_t=P_1-P_{Cu1}-P_{Fe}-P_{Cu2}-P_t=P_1-\sum P$$

式中，$\sum P$ 为功率损耗。

电动机的效率 η 等于输出功率 P_2 与输入功率 P_1 之比，即

$$\eta = \frac{P_2}{P_1} \times 100\%$$

（6）三相异步电动机的起动　起动是指电动机通电后转速从零开始逐渐加速到正常运转的过程。由电动机拖动的各种生产、运输机械及电气设备经常需要进行起动和停止，所以电动机起动、调速和制动性能的好坏对这些机械或设备运行的影响很大。

对三相异步电动机的起动所提出的要求主要有：电动机应有足够大的起动转矩；在保证足够的起动转矩的前提下，电动机的起动电流应尽量小；起动所需的控制设备应尽量简单，力求价格低廉、操作及维护方便；起动过程中的能量损耗应尽量小。

1）全压起动。全压起动是将三相异步电动机定子绕组直接接到额定电压的电源上，故又称直接起动。

通常认为：

① 容量在 7.5kW 以下的三相异步电动机一般均可采用直接起动。

② 电动机起动在电网上引起的电压降不超过 15%时，允许直接起动。

③ 在工程实践中，直接起动可按下列公式核定

$$\frac{I_{st}}{I_N} \leqslant \frac{3}{4} + \frac{P_H}{4P_N}$$

式中，I_{st}为电动机的起动电流（A）；I_N 为电动机的额定电流（A）；P_N 为电动机的额定功率（kW）；P_H 为电源的总容量（kV·A）。

最简单的直接起动控制电路可用三相刀开关和熔断器将三相异步电动机直接接入交流电网。直接起动的优点是所需设备简单、起动时间短，缺点是对电动机及电网有一定的冲击。

2）减压起动。减压起动是指起动时降低加在电动机定子绕组上的电压，起动结束后加额定电压运行的起动方式。减压起动并不是降低电源电压，而是采用某种方法，使加在电动机定子绕组上的电压降低。三相笼型异步电动机常用的减压起动有定子串电阻或电抗减压起动、自耦变压器减压起动和星形-三角形联结减压起动。

① 定子串电阻或电抗减压起动：这种起动方法具有起动平稳、运行可靠，设备简单的优点，但起动转矩随电压的二次方降低，只适合空载或轻载起动。同时起动时电能损耗较大，对于大容量电动机往往采用串电抗减压起动。

如图 3-10 所示，电动机起动时在定子绕组中串电阻减压，起动结束后再用开关 S 将电阻短路，全压运行。

② 自耦变压器减压起动：自耦变压器用做电动机减压起动时，就称为起动补偿器。起动时，自耦变压器的高压侧接电网，低压侧接电动机定子绕组。起动结束后，切除自耦变压器，电动机定子绕组直接接至额定电压运行，如图 3-11 所示。

自耦变压器减压起动最主要的特点就是在相同的起动电流下，电动机的起动转矩相应较高。起动时，先合上开关 QS，再将补偿器控制手柄（即开关 S）投向起动位置，这时经过自耦变压器减压后的交流电压加到电动机三相定子绕组上，电动机开始减压起动，待电动机转速高到一定值后，再把 S 投向运行位置，电动机就在全压下正常运行。此时自耦变压器已从电网上被切除。

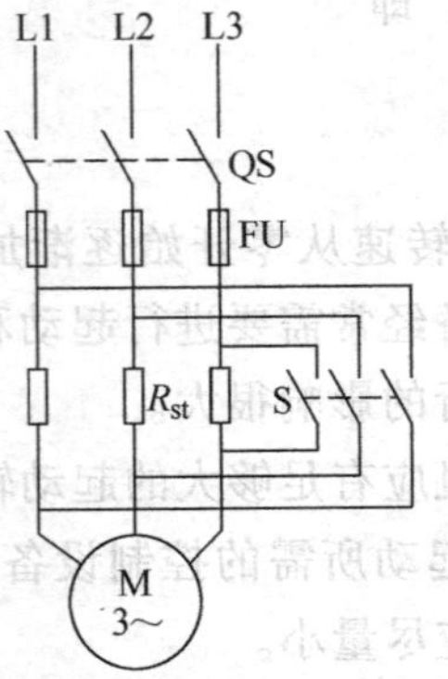

图 3-10 串电阻减压起动

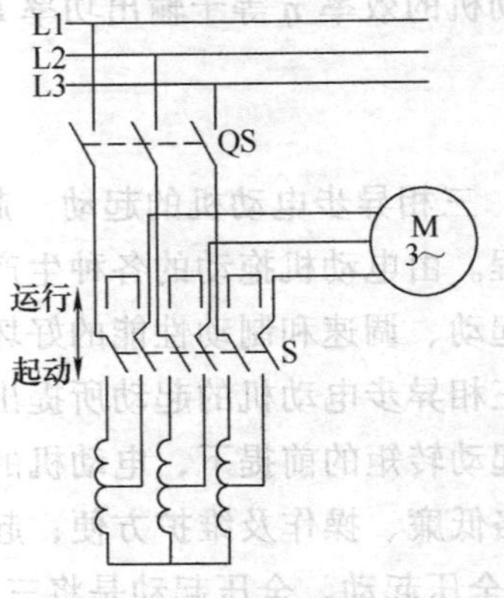

图 3-11 自耦变压器减压起动

③ 星形-三角形联结减压起动：这种起动方法只适用于定子绕组在正常工作时为三角形联结的三相异步电动机。起动时，定子绕组接成星形联结，待电动机转速升高后，再改接成三角形联结，使电动机在额定电压下正常运转，如图 3-12 所示。

(7) 三相异步电动机的制动　三相异步电动机的定子绕组断开电源，由于机械惯性，转子需经一段时间才停止旋转，这往往不能满足生产机械迅速停止运行的要求。所谓电动机的制动是指在电动机的轴上加一个与其旋转方向相反的转矩，使电动机减速或停转。

根据制动转矩产生方法的不同，电动机制动可分为机械制动和电气制动两类。机械制动通常是靠摩擦方法产生制动转矩，如电磁抱闸制动；而电气制动是依靠电动机所产生的电磁转矩与电动机的旋转方向相反来实现。三相异步电动机的电气制动有反接制动、能耗制动和再生制动三种。

1) 三相异步电动机的机械制动。机械制动最常用的装置是电磁抱闸，它主要由制动电磁铁和闸瓦制动器两大部分组成。制动电磁铁包括铁心、电磁线圈和衔铁，闸瓦制动器则包括闸轮、闸瓦、杠杆和弹簧等，如图 3-13 所示。

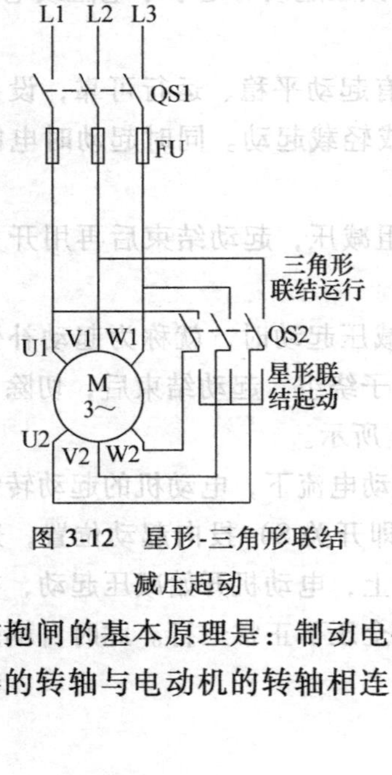

图 3-12 星形-三角形联结减压起动

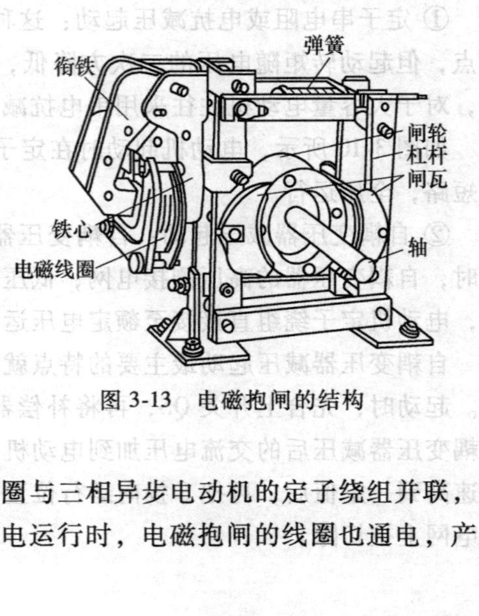

图 3-13 电磁抱闸的结构

电磁抱闸的基本原理是：制动电磁铁的电磁线圈与三相异步电动机的定子绕组并联，闸瓦制动器的转轴与电动机的转轴相连。当电动机通电运行时，电磁抱闸的线圈也通电，产生电磁力吸引衔铁，克服了弹簧拉力，迫使杠杆将闸瓦和闸轮分开，使电动机的转轴可自由转动。一旦电动机的电源被切断，电磁抱闸的线圈也与电动机同时断电，电磁吸力消失，衔铁被释放，在弹簧拉力的作用下，闸瓦紧紧地抱住闸轮，这样电动机被迅速制动而停转。

电磁抱闸制动装置在起重机械（如桥式起重机、提升机、电梯等）中被广泛采用，这种制动方法不但可以准确定位，而且在电动机突然断电时，可以避免重物自行坠落而造成事故。

2）三相异步电动机的电气制动。

① 三相异步电动机的反接制动：电动机停机后因机械惯性仍继续旋转，此时如果和控制电动机反转一样改变三相电源的相序，则会致使定子绕组产生的旋转磁场反向，从而使产生的电磁转矩与电动机的旋转方向相反，使电动机迅速停转，这就是反接制动。采用反接制动必须注意：当电动机转速接近零值时，应及时切断电源，否则电动机就会反向起动而达不到制动的目的。

反接制动简单易行、制动转矩大、效果好。存在的问题是：在开始制动的瞬间，转差率 $s>1$，电动机的转子电流比起动时还要大。为限制电流的冲击，往往在定子绕组中串入限流电阻 R。三相异步电动机的反接制动如图 3-14 所示。

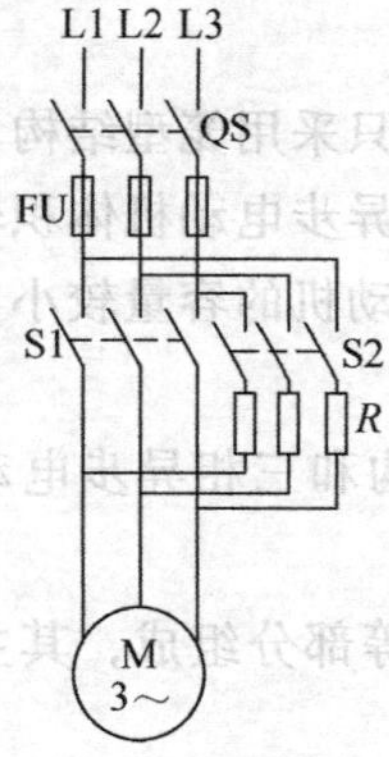

图 3-14 三相异步电动机的反接制动

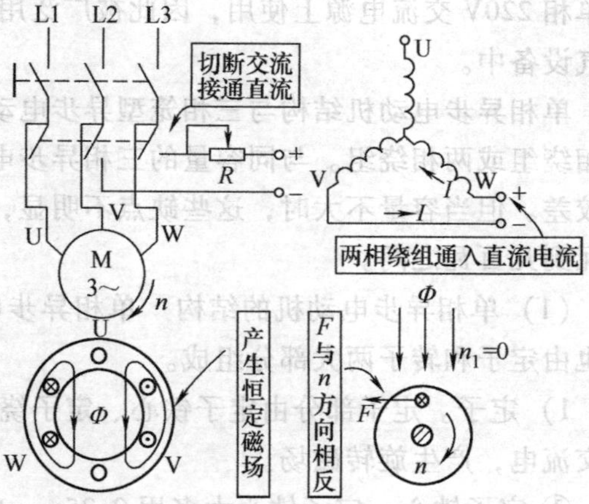

图 3-15 三相异步电动机的能耗制动

② 三相异步电动机的能耗制动：三相异步电动机的能耗制动是指，当电动机断开三相电源的同时立即向它的定子绕组通入直流电，就能实现电动机的制动，如图 3-15 所示。当定子的两相绕组中通入直流电后，会产生一个恒定磁场。这样，做惯性转动的转子绕组切割恒定磁场，就产生感应电动势和感应电流，它的方向可用右手定则来判断。转子绕组一旦产生感应电流，就受恒定磁场的作用，可用左手定则判定转子导体所受电磁力的方向，与转子转动方向相反，因而起到制动作用。

这种制动方法利用转子转动惯性切割恒定磁场的磁通而产生制动转矩，把转子的动能消耗在转子回路的电阻上，所以称为能耗制动。

能耗制动的优点是制动力较强、制动平稳，对电网影响小；缺点是需要一套直流电源装置，而且制动转矩随电动机转速的减小而减小，不易制停。因此若生产机械要求快速停止运行时，则应采用电源反接制动。

③ 三相异步电动机的再生制动（回馈制动）：若三相异步电动机在电动状态下运行时，由于某种原因使电动机的转速 n 超过了同步转速 n_1，（此时 $s<0$），则转子导体切割旋转磁场的方向与电动机运行状态时相反，从而使转子电流及所产生的电磁转矩改变方向，成为与转子转向相反的制动转矩，电动机即在制动状态下运行，这种制动称为再生制动。此时电动机变成发电机，将机械能转变成电能反送回电网，因此又称回馈制动。

在生产实践中，出现异步电动机转速超过同步转速的情况一般有以下两种：一种出现在位能负载下放时，例如起重机下放重物时或电动机车车辆下坡运行时，此时重物作用于电动机上的外加转矩与电动机的电磁转矩方向相同，使电动机转速很快即超过同步转速 n_1；另一种出现在电动机变极调速（或变频调速）的过程中，例如当三相变极多速异步电动机的 $2p=2$ 时，电动机转速为 2900r/min 左右，当磁极数变为 $2p=4$ 时，旋转磁场同步转速降为 1500r/min，就出现了电动机转速大于同步转速的情况。

再生制动可向电网回输电能，所以经济性能好，但只有在特定的状态（$n>n_1$）时才能实现制动，而且只能限制电动机转速，不能制停。

2. 单相异步电动机

单相异步电动机是利用单相交流电源供电，转速随负载变化而稍有变化的一种小容量交流电动机。这种电动机具有结构简单、成本低廉、运行可靠、维修方便等优点，并可以直接在单相 220V 交流电源上使用，因此被广泛用于家用电器、医疗器械、自动控制系统及小型电气设备中。

单相异步电动机结构与三相笼型异步电动机相似，但转子只采用笼型结构，定子只安装单相绕组或两相绕组。与同容量的三相异步电动机相比，单相异步电动机体积较大，运行性能较差。但当容量不大时，这些缺点不明显，所以单相异步电动机的容量较小，一般功率在几瓦到几百瓦之间。

（1）单相异步电动机的结构　单相异步电动机的基本结构和三相异步电动机相仿，一般也由定子和转子两大部分组成。

1）定子。定子部分由定子铁心、定子绕组、机座、端盖等部分组成，其主要作用是通入交流电，产生旋转磁场。

① 定子铁心：定子铁心大多用 0.35mm 硅钢片冲槽后叠压而成，槽型一般为半闭口槽，槽内嵌放定子绕组，如图 3-16 所示。定子铁心的作用是作为磁通的通路。

② 定子绕组：单相异步电动机的定子绕组一般都采用两相绕组的形式，即工作绕组（又称为主绕组）和起动绕组（又称为辅助绕组）。工作绕组、起动绕组的轴线在空间相差 90°电角度，两相绕组的槽数和绕组匝数可以相同，也可以不同，视不同种类的电动机而定。定子绕组的作用是通入交流电，在定子、转子及空隙中形成旋转磁场。

定子绕组一般均由高强度聚酯漆包铜线事先在绕线模上绕好后，再嵌放在定子铁心槽内，并需进行浸漆、烘干等绝缘处理。

③ 机座与端盖：机座一般均用铸铁、铸铝或钢板制成，其作用是固定定子铁心，并借助两端端盖与转子连成一个整体，使转轴上输出机械能。

由于单相异步电动机的体积、尺寸都较小，且往往与被拖动机械组成一体，因而其机械部分的结构有时可与三相异步电动机有较大的区别。例如，有的单相异步电动机不用机座，而直接将定子铁心固定在前、后端盖中间，如电容运行台扇电动机（图 3-16a）；也有的采用立式结构，且采用转子在外圆、定子在内圆的外转子结构形式，如电容运行吊扇电动机（图 3-16b）。

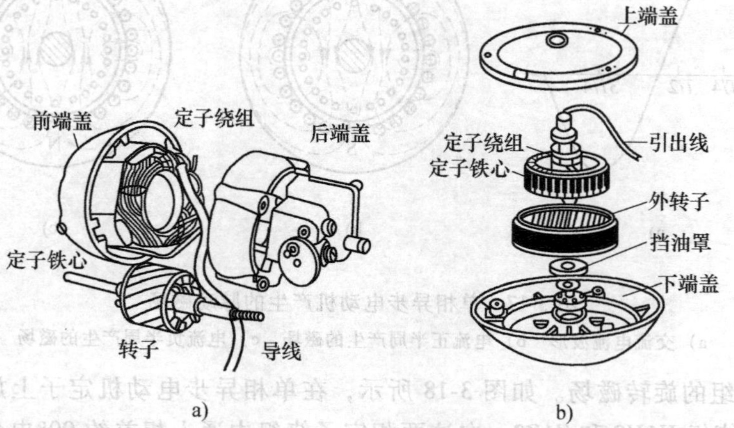

图 3-16　电容运行台扇电动机结构和电容运行吊扇电动机结构
a）电容运行台扇电动机结构　b）电容运行吊扇电动机结构

2）转子。转子部分由转子铁心、转子绕组、转轴等组成，其作用是转子导体切割旋转磁场，产生电磁转矩，拖动机械负载工作。

① 转子铁心：转子铁心与定子铁心一样用 0.35mm 硅钢片冲槽后叠压而成，槽内置放转子绕组，最后将铁心及绕组整体压入转轴。

② 转子绕组：单相异步电动机的转子绕组均采用笼型结构，一般均采用铝或铝合金压力铸造。

③ 转轴：转轴用碳钢或合金钢加工而成，轴上压装转子铁心，两端压上轴承，常用的有滚动轴承和含油滑动轴承。

（2）单相异步电动机工作原理

1）单相绕组的脉动磁场。首先来分析在单相定子绕组中通入单相交流电后产生磁场的情况。

如图 3-17 所示，假设在单相交流电的正半周，电流从单相定子绕组的左半侧流入，从右半侧流出，则由电流产生的磁场如图 3-17b 所示，该磁场的大小随电流的大小变化，方向则保持不变。当电流过零时，磁场也为零。当电流变为负半周时，则产生的磁场方向也随之发生变化，如图 3-17c 所示。由此可见，向单相异步电动机定子绕组通入单相交流电后，产生的磁场大小及方向不断变化，但磁场的轴线却固定不变，这种磁场称为脉动磁场。

由于磁场只是脉动而不旋转，因此如果单相异步电动机的转子原来静止不动，则在脉动磁场作用下，转子导体因与磁场之间没有相对运动而不产生感应电动势和感应电流，也就不存在电磁力的作用，因此转子仍然静止不动，即单相异步电动机没有起动转矩，不能自行起动。这是单相异步电动机的一个主要缺点。如果用外力拨动电动机的转子，则转子导体就切割定子脉动磁场，从而有感应电动势和感应电流产生，并将在磁场中受到电磁力的作用，与三相异步电动机转动的原理一样，转子将顺着拨动的方向转动起来。因此要使单相异步电动机具有实际使用价值，就必须解决电动机的起动问题。

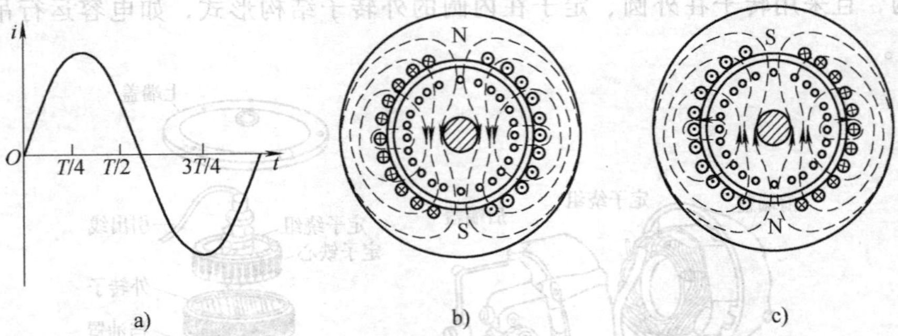

图 3-17 单相异步电动机产生的脉动磁场

a）交流电流波形 b）电流正半周产生的磁场 c）电流负半周产生的磁场

2）两相绕组的旋转磁场。如图 3-18 所示，在单相异步电动机定子上放置在空间相差 90°的两相定子绕组 U1U2 和 Z1Z2，向这两相定子绕组中通入相差约 90°电角度的两相交流电流 i_Z 和 i_U，可知此时产生的也是旋转磁场。

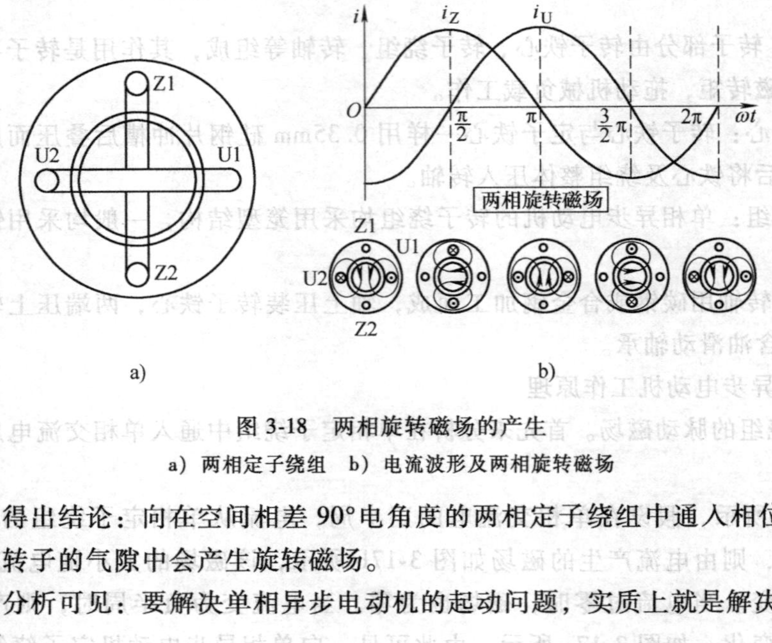

图 3-18 两相旋转磁场的产生

a）两相定子绕组 b）电流波形及两相旋转磁场

由此可以得出结论：向在空间相差 90°电角度的两相定子绕组中通入相位差为 90°的电流，则定子和转子的气隙中会产生旋转磁场。

由上面的分析可见：要解决单相异步电动机的起动问题，实质上就是解决气隙中旋转磁场的产生问题。

（3）单相异步电动机的分类 根据起动方法的不同，单相异步电动机一般可分为电容分相式、电阻分相式和罩极式。

1）电容分相单相异步电动机。电容分相单相异步电动机的原理电路如图 3-19 所示。在电动机定子铁心上嵌放有两套绕组，即工作绕组 U1U2（又称主绕组）和起动绕组 Z1Z2（又称副绕组）。它们的结构相同或基本相同，但空间的布置位置互差 90°电角度。在起动绕组中串入电容 C 后再与工作绕组并联接在单相交流电源上，适当选择电容 C 的电容量，使流过工作绕组中的电流 i_Z 与流过起动绕组中的电流 i_U 相位差约 90°电角度，就满足了图3-18 所示旋转磁场产生的条件，在定子、转子及气隙间产生一个旋转磁场。单相异步电动机笼型转子在该旋转磁场的作用下获得起动转矩而旋转。

电容分相单相异步电动机可根据起动绕组是否参与正常运行而分成三类，即电容运行单相异步电动机、电容起动单相异步电动机和双电容单相异步电动机。

① 电容运行单相异步电动机。电容运行单相电动机是指起动绕组及电容始终参与工作的电动机，图 3-19 所示实际上就是电容分相单相异步电动机的电路。

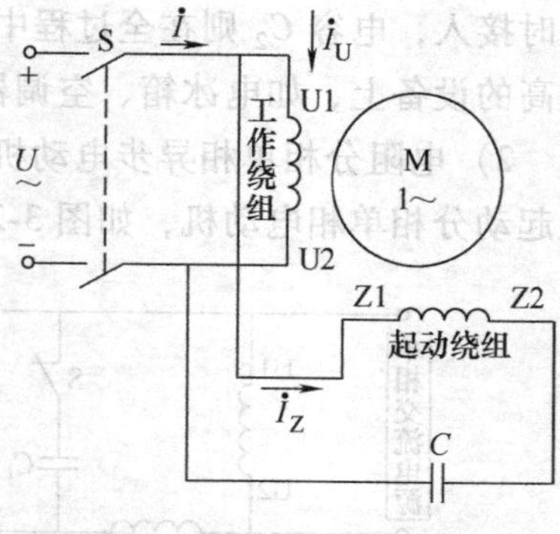

图 3-19 电容分相单相异步电动机的原理

电容运行单相异步电动机结构简单，使用维护方便，常用于吊扇、台扇、电冰箱、洗衣机、空调器、通风机、录音机、复印机、电子仪表仪器及医疗器械等各种空载或轻载起动的机械。

② 电容起动单相异步电动机。这类电动机的起动绕组和电容只在电动机起动时起作用，当电动机起动即将结束时，起动绕组和电容器将从电路中切除。

起动绕组的切除可以通过在电路中串联离心开关 S 来实现，图 3-20 所示为电容起动单相异步电动机的原理，而图 3-21 中则为离心开关结构示意图。该离心开关由旋转部分和静止部分组成，旋转部分安装于电动机转轴上，与电动机一起旋转；而静止部分则安装在端盖或机座上。静止部分由两个相互绝缘的半圆形铜环组成（与机座及端盖也互相绝缘），其中一个半圆形铜环接电源，另一个半圆形铜环接起动绕组。电动机静止时，安装在旋转部分上的三个指形铜触片在拉力弹簧的作用下，分别压在两个半圆形铜环的侧面。由于三个指形铜触片本身是连通的，这样就使起动绕组与电源接通，电动机开始起动。当电动机转速达到一定数值后，安装于旋转部分的指形铜触片由于离心力的作用而向外张开，使铜触片与半圆形铜环分离，即将起动绕组从电源上切除，电动机起动结束，投入正常运行。

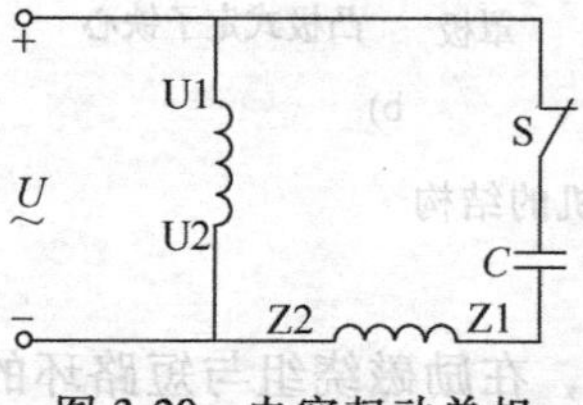

图 3-20 电容起动单相异步电动机的原理

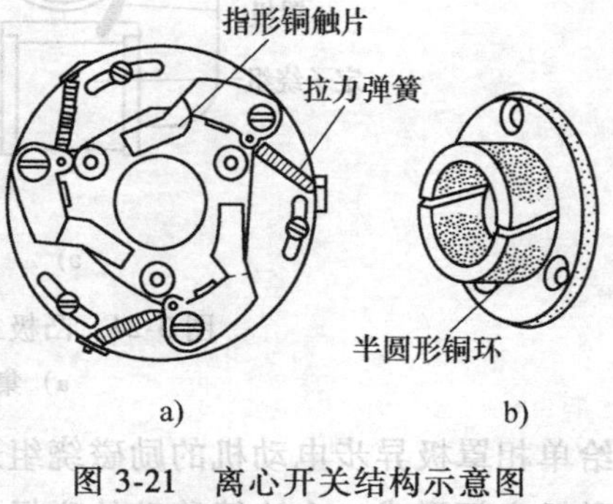

图 3-21 离心开关结构示意图
a）旋转部分 b）静止部分

电容起动单相异步电动机与电容运行单相异步电动机相比较，前者的起动转矩较大，起动电流也相应增大，因此在小型空气压缩机、电冰箱、磨粉机、医疗机械、水泵等满载起动的机械中适用。

③ 双电容单相异步电动机。为了综合电容运行单相异步电动机和电容起动单相异步电动机各自的优点，又出现了一种电容起动、电容运行单相异步电动机（简称双电容单相异步电动机），即在起动绕组上接有两个电容器 C_1 及 C_2，（见图 3-22），其中电容 C_1 仅在起

动时接入，电容 C_2 则在全过程中均接入。这类电动机主要用于要求起动转矩大，功率因数较高的设备上，如电冰箱、空调器、水泵、小型机车等。

2）电阻分相单相异步电动机。如果将图 3-19 中的电容器 C 换成电阻器 R，就构成了电阻起动分相单相电动机，如图 3-23 所示。

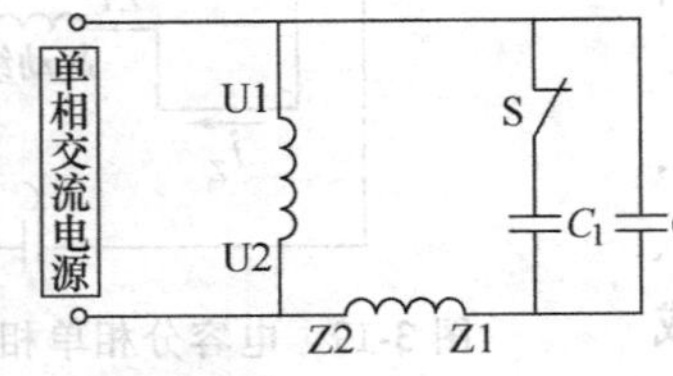

图 3-22　双电容单相异步电动机

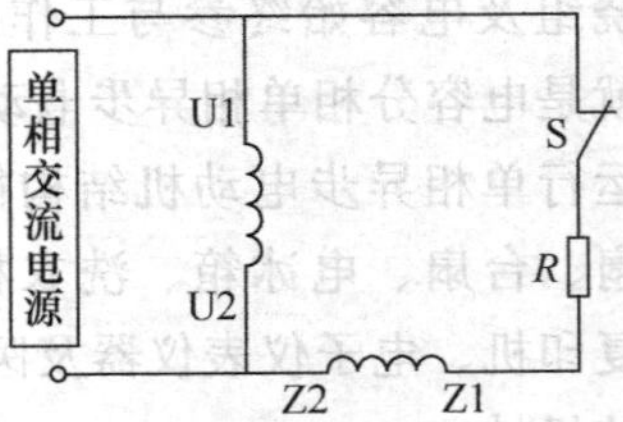

图 3-23　电阻分相单相异步电动机的原理

通常电阻分相单相电动机中的电阻器 R 不是外加电阻，而是设计成起动绕组，Z1Z2 的导线直径较细，主绕组的导线直径较粗，则起动绕组的电阻值比主绕组大，使流过起动绕组与工作绕组中的电流有一定的相位差，在定子与转子气隙中产生旋转磁场，使转子获得转矩而转动。这种电动机起动转矩不大，宜于空载起动，一般使用很少。

3）单相罩极异步电动机。按磁极形式分，单相罩极异步电动机有凸极式与隐极式两种，其中以凸极式最为常见，如图 3-24 所示。凸极式单相罩极电动机的定子、转子铁心均由 0.5mm 厚的硅钢片叠制而成，转子为笼型结构，定子做成凸极式，励磁绕组均放置在定子铁心内。这种电动机在磁极极靴的 1/3～1/4 处开有小槽，槽中嵌有短路铜环，短路环将部分磁极罩起来，所以称罩极电动机。

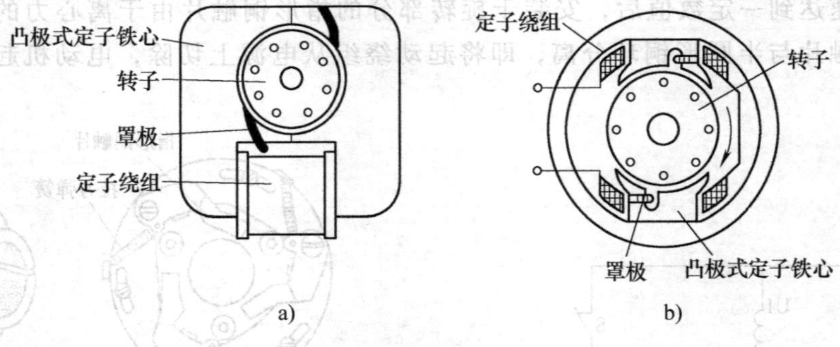

图 3-24　凸极式单相罩极异步电动机的结构
a）集中励磁　b）单独励磁

给单相罩极异步电动机的励磁绕组通入单相交流电时，在励磁绕组与短路环的共同作用下，磁极之间形成一个连续移动的磁场，类似于旋转磁场，从而使笼型转子受力而旋转。旋转磁场的形成可用图 3-25 来说明。

从图 3-25 中可以看出，单相罩极异步电动机磁极的磁通分布在空间上是移动的，由磁极的未罩住部分向被罩住部分移动，即与旋转磁场一样使笼型结构的转子获得起动转矩而旋转。

单相罩极异步电动机的主要优点是结构简单、制造方便、成本低、运行噪声小、维护方便；缺点是起动性能及运行性能较差，效率和功率因数都较低，主要用于小功率空载起动的场合，在台式电扇、仪器用电扇、换气扇、录音机、电动工具及办公自动化设备上采用。

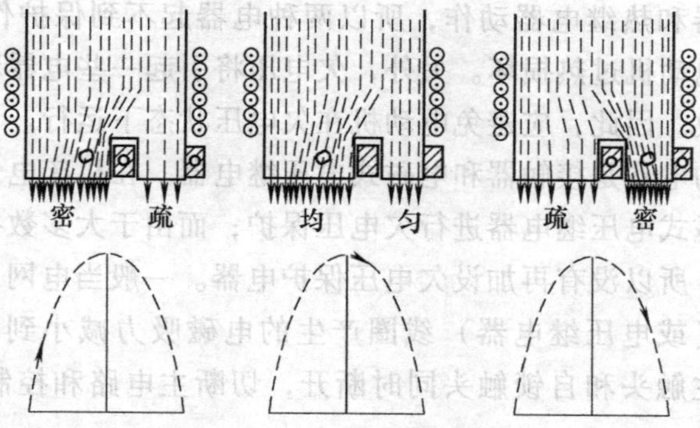

图 3-25 单相罩极异步电动机中磁场的移动原理

a）电流增加 b）电流不变 c）电流减小

（4）单相异步电动机的反转 单相异步电动机的转向与旋转磁场的转向相同，因此要使单相异步电动机反转就必须改变旋转磁场的转向，其方法有两种：一种是把工作绕组（或起动绕组）的首端和末端与电源的接法对调；另一种是把电容器从一组绕组中改接到另一组绕组中（此法只适用于电容运行单相异步电动机）。

3. 电动机的保护

电动机在运行的过程中，除按生产机械的工艺要求完成各种正常运转外，还必须在线路出现短路、过载、过电流、欠电压、失电压及弱磁等现象时，能自动切断电源停转，以避免电气设备和机械设备的损坏事故，保证操作人员的人身安全。为此，在生产机械的电气控制电路中，采取了对电动机的各种保护措施。常用的电动机保护有以下几种：短路保护、过载保护、欠电压保护、失电压保护、过电流保护及弱磁保护等。

（1）短路保护 当电动机绕组和导线的绝缘损坏时，或者控制电器及线路发生故障时，线路将出现短路现象，产生很大的短路电流，使电动机、电器、导线等电气设备严重损坏。因此，在发生短路事故时，保护电器必须立即动作，迅速将电源切断。

常用的短路保护电器是熔断器和断路器。熔断器的熔体与被保护的电路串联，当电路正常工作时，熔断器的熔体不起作用，相当于一根导线，上面的压降很小，可忽略不计。当电路短路时，有很大的短路电流流过熔体，使熔体立即熔断，切断电动机电源，使电动机停转。同样，若电路中接入断路器，当出现短路时，断路器会立即动作，切断电源使电动机停转。

（2）过载保护 当电动机负载过大，起动操作频繁或缺相运行时，电动机的工作电流会超过其额定电流，使电动机绕组过热，温升超过其允许值，导致电动机的绝缘材料变脆，寿命缩短，严重时会使电动机损坏。因此，当电动机过载时，保护电器应动作，切断电源，使电动机停转，避免电动机在过载下运行。常用的过载保护电器是热继电器。当电动机的工作电流等于额定电流时，热继电器不动作，或经过较长时间才动作；当电动机过载电流较大时，串联在主电路中的热元件会在较短的时间内发热弯曲，使串联在控制电路中的常闭触头断开，先后切断控制电路和主电路的电源，使电动机停转。

（3）欠电压保护 当电网电压降低时，电动机便在欠电压状态下运行。由于电动机的负载没有改变，所以欠电压下电动机的转速下降，定子绕组中的电流增加。因为电流增加的幅度尚不足以使熔断器和热继电器动作，所以两种电器起不到保护作用，如不采取保护措施，时间一长将会使电动机过热损坏。另外，欠电压将引起一些电器释放，使电路不能正常工作，也可能导致事故。因此，应避免电动机在欠电压状态下运行。

实现欠电压保护的电器是接触器和电磁式电压继电器。在机床电气控制电路中，只有少数电路专门装设了电磁式电压继电器进行欠电压保护；而由于大多数控制电路中的接触器已兼有欠电压保护功能，所以没有再加设欠电压保护电器。一般当电网电压降低到额定电压的85%以下时，接触器（或电压继电器）线圈产生的电磁吸力减小到小于复位弹簧的拉力，动铁心被迫释放，其主触头和自锁触头同时断开，切断主电路和控制电路电源，使电动机停转。

（4）失电压保护（零电压保护） 生产机械在工作时，由于某种原因发生电网突然停电现象，这时电源电压下降为零，电动机停转，生产机械的运动部件也随之停止运转。在一般情况下，操作人员不可能及时拉开电源开关，如不采取措施，当电源电压恢复正常时，电动机便会自行起动运转，很可能造成人身和设备事故，并引起电网过电流和瞬间网络电压下降。因此，必须采取失电压保护措施。在电气控制电路中，起失电压保护作用的电器是接触器和中间继电器。当电网停电时，接触器和中间继电器线圈中的电流消失，电磁吸力减小为零，动铁心释放，触头复位，切断了主电路和控制电路电源；当电网恢复供电时，若不重新按下起动按钮，电动机就不会自行起动，实现了失电压保护。

（5）过电流保护 为了限制电动机的起动或制动电流，在直流电动机的电枢绕组中或在交流绕线转子异步电动机的转子绕组中需要串入附加的限流电阻。如果在起动或制动时，附加电阻被短接，将会造成很大的起动或制动电流，使电动机或机械设备损坏。因此，对直流电动机或绕线转子异步电动机常常采用过电流保护。过电流保护常用电磁式过电流继电器来实现。当电动机的过电流值达到电流继电器的动作值时，继电器动作，使串接在控制电路中的常闭触头断开，切断控制电路，电动机随之脱离电源停转，达到过电流保护的目的。

（6）弱磁保护 直流电动机必须在磁场有一定强度时才能起动正常运转。若在起动时，电动机的励磁电流太小，产生的磁场太弱，将会使电动机的起动电流很大；若电动机在正常运转过程中，磁场突然减弱或消失，电动机的转速将会迅速升高，甚至发生“飞车”现象。因此，在直流电动机的电气控制电路中要采取弱磁保护。弱磁保护是通过在电动机励磁回路中串入弱磁继电器（即欠电流继电器）来实现的。在电动机起动运行过程中，当励磁电流值达到弱磁继电器的动作值时，继电器就吸合，使串接在控制电路中的常开触头闭合，允许电动机起动或维持正常运转；但当励磁电流减小很多或消失时，弱磁继电器就释放，其常开触头断开，切断控制电路，接触器线圈失电，电动机断电停转。

4. 电动机的选择

拖动生产机械的电动机是电力拖动系统的核心部分，为使电力拖动系统安全、可靠、经济、合理地运行，首先就是要正确选用电动机。衡量电动机的选择是否妥当，是看选择过程中是否遵循了以下几项原则：

电动机应完全满足生产机械所提出的有关机械特性的要求，如稳定工作的速度、速度的稳定性、速度的调节以及起动、制动时间等。

电动机在工作过程中，其功率能充分被利用，即温升达到标准所规定的数值。

电动机的结构型式适合周围环境的条件，如能够防止外界细小物质和灰尘进入电动机内部，并使绕组绝缘不受有害气体的侵蚀，在矿井中则应选用防爆式电动机等。电动机的选择包括额定功率的选择、额定转速的选择、额定电压的选择、种类的选择和型式的选择等。

（1）电动机额定功率的选择　电动机额定功率，应当是在电动机能胜任生产机械负载要求的前提下，最经济、最合理的额定功率。也就是说，电动机的额定功率既不能过大，也不能过小。如果功率选得过大，会使电动机的效率和功率因数（交流电动机）降低，造成电力浪费，增加投资，极不经济。反之，若功率选得过小，会使电动机过载而缩短寿命甚至被烧毁，或者在保证电动机不过热的情况下，只能降低负载使用。因此，正确选择电动机的额定功率，具有重要的意义。

电动机的运行方式有三种，即连续运行、短时运行和断续重复运行。

1）连续运行方式下电动机额定功率的选择。电动机连续运行时，其时间很长，电动机的温升可达规定的稳定值。连续工作制电动机的负载可分为两类，即恒定负载与变化负载（大多数情况属周期性变化负载）。

① 恒定负载下电动机功率的选择。若电动机的负载是常值，在已知负载功率 P_z 的前提下，选择电动机的额定功率 P_N 等于或略大于 P_z 即可，即

$$P_N \geqslant P_z$$

由于一般电动机是按恒定负载下连续工作制设计的，设计与出厂试验时，保证电动机在额定功率下工作时，温升不会超过允许值。若电动机带的负载功率 $P_z \leqslant P_N$，发热自然没有问题，无需进行发热校验。若电动机周围环境温度与标准值 40℃ 相差较大，则为充分利用电动机，其输出功率可与 P_N 不同。从发热的观点易见，当环境温度高于 40℃ 时，电动机需降低功率使用；反之，则可提高功率运行。原则就是使电动机在工作过程中的温升不超过规定的稳定温升。

周围环境温度不同时，电动机功率可粗略地按表 3-1 中的数值相应增减。

表 3-1　不同环境温度下电动机功率的修正

环境温度/℃	30	35	40	45	50	55
功率增减的百分数/%	+8	+5	0	−5	−12.5	−25

环境温度低于 30℃ 时，一般电动机也只增加 8%。

② 变化负载下电动机功率的选择。在变化负载下使用的电动机，一般是为恒定负载工作而设计的。因此，这种电动机用于变化负载时的发热情况，必须进行校验。所谓发热校验，就是看电动机在整个运行过程中所达到的最高温升是否接近并低于允许温升，因为只有这样电动机的绝缘材料才能充分利用而又不致过热。

图 3-26 为一周期性变化的生产机械负载记录。当电动机拖动这一机械工作时，因为输出功率周期性地变化，其温升也必然做周期性的波动。波动的最大值将低于相应最大负载的稳定温升。

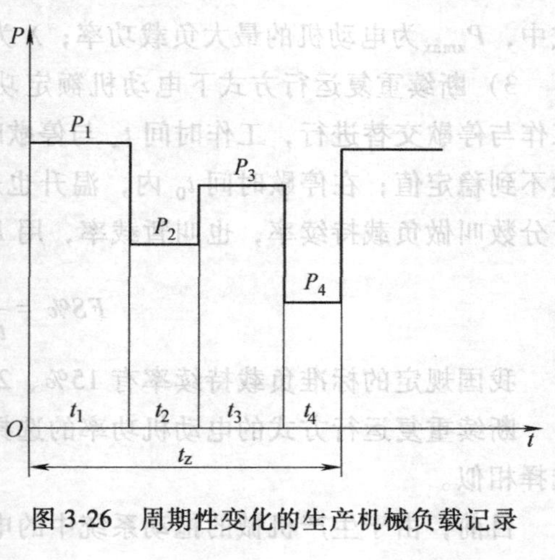

图 3-26　周期性变化的生产机械负载记录

显然，在此情况下，按最大负载选择电动机

功率是不经济的；而按最小负载选择，电动机的温升又将超过允许温升。由此推知，电动机的功率可在最大负载与最小负载之间适当选择，以使电动机得到充分地利用，而又不致过载。这样，问题的关键就是首先将变化的负载等效成相应的常值负载 P_{PJ}，然后预选电动机。

$$P_{PJ}=\frac{p_1t_1+p_2t_2+\cdots}{t_1+t_2+\cdots}=\frac{\sum_{i=1}^{n}p_it_i}{\sum_{i=1}^{n}t_i}$$

考虑到在过渡过程中，电动机的发热较为严重，而上述 P_{PJ} 中没有反映过渡过程中的发热情况，因此电动机的额定功率按下式预选：

$$P_N \geqslant (1.1\sim1.6)P_{PJ}$$

如果过渡过程在整个工作过程中占较大比重，则系数 1.1~1.6 选偏大的值。

2）短时运行方式下电动机额定功率的选择。对于短时运行，可选用专为短时运行方式而设计的电动机，也可选用为连续运行方式而设计的电动机。

① 专为短时运行方式而设计的电动机，其工作时间较短，温升达不到稳定值，而停歇后，温升可降为零。我国短时工作方式电动机的标准工作时间有 15min、30min、60min、90min 四种。

当短时工作方式电动机的实际工作时间 t_v 与标准工作时间 t_n 一致时，则可按下式选择电动机的额定功率 P_N

$$P_N \geqslant P_z\sqrt{\frac{t_v}{t_n}}$$

式中，P_N 为电动机的额定功率；P_z 为实际工作时间下的负载功率；t_v 为实际工作时间；t_n 为标准工作时间。

② 为连续运行方式而设计的电动机在短时运行时额定功率的选择。由于短时运行方式电动机的生产很少，所以常选用连续运行方式的电动机。这时，连续运行方式电动机的额定功率可按下式选择

$$P_N \geqslant \frac{P_{zmax}}{\lambda}$$

式中，P_{zmax} 为电动机的最大负载功率；λ 为电动机的过载系数。

3）断续重复运行方式下电动机额定功率的选择。周期性断续重复运行方式的电动机，工作与停歇交替进行，工作时间 t_w 与停歇时间 t_0 都较短。在工作时间 t_w 内，电动机的温升达不到稳定值；在停歇时间 t_0 内，温升也来不及降为零。我们把每个周期内工作时间占的百分数叫做负载持续率，也叫暂载率，用 $FS\%$ 表示，即

$$FS\%=\frac{t_w}{t_w+t_0}\times100\%$$

我国规定的标准负载持续率有 15%、25%、40%和 60%四种。

断续重复运行方式的电动机功率的选择方法与连续工作方式电动机在变化负载下的功率选择相似。

目前，由于生产机械的拖动系统中的电动机较多地工作于断续重复运行方式下，因此，

人们专为这一运行方式设计了电动机，并且已大量生产，供这类生产机械使用。

以上叙述的是电动机额定功率的选择方法。从原则上来说，只要能满足负载要求，电动机的额定功率选择得越小越经济。但需要注意，电动机的额定功率预选后，还必须进行校验。因为额定功率选择还要考虑电动机的发热、过载和起动能力三个方面的问题。所以在校验工作中，必须从这三个方面去校核所选的电动机是否合格，其中最主要的是发热校验。

校核过载能力是指校检异步电动机的最大转矩是否比负载可能出现的最大转矩大；直流电动机的电枢电流最大允许值是否比可能出现的最大负载电流大。

校核起动能力主要是指校检笼型异步电动机是否能可靠起动。

校核发热是最主要的，因为发热问题涉及电动机的寿命长短。校验发热的方法有平均损耗法和等效法，等效法中又包括等效电流法、等效转矩法和等效功率法三种。

在实际工作中，按上述方法选择电动机的额定功率是比较困难的。目前，通过不断总结经验，采用调查、统计、类比等方法，人们已陆续得出一些选择功率的实用方法。例如在机床制造业中，我国对不同类型机床的主拖动电动机的功率，采用统计、类比和分析的方法，已得出一些选择功率的实用计算公式。这些公式如下（下列计算公式中 P 的单位为 kW）。

① 车床

$$P = 36.5D^{1.54}$$

式中，D 为工件的最大直径（m）。

② 立式车床

$$P = 20D^{0.88}$$

式中，D 为工件的最大直径（m）。

③ 摇臂钻床

$$P = 0.0646D^{1.19}$$

式中，D 为最大的钻孔直径（mm）。

④ 外圆磨床

$$P = 0.1KB$$

式中，B 为砂轮宽度（mm）；K 为考虑砂轮主轴采用不同轴承时的系数，当采用滚动轴承时 K 为 0.8~1.1；当采用滑动轴承时 K 为 1.0~1.3。

⑤ 卧式镗床

$$P = 0.004D^{1.7}$$

式中，D 为镗杆直径（mm）。

⑥ 龙门铣床

$$P = \frac{B^{1.15}}{166}$$

式中，B 为工作台宽度（mm）。

例如，我国 C66 型车床的工件最大直径为 1250mm，则电动机的额定功率为

$$P = 36.5 \times \left(\frac{1250}{1000}\right)^{1.54} \text{kW} = 52\text{kW}$$

而实际应用 $P_N = 60\text{kW}$，尚属相近。

(2) 电动机额定转速的选择 电动机的额定转速选择得是否合理，对电力拖动系统的

技术指标和经济指标有较大的影响。额定功率相同的电动机，转速越高，其额定转矩就越小，体积重量也越小，造价越低。因此，选用转速高的电动机比较经济，但转速高，传动机构的传速比较大，构造复杂。所以选择电动机的额定转速时，必须全面考虑，力求电能损耗少、设备投资少、维护费用少。通常，额定转速选750～1500r/min比较合适。

(3) 电动机额定电压的选择　电动机的额定电压等级要与电网电压相符。若选择的额定电压低于电网电压，电动机将由于电流过大而被烧毁；若选择的额定电压高于电网电压，电动机有可能不能起动或因电流过大而减小其使用寿命甚至被烧毁。

一般地，中小型交流电动机的额定电压为380V，大型交流电动机的额定电压为3000V、6000V等；直流电动机的额定电压有110V、220V和400V等。

(4) 电动机种类的选择　选择电动机的种类时，首先要考虑电动机的性能必须满足生产机械的要求；其次，尽量优先选用结构简单、价格便宜、运行可靠、维护方便的电动机。三相笼型异步电动机的动力电源是很普遍的三相交流电源，其起动和调速性能较差。在生产机械要求不高的场合，如机床、水泵、通风机等，应优先选用三相笼型异步电动机；在起动转矩要求较大的场合，如空气压缩机、皮带运输机等，普遍使用起动转矩较大的三相笼型异步电动机，如斜槽式、深槽式或双笼型等异步电动机；在要求有级调速的场合，应选用双速、三速或四速等笼型异步电动机；在起动、制动频繁且起制动转矩较大及有一定调速要求的场合，如桥式起重机、矿井提升机、电梯等，则往往优先选用绕线转子三相异步电动机。在要求起动转矩较大、起动性能较好、调速平滑性较好、调速范围较大、调速精度高且准确的场合，如高精度的数控机床、龙门刨床、可逆轧钢机、造纸机、矿井卷扬机等生产机械，则应选用他励直流电动机来拖动；在要求起动转矩较大、机械特性较软的场合，如电车、重型起重机等，则常选用串励直流电动机。

在要求生产机械的转速恒定或要求改善功率因数的场合，应选用同步电动机。值得注意的是，虽然在某些生产机械要求较高的场合，不得不选用直流电动机，但随着晶闸管技术的发展及应用，可以预测，在不远的将来，交流电动机的性能可与直流电动机相媲美。

(5) 电动机型式的选择　电动机按运行方式分为连续、短时、断续重复运行方式三种。至于选用哪种运行方式的电动机，可以按生产机械的运行方式进行选择，也可以选用连续工作方式的电动机来代替。

电动机按安装位置不同可分为卧式和立式两种。由于立式电动机价格较高，所以一般情况下，优先选用卧式电动机，只有为简化传动装置时，如深井水泵、钻床等，才选用立式电动机。

电动机按轴的个数可分为单轴和双轴两种。一般情况下，选用单轴电动机；特殊情况下，才选用双轴电动机，如当一边需要安装测速发电机，另一边需要拖动生产机械时，则必须选用双轴电动机。

电动机按防护型式分为开启式、防护式、封闭式和防爆式四种。在干燥、清洁的环境中，可选用开启式电动机；在清洁、灰尘不多且没有腐蚀性气体的环境中，可选用防护式电动机；在潮湿、灰尘较多、多腐蚀性气体和易受风雨侵蚀及易引起火灾的恶劣环境中，应选用自冷式或他冷式封闭式电动机；需要浸在液体中使用的电动机（如潜水泵），应选用密封式电动机；在易燃、易爆的环境中，应选用防爆式电动机。

由以上分析可见，选择电动机时，要以额定功率、额定转速、额定电压、种类和型式等各方面全面考虑，既经济又合理地选择电动机。

（6）电动机的常见故障及处理方法　电动机的常见故障及处理方法见表 3-2。

表 3-2　电动机的常见故障及处理方法

故障现象	可能的原因	处理方法
不能起动	定子或转子绕组短路	查找短路部位，进行修复
	定子绕组相间短路、接地或接线错误	查找短路、接地部位，进行修复
	绕线转子电动机起动误操作	检查集电环短路装置及起动变阻器的位置。在起动时应串接变阻器
	过电流继电器调得太小	适当调高
	老式起动开关油杯缺油	加新油至油面线
	负载过大或转动机机械被卡住	换用较大容量电动机或减轻负载；如传动机械被卡住，应检查机械部分，消除障碍
	轴承磨损严重，造成气隙不均，通电后定子、转子吸住不动	检查轴承，更换轴承
	槽配合不当	将转子外圆适当车小或选择适当的定子线圈跨距；重换转子，槽配合应符合要求
	熔体熔断	检查熔体是否熔断。可采用检验灯法，检查时不必将熔体取下，只要把检验灯跨接于熔体的两端
	轴承损坏	当轴承损坏时，可能使定子、转子铁心相擦而导致电动机运转时发出"嚓嚓"的异常声音。如果轴承严重损坏，会使定子铁心卡住转子而导致电动机不能转动。要检查轴承是否损坏，只需要上下移动转轴，若转轴松动了，则应更换轴承
	笼型转子铜条松动	若转子铜条松动，电动机运转时有异常的声音，有时铜条与短路环之间可能会看到火花的出现，而且不能带动负载。此时可采用撒铁粉法来找出开路的铜条
电动机带负载运行时转速低于额定值	笼型转子断条	对应检查处理
	绕线转子一相断路	用校验灯、万用表等检查断路处，排除故障
	绕线转子电动机的起动变阻器接触不良	修理变阻器接触点
	绕线转子电动机的电刷与集电环接触不良	调整电刷压力及改善电刷与集电环接触面
	负载过大	换用较大容量电动机或减轻负载

（续）

故障现象	可能的原因	处理方法
电动机空载或负载运行时输入电流发生周期变化	绕线转子电动机一相电刷接触不良	调整电刷压力及改善电刷与集电环接触面
	绕线转子电动机的集电环短路装置接触不良	修理或更换短路装置
	笼型转子断条	对应检查处理
	绕线转子一相断路	用校验灯、万用表等检查断路处，排除故障
电动机外壳带电	电动机绕组受潮、绝缘老化或引出线与接线盒碰壳	用电动机绕组进行干燥处理，绝缘严重老化者则更换绕组，连接好接地线
	铁心槽内有未清理掉的铁屑，导线嵌入后即通地，或嵌线时槽绝缘受到机械损伤	找出接地线圈后，进行局部处理
	绕组端部太长碰到机壳	将绕组端部刷一层绝缘漆，垫上绝缘纸
	铁心槽两端的槽口绝缘损坏	细心扳动绕组端部，耐心找出绝缘损坏处，将绕组加热撬开，垫上绝缘纸，再涂上漆
电动机运转时声音不正常	定子与转子相擦	锉去定子、转子硅钢片的突出部分
	电动机缺相运转，有嗡嗡声	轴承如松动（走外圆或走内圆），可采取镶套办法，或更换端盖，或更换转轴
	转子风叶碰壳	检查熔体及开关接触点，排除故障
	轴承擦绝缘纸	修剪绝缘纸
	轴承严重缺油	清洗轴承，加新润滑油
	轴承损坏	更换轴承
电动机振动	转子不平衡	校动平衡
	皮带盘不平衡	校静平衡
	皮带盘轴孔偏心	车正或嵌套
	轴头弯曲	校直或更换转轴。弯曲不严重时，可车去1~2mm，然后配上套筒（热套）
	转子内断线（拉开电源，振动立即消失）	用短路测试器检查
	气隙不均，产生单边磁拉力	测量气隙，校正气隙使其均匀
轴承过热	轴承损坏	更换轴承
	轴承与轴配合过松或过紧	过松时轴承镶套；过紧时重新加工到标准尺寸
	轴承与端盖配合过松或过紧	过松时端盖嵌套；过紧时重新加工到标准尺寸
	滑动轴承油环轧煞或转动缓慢	查明轧煞处，修理或更换油环。若是油质过厚的原因，应更换较薄的润滑油
	润滑油过多、过少或油质不好	加油或换油
	电动机两侧端盖或轴承盖未装平	将端盖或轴承盖止口装紧装平，旋转螺钉
	转子不平衡	校动平衡

（续）

故障现象	可能的原因	处理方法
电动机油温过高或冒烟	电动机风道阻塞	清除风道油垢及灰尘
	定子绕组短路或接地	拆开电动机，抽出转子，用电桥测量各相绕组或各线圈组的直流电阻，或用绝缘电阻表测量对机壳的绝缘电阻，局部或全部更换线圈
	电源电压过高或过低	用电压表、万用表检查电动机输入端电源电压，并调正电压
	绕组内部有线圈接反	检查每相电流、也可以检查每相电流的极性，查出接反的线圈并改正
	定子、转子之间气隙太大或定子绕组匝数过少	检查空载电流或测气隙，重新嵌线，适当增加定子匝数
	正、反转太频繁或起动次数太多	应作适当减小
	定子、转子相擦	轴承如有走外圆或走内圆，采取镶套办法；轴承松动，需更换新轴承；若弯曲应给予校正
	笼型转子断条或绕线转子绕组接线松脱	对应检查处理
绕线转子的集电环火花过大	电刷牌号及尺寸不合适	更换合适电刷
	集电环表面有污垢杂物	擦净表面污垢，用0号砂布磨光，集电环伤痕严重时应车一刀
	电刷压力太小	调整电刷压力
	电刷在刷握内卡住	磨小电刷
空载电流三相严重不平衡	重绕定子绕组后三相匝数不相等	重绕定子绕组
	定子绕组内部接线有错误	检查每相极性，纠正接线
电动机空载电流偏大	电动机本身气隙较大	用内外径千分尺测量定子内径和转子外径
	定子绕组匝数未绕够	重绕定子绕组，增加匝数
	电动机装配不当，转子转动不灵活	用手试转电动机，若轴向位移过多，即轴承没有装紧，用木块垫上敲打即可；若端盖螺钉没有上紧，可放松螺钉试转校正
	电动机定子绕组是星形联结误接成三角形联结	可对照铭牌纠正接线
	润滑脂干固	更换润滑脂
绝缘电阻降低	潮气浸入或雨水滴入电动机内	用绝缘电阻表检查后，进行烘干处理
	绕组上灰尘污垢太多	清除灰尘及污垢后，浸漆处理
	电动机过热后绝缘老化	7kW以下电动机可重新浸漆处理
	引出线或接线盒街头的绝缘即将损坏	重新包扎引出线或接线头

5. 单相变压器的结构、参数和工作原理

变压器是利用电磁感应的原理，将某一等级的交流电压和电流转变成同频率另一等级电压和电流的设备。变压器不仅对电力系统中电能的传输、分配和安全使用有重要意义，而且广泛用于电气控制、电子技术、测试技术及焊接技术等领域。变压器种类很多，通常可按其用途、绕组结构、铁心结构、相数、冷却方式等进行分类。

（1）单相变压器的结构及参数　变压器的主要部件是铁心和绕组。接电源的绕组称为一次绕组，用于接负载的绕组称为二次绕组，如图 3-27 所示。

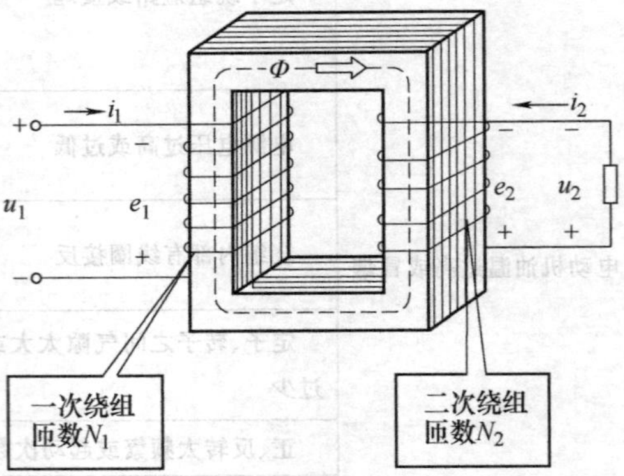

图 3-27　单相变压器工作原理示意图

1）铁心。铁心是变压器磁通闭合的路径，又是绕组的支撑骨架。为提高铁心的导磁性能，减小磁滞损耗和涡流损耗，铁心大多采用厚度为 0.35mm 的硅钢片制作。

国产硅钢片有热轧硅钢片、冷轧无取向硅钢片及冷轧晶粒取向硅钢片。目前国产低损耗节能变压器均使用冷轧晶粒取向硅钢片，其铁损低，且铁心叠装系数高（因硅钢片表面有氧化膜绝缘，不必再涂绝缘漆）。

随着科学技术的进展，现已开始采用铁基、铁镍基、钴基等非晶带材料来制作变压器的铁心，这类铁心具有体积小、效率高、节能等优点，极有发展前途。

变压器根据铁心的结构形式可分为心式变压器和壳式变压器两大类。心式变压器是在两侧的铁心柱上放置绕组，形成绕组包围铁心的形式；壳式变压器则是在中间的铁心柱上放置绕组，形成铁心包围绕组的形状。如图 3-28 所示。

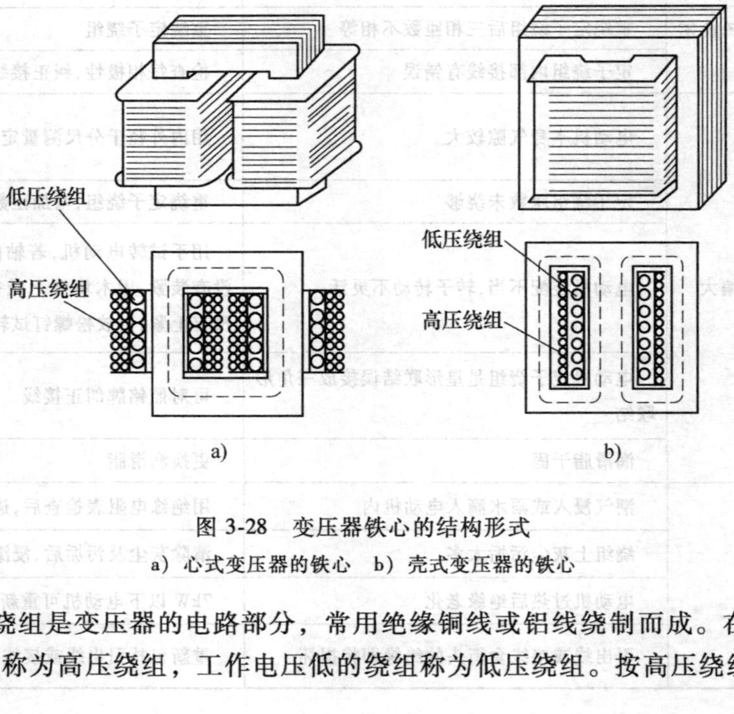

图 3-28　变压器铁心的结构形式

a）心式变压器的铁心　b）壳式变压器的铁心

2）绕组。绕组是变压器的电路部分，常用绝缘铜线或铝线绕制而成。在变压器中，工作电压高的绕组称为高压绕组，工作电压低的绕组称为低压绕组。按高压绕组和低压绕组相

互位置和形状的不同，绕组可分为同心式和交叠式两种。

同心式绕组是将高、低压绕组同心地套装在铁心柱上。小容量单相变压器一般采用这种结构。通常接电源的一次绕组绕在里层，绕完后包上绝缘材料再绕二次绕组，一次、二次绕组呈同心式结构。对于电力变压器而言，为了便于与铁心绝缘，把低压绕组套在里面，高压绕组套装在外面。对低压大电流、大容量的变压器，由于低压绕组引出线很粗，也可以把它放在外面。高、低压绕组之间留有空隙，可作为油浸式变压器的油道，既利于绕组散热，又可作为两绕组之间的绝缘。

交叠式绕组又称饼式绕组，它是将高压绕组及低压绕组分成若干个“线饼”沿着铁心柱的高度交替排列。为了便于绝缘，一般最上层和最下层安放低压绕组。交叠式绕组的主要优点是漏抗小、机械强度好、引线方便。这种绕组形式主要用在低电压、大电流的变压器上，如容量较大的电炉变压器及电阻电焊机（如点焊、滚焊、对焊电焊机）变压器等，如图 3-29 所示。

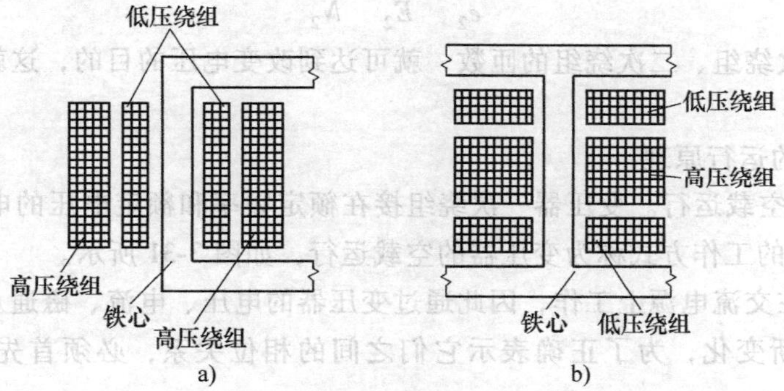

图 3-29　变压器绕组

a）同心式绕组　b）交叠式绕组

3）额定值。额定值是对变压器正常工作所做出的使用规定，它是正确使用变压器的依据。在额定状态下运行时，可保证变压器长期可靠地工作，并具有良好的性能。

① 额定容量 S_N：S_N 表示变压器在额定工作条件下输出能力的保证值，即视在功率，单位为 V · A，常用 kV · A。

单相变压器的额定容量为

$$S_N = U_{1N}I_{1N} = U_{2N}I_{2N}$$

② 额定电压 U_{1N} 和 U_{2N}：U_{1N} 为一次绕组额定电压，U_{2N} 为二次绕组额定电压。额定电压的单位为 V，常用 kV。

一次绕组（高压侧）额定电压 U_{1N} 是指加在一次绕组上的正常工作电压值。它是根据变压器的绝缘强度和允许发热等条件规定的。二次绕组（低压侧）额定电压 U_{2N} 是指变压器在空载时，一次绕组加上额定电压后，二次绕组两端的电压值。变压器接上负载后，二次绕组的输出电压 U，将随负载电流的增加而下降，为保证在额定负载时能输出 380V 的电压，考虑到电压调整率为 5%，故该变压器空载时二次绕组的额定电压 U_{2N} 为 400V。

③ 额定电流 I_{1N} 和 I_{2N}：额定电流是指根据变压器容许发热的条件而规定的满载电流值。I_{1N} 是一次绕组的额定电流；I_{2N} 是二次绕组的额定电流。额定电流的单位是 A，常用 kA。

④ 额定频率 f：我国的标准工业用电频率为 50Hz。

（2）单相变压器的工作原理　变压器是利用电磁感应原理工作的。两个互相绝缘且匝数不同的绕组分别套装在铁心上，两绕组间只有磁的耦合而没有电的联系，如图 3-30 所示。一次绕组加上交流电压后，绕组中便有电流通过，在铁心中产生与同频率的交变磁通 Φ。根据电磁感应原理，该磁通将分别在两个绕组中感应出电动势

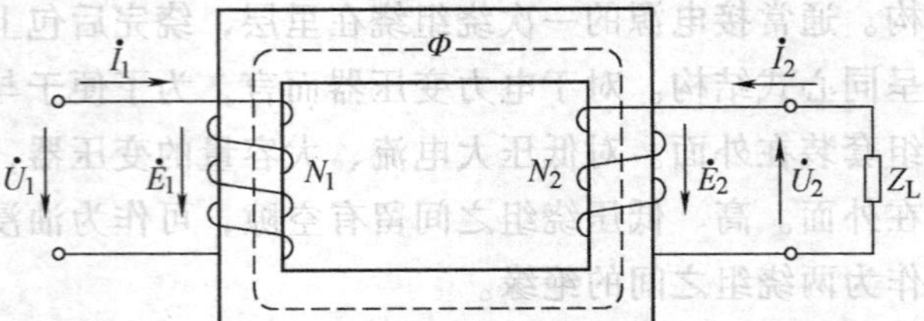

图 3-30　单相变压器的工作原理

$$e_1 = -N_1\frac{d\Phi}{dt}$$

$$e_2 = -N_2\frac{d\Phi}{dt}$$

$$\frac{e_1}{e_2} = \frac{E_1}{E_2} = \frac{N_1}{N_2}$$

只要改变一次绕组、二次绕组的匝数，就可达到改变电压的目的，这就是变压器的基本工作原理。

（3）变压器的运行原理

1）变压器的空载运行。变压器一次绕组接在额定频率和额定电压的电网上，而二次绕组开路，即 $I_2=0$ 的工作方式称为变压器的空载运行，如图 3-31 所示。

由于变压器在交流电源上工作，因此通过变压器的电压、电流、磁通及电动势的大小及方向均随时间不断变化，为了正确表示它们之间的相位关系，必须首先规定它们的参考方向。

原则上可以任意规定参考方向，但是如果规定的方法不同，则同一电磁过程所列出的方程式的正、负号也将不同。为了统一起见，习惯上都按照电工惯例来规定参考方向。

① 电压的参考方向：在同一支路中，电压的参考方向与电流的参考方向一致。

② 磁通的参考方向：磁通的参考方向与电流的参考方向之间符合右手螺旋定则。

③ 感应电动势的参考方向：由交变磁通产生的感应电动势，其参考方向与产生该磁通的电流参考方向一致。

在外加交流电压 u_1 作用下，一次绕组中通过的电流称为空载电流 i_0。在电流 i_0 的作用下，铁心中产生交变磁通 Φ，称为主磁通。主磁通 Φ 同时穿过一次绕组、二次绕组，分别在其中产生感应电动势 e_1 和 e_2，其大小正比于 $d\Phi/dt$。

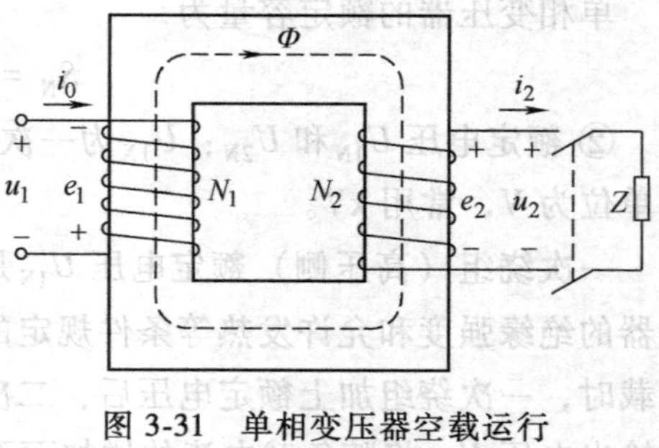

图 3-31　单相变压器空载运行

$$e = -N\frac{d\Phi}{dt}$$

设 $\Phi = \Phi_m \sin\omega t$，则

$$e = -N\frac{d\Phi}{dt} = -N\frac{d}{dt}(\Phi_m \sin\omega t) = -\omega N\Phi_m \cos\omega t$$

$$= 2\pi fN\Phi_m \sin(\omega t - 90°) = E_m \sin(\omega t - 90°)$$

通过数学分析可知感应电动势和磁通有如下关系：

$$E = \frac{E_m}{\sqrt{2}} = \frac{2\pi Nf\Phi_m}{\sqrt{2}} = 4.44Nf\Phi_m$$

由此可得

$$E_1 = 4.44N_1f\Phi_m$$

$$E_2 = 4.44N_2f\Phi_m$$

式中，Φ_m 为交变磁通的最大值；N_1 为一次绕组匝数；N_2 为二次绕组匝数；f 为交流电的频率。

由上面两个公式可得

$$\frac{E_1}{E_2} = \frac{N_1}{N_2}$$

如略去一次绕组中的阻抗不计，则外加电源电压 U_1 与一次绕组中的感应电动势 E_1 可近似看做相等，即 $U_1 \approx E_1$，而 U_1 与 E_1 的参考方向正好相反，即电动势 E_1 与外加电压 U_1 相平衡。

在空载情况下，由于二次绕组开路，故端电压 U_2 与电动势 E_2 相等，即

$$U_2 = E_2$$

因此

$$k = \frac{N_1}{N_2} = \frac{E_1}{E_2} \approx \frac{U_1}{U_2}$$

式中，k 称为变压器的电压比，它是变压器最重要的参数之一。

由上式可以看出：变压器一次绕组、二次绕组的电压与一次绕组、二次绕组的匝数成正比，既变压器有变换电压的作用。

当 $N_2>N_1$ 时，$k<1$，则 $U_2>U_1$，为升压变压器；若 $N_2<N_1$，$k>1$，则 $U_2<U_1$，为降压变压器。若改变电压比 k，即改变一次或二次绕组的匝数，则可达到改变二次绕组输出电压 U_2 的目的。

2）变压器的负载运行

变压器一次绕组接额定电压，二次绕组与负载相连的运行状态称为变压器的负载运行。此时二次绕组中有电流 i_2 通过，由于该电流是依据电磁感应原理由一次绕组感应产生，因此一次绕组中的电流也由空载电流 i_0 变为负载电流 i_1，如图 3-32 所示。

由于变压器的效率一般都很高，通常可近似将变压器的输出功率 P_2 与输入功率 P_1 看做相等，即

$$P_1 = P_2$$

$$U_1I_1 = U_2I_2$$

则

$$\frac{I_1}{I_2} \approx \frac{N_2}{N_1} = \frac{1}{k}$$

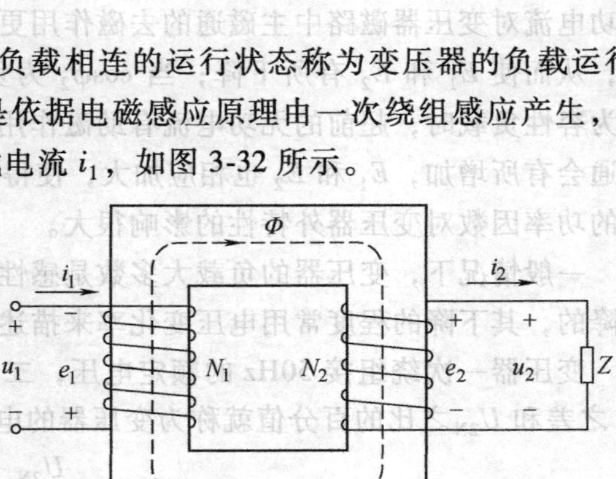

图 3-32 单相变压器负载运行

上式表明，变压器一次绕组、二次绕组中的电流与一次绕组、二次绕组的匝数成反比，即变压器也有变换电流的作用，且电流的大小与匝数成反比。

3）变压器的阻抗变换。如图 3-33 所示，当变压器二次绕组接上阻抗为 Z 的负载后，则

$$Z=\frac{U_2}{I_2}=\frac{\frac{N_2}{N_1}U_1}{\frac{N_1}{N_2}I_1}=\left(\frac{N_2}{N_1}\right)^2\frac{U_1}{I_1}=\frac{1}{k^2}Z'$$

$$Z'=k^2Z$$

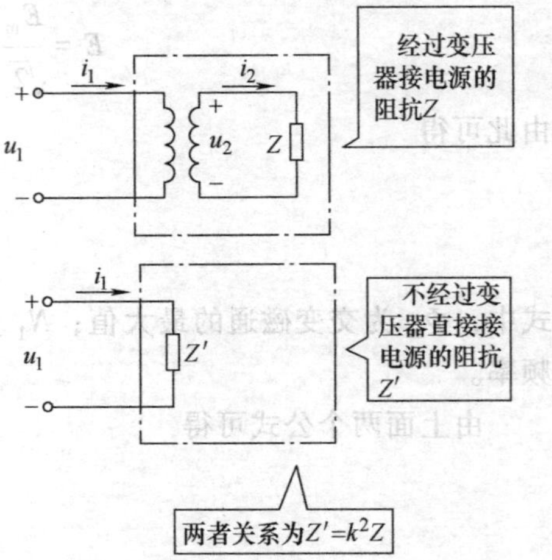

图 3-33　变压器的阻抗变换

可见，接在变压器二次绕组上的负载 Z 与不经过变压器直接接在电源上的负载 Z'相比减小了$1/k^2$。也就是说，负载阻抗通过变压器接电源时，相当于该阻抗增加了 k^2 倍。

在电子电路中，为了获得较大的功率输出，往往对输出电路的输出阻抗与所接的负载阻抗有一定的要求。例如对音响设备来讲，为了能在扬声器中获得最好的音响效果（获得最大的功率输出），要求音响设备输出的阻抗与扬声器的阻抗尽量相等。但实际上，扬声器的阻抗往往只有几欧到十几欧，而音响设备等信号的输出阻抗却很大，在几百欧、几千欧以上，为此通常在两者之间接一个变压器（称为输出变压器、线间变压器）来达到阻抗匹配的目的。

4）变压器的外特性及电压变化率。当一次绕组电压 U_1 和负载的功率因数 $\cos\phi_2$ 一定时，二次绕组电压 U_2 与负载电流 I_2 的关系称为变压器的外特性，它可以通过实验求得。功率因数不同时的几条外特性曲线如图 3-34 所示。从图中可以看出，当 $\cos\phi_2=1$ 时，即为阻性负载，U_2 随 I_2 的增加下降得并不多；当 $\cos\phi_2$ 降低时，即为感性负载时，U_2 随 I_2 增加而下降的程度加大，这是因为滞后的无功电流对变压器磁路中主磁通的去磁作用更为显著，从而使 E_1 和 E_2 有所下降；当 $\cos\phi_2$ 为负值，即为容性负载时，超前的无功电流有助磁作用，主磁通会有所增加，E_1 和 E_2 也相应加大，使得 U_2 会随 I_2 的增加而提高。以上叙述表明，负载的功率因数对变压器外特性的影响很大。

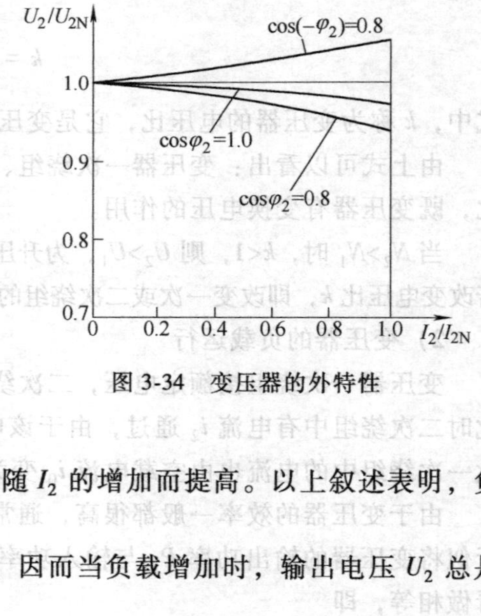

图 3-34　变压器的外特性

一般情况下，变压器的负载大多数是感性负载，因而当负载增加时，输出电压 U_2 总是下降的，其下降的程度常用电压变化率来描述。

变压器一次绕组接 50Hz 的额定电压，二次绕组空载时的电压 U_{2N} 与额定负载时的电压 U_2 之差和 U_{2N} 之比的百分值就称为变压器的电压变化率，用 $\Delta U\%$来表示。

$$\Delta U\%=\frac{U_{2N}-U_2}{U_{2N}}\times 100\%$$

5）变压器的效率及损耗。变压器从电源输入的有功功率 P_1 和向负载输出的有功功率 P_2 可分别用公式计算，即

$$P_1=U_1I_1\cos\phi_1$$
$$P_2=U_2I_2\cos\phi_2$$

两者之差为变压器的损耗 ΔP，它包括铜损 P_{Cu} 和铁损 P_{Fe} 两部分，即

$$\Delta P = P_{Cu} + P_{Fe}$$

① 铁损 P_{Fe}：变压器的铁损包括铁心中的磁滞损耗和涡流损耗，它由铁心中磁通密度的大小、磁通交变的频率和硅钢片的质量等决定。变压器的铁损与一次绕组上所加的电源电压大小有关，而与负载电流的大小无关。当电源电压一定时，铁心中的磁通基本不变，铁损也就基本不变，因此铁损又称为不变损耗。

② 铜损 P_{Cu}：变压器的铜损是由电流在一次绕组、二次绕组电阻上产生的损耗。在变压器中铜损与负载电流的二次方成正比，所以铜损又称为可变损耗。

③ 效率：变压器的输出功率 P_2 与输入功率 P_1 之比称为变压器的效率 η，即

$$\eta = \frac{P_2}{P_1} \times 100\%$$

由于变压器没有旋转部件，不像电动机那样有机械损耗存在，因此变压器的效率一般都比较高。中、小型电力变压器的效率在95%以上，大型电力变压器的效率可达99%以上。

3.2.2　常用低压电器

用于接通和断开电路或对电路和电气设备进行保护、控制和调节的电工器件称为电器。

1. 电器的分类

电器的用途广泛、作用多样，因而品种规格繁多，原理各异。为了概括地掌握这些电器，通常可按以下分类方式进行分类。

（1）按工作电压分类　可分为低压电器和高压电器。

① 低压电器：通常是指在工作电压为交流1200V、直流1500V及以下的电路中起通断、保护、控制或调节作用的电器。

低压电器常用于低压供配电系统和电气控制系统中，如各种刀开关、接触器、继电器、按钮、低压断路器、低压熔断器等。

② 高压电器：通常是指在工作电压为交流1200V、直流1500V以上的电路中起通断、保护、控制或调节作用的电器。高压电器常用于高压供配电系统中，如高压熔断器、高压断路器、隔离开关、互感器、避雷器、负荷开关、限流电抗器等。

（2）按动作方式分类　可分为手动电器和自动电器。

① 手动电器：通过人力操纵而动作的电器，如刀开关、按钮、转换开关等。

② 自动电器：通过非人力操纵而动作的电器，如接触器、热继电器、自动切换电器等。

（3）按作用分类　可分为控制电器和保护电器。

1）控制电器：用来控制电路或电气设备的接通或断开，如各种开关、接触器、按钮、电磁阀等。

2）保护电器：用来保护电源及电气设备，使它们不在短路、过载等状态下运行，遭到损坏，如熔断器、热继电器等。

（4）按有无触头分类　可分为有触头电器、无触头电器、混合式电器。

（5）按电器组合分类　可分为单个电器、成套电器、自动化装置。

（6）按工作环境分类　可分为一般用途电器和特殊用途电器。

2. 刀开关

刀开关是一种配电电器，在供配电系统和设备自动控制系统中通常用于电源隔离，有时也可用于不频繁接通和断开小电流配电电路或直接控制小容量电动机的起动和停止。刀开关的种类很多，通常将刀开关和熔断器合二为一，组成具有一定接通分断能力和短路分断能力的组合式电器，其短路分断能力由组合电器中熔断器的分断能力来决定。

在电力设备自动控制系统中，使用最为广泛的刀开关为开启式开关熔断器组。

开启式开关熔断器组是一种结构简单、应用广泛的手动电器，主要用于电源隔离和小容量电动机不频繁起动与停止。

1）开启式开关熔断器组的组成。开启式开关熔断器组由操作手柄、熔体、静触头（触头座）、动触头（触刀片）、瓷底座和胶盖组成，如图 3-35 所示。胶盖使电弧不致飞出灼伤操作人员，防止极间电弧短路。熔体对电路起短路保护作用。开启式开关熔断器组的图形符号和文字符号如图 3-36 所示。

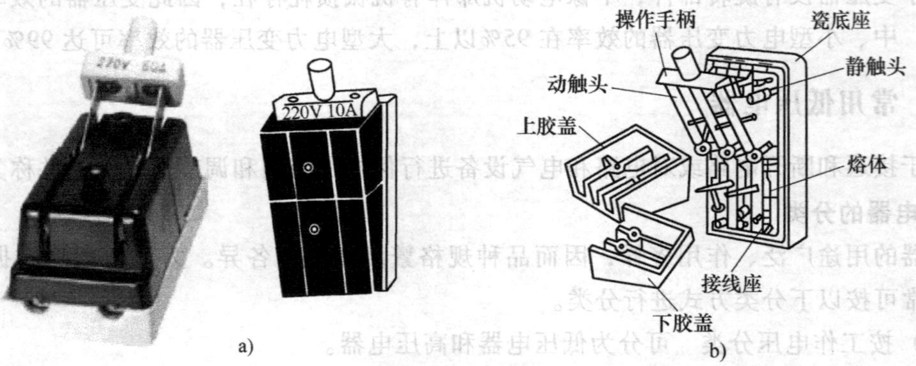

图 3-35 开启式开关熔断器外形及结构示意图

a）二极式外形 b）三极式结构

2）开启式开关熔断器组的选用。

① 额定电压的选择：开启式开关熔断器组的额定电压要大于或等于线路实际的最高电压。

② 额定电流的选择：当作为隔离开关使用时，开启式开关熔断器组的额定电流要等于或稍大于线路实际的工作电流；当直接用其控制小容量（小于 5.5kW）电动机的起动和停止时，则需要选择电流容量比电动机额定值大的开启式开关熔断器组。

开启式开关熔断器组不适合用来直接控制 5.5kW 以上交流电动机。

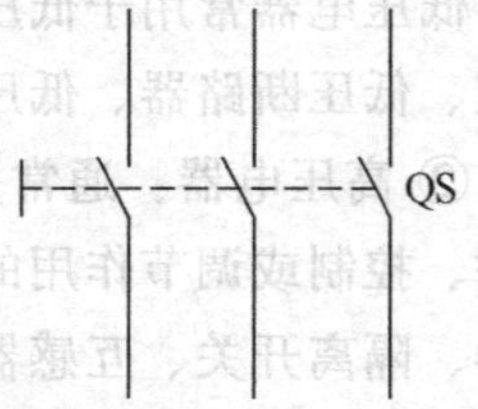

图 3-36 开启式开关熔断器组的图形符号和文字符号

3）安装及操作注意事项。

① 安装开启式开关熔断器组时，手柄要向上，不得倒装或平装。倒装时，手柄有可能因为振动而自动下落造成误合闸，另外分闸时可能导致电弧灼手。

② 接线时，应将电源线接在上端（静触头），负载线接在下端（动触头）。这样，拉闸后开启式开关熔断器组与电源隔离，便于更换熔体。

③ 拉闸与合闸操作时要迅速，一次拉合到位。

常用的开启式开关熔断器组有 HK1、HK2、HK4 和 HK8 等系列。

3. 组合开关

组合开关又称转换开关，其特点是用动触片的左右旋转来代替闸刀的推合和拉开，结构较为紧凑。在设备自动控制系统中一般用做电源引入开关或电路功能切换开关，也可直接用于控制小容量交流电动机的不频繁操作。图 3-37 为组合开关的外形。

1）组合开关的组成。组合开关由动触片、静触头、绝缘方轴、手柄、定位机构和外壳等组成，如图 3-38 所示。三极组合开关共有六个静触头和三个动触片，静触头的一端固定在胶木边框内，另一端则伸出盒外，并附有接线螺钉，以便和电源及用电器相连接。三个动触片装在绝缘板上，并套在绝缘方轴上，通过手柄可使绝缘方轴做 90°正反向转动，使动触片与静触头保持接通或分断。组合开关各极是同时通断的，在开关的顶部还装有扭簧储能机构，使开关能快速闭合或分断。之所以叫组合开关是因为绝缘座的层数可以根据需要自由组合，最多可达六层。组合开关采用储能合、分闸操作机构，因此触头的动作速度与手柄速度无关。

图 3-37 组合开关的外形

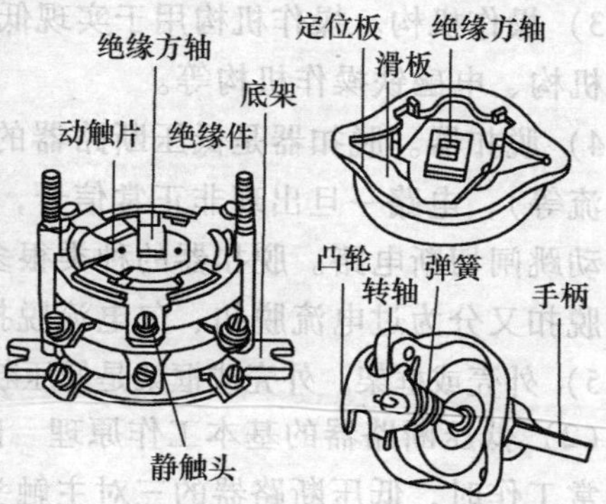

图 3-38 组合开关的结构示意图

2）组合开关的选用。

① 用于一般照明、电热电路时，组合开关额定电流应大于或等于被控电路的负载电流总和。

② 当用做设备电源引入开关时，其额定电流稍大于或等于被控电路的负载电流总和。

③ 当用于直接控制电动机时，其额定电流一般可取电动机额定电流的 2~3 倍。

组合开关的通断能力较低，故不可用来分断故障电流。当用于电动机可逆控制时，必在电动机完全停止运行后才允许反向接通。

常用的组合开关主要有 HZ5、HZ10 和 HZ15 等系列。

4. 低压断路器

低压断路器的外形如图 3-39 所示，其不但能用于正常工作时不频繁接通
而且当电路发生过载、短路或失电压等故障时，能自动切断电路，有效地保
的电气设备，是一种具有多种保护功能的保护电器。因此，低压断路器
越广泛。低压断路器按结构可分为框架式（也称为万能式）和塑料
式）；按用途可分为保护线路用断路器、保护电动机用断路器、保
地漏电保护用断路器；按主电路极数可分为单极断路器、两极断
路器的图形符号和文字符号如图 3-40 所示。

（1）低压断路器的基本结构

1）触头系统。触头系统用于接通和断开电路。触头的结
除三对主触头外，还有常开及常闭辅助触头各一对，一般采

2）灭弧系统。灭弧系统常用的灭弧方式有窄缝

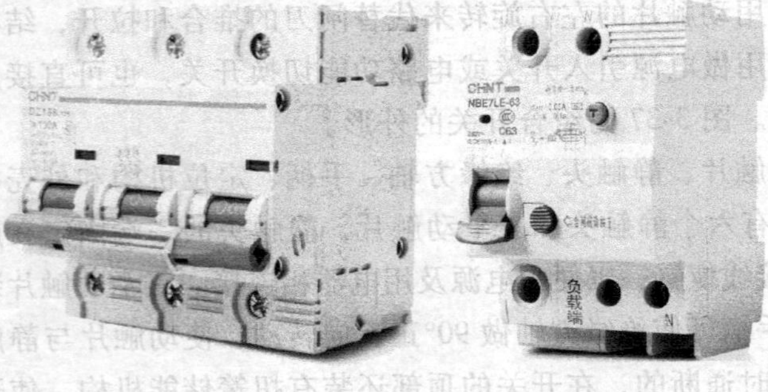

图 3-39 低压断路器的外形

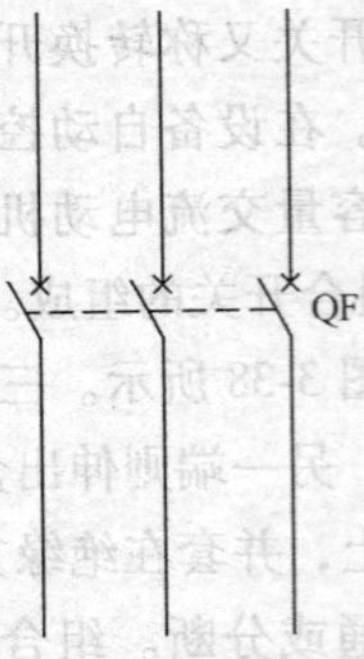

图 3-40 低压断路器的图形符号和文字符号

3）操作机构。操作机构用于实现低压断路器的闭合与断开，有手动操作机构、电动机操作机构、电磁铁操作机构等。

4）脱扣器。脱扣器是低压断路器的感测元件，用来感测电路特定的信号（如过电压、过电流等），电路一旦出现非正常信号，相应的脱扣器就会动作，通过联动装置使低压断路器自动跳闸切断电路。脱扣器的种类很多，有电磁脱扣、热脱扣、自由脱扣、漏电脱扣等。电磁脱扣又分为过电流脱扣、欠电流脱扣、过电压脱扣、欠电压脱扣及分励脱扣等。

5）外壳或框架。外壳或框架是低压断路器的支持件，用来安装低压断路器的各个部分。

（2）低压断路器的基本工作原理 图 3-41 所示为低压断路器的工作原理示意图。在电路正常工作时，低压断路器的三对主触头是靠操作机构手动或电动合闸的，并由自由脱扣机构将主触头锁在合闸位置上，使电路接通。低压断路器的主触头闭合后，恢复弹簧被拉长，储存了能量，为开断做准备。

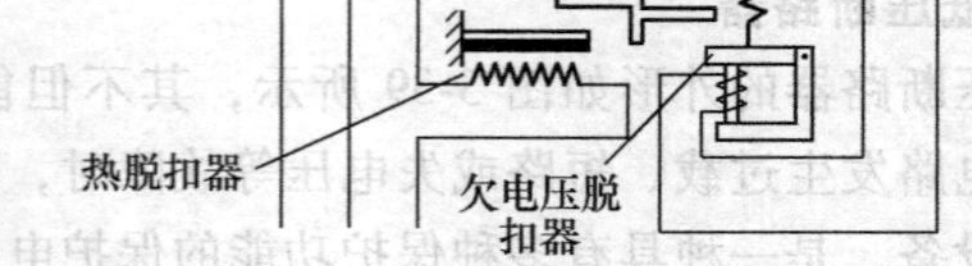

图 3-41 低压断路器的工作原理示意图

过电流脱扣器的线圈和热脱扣器的热元件与主电路串联，当主触头闭合后，若电路发生短路或过电流（电流达到或超过过电流脱扣器的动作值）事故时，[illegible]电路电流超过规定值，过电流脱扣器[illegible]衔铁吸合，使自由脱扣机构动作，主[illegible]在弹簧的作用下断开，切断主电路；[illegible]过载时，过载电流使热脱扣器的[illegible]生的热量增加，使双金属片产[illegible]，推动自由脱扣器动作，从[illegible]切断电路；欠电压脱扣器的[illegible]联，当电路失电压或电源电压小于欠电压脱扣器的释放值（一般低于[illegible]电压脱扣器的衔铁释放，推动自由脱扣器动作，主触头切断电路。分励脱[illegible]断电路，当需要远距离分断电路时，按下分断按钮，分励脱扣器的线圈通[illegible]扣器动作，使主触头切断主电路。

[illegible]器 漏电保护断路器通常被称为漏电保护开关，是为了防止低压电[illegible]火灾等事故而研制的一种新型电器。除了起断路器的作用外，漏电

保护断路器还能在设备漏电或人身触电时迅速断开电路，保护人身和设备的安全，因而使用十分广泛。

漏电保护断路器的基本原理与结构如图3-42所示，它主要由零序互感器TA、漏电脱扣器 W_s、试验按钮SB、操作机构和外壳组成，实质上就是在一般的断路中增加一个能检测电流的感受元件（零序互感器）和漏电脱扣器。零序互感器是一个环形封闭的铁心，主电路的三相电源线均穿过零序互感器的铁心，为互感器的一次绕组；环形铁心上有二次绕组，其输出端与漏电脱扣器的线圈相接。在电路正常工作时，无论三相负载电流是否平衡，通过零序电流互感器一次侧的三相电流相量和为零，二次侧没有电流。当出现漏电和人身触电时，漏电或触电电流将经过大地流回电源的中性点，因此零序电流互感器一次侧三相电流的相量和就不为零，互感器的二次侧将感应出电流，此电流通过漏电脱扣器线圈，使其动作，则低压断路器分闸切断主电路，从而保障了人身安全。

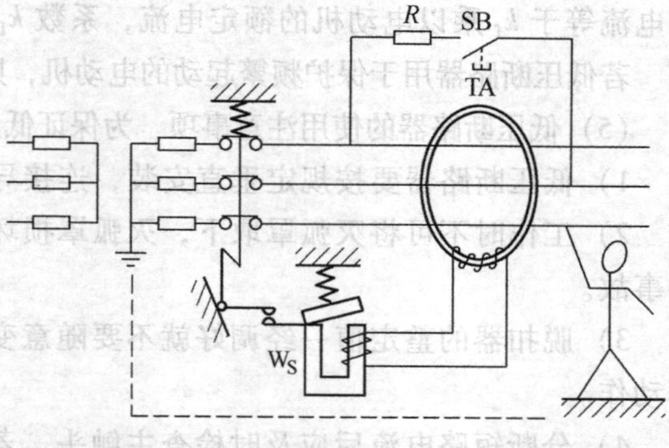

图3-42　漏电保护断路器的基本原理与结构

为了经常检测漏电开关的可靠性，开关上设有试验按钮，与一个限流电阻 R 串联后跨接在两相线路上。当按下试验按钮后，漏电断路器立即分闸，证明该开关的保护功能良好。

漏电保护断路器的主要技术参数有漏电动作电流和动作时间。若用于保护手持电动工具、各种移动电器和家用电器，应选用额定漏电动作电流不大于30mA，动作时间不大于0.1s的快速动作漏电保护断路器；若用于保护单台电动机，可选用额定漏电动作电流为30~100mA的漏电保护断路器。

（4）低压断路器的选用　选用低压断路器时应首先确定断路器的类型，然后进行具体参数的确定。低压断路器的选择大致可按以下步骤进行。

1）应根据具体使用条件、保护对象的保护要求选择合适的类型。一般在电气设备控制系统中，常选用塑料外壳式断路器或漏电保护断路器；在电力网主干线路中则主要选用框架式断路器；而在建筑物的配电系统中则一般采用漏电保护断路器。

2）确定低压断路器的类型后再进行具体参数的选择，具体参数选用的一般通则如下：

① 低压断路器的额定工作电压大于或等于被保护线路的额定电压。

② 低压断路器的额定电流大于或等于被保护线路的计算负载电流。

③ 低压断路器的额定通断能力大于或等于被保护线路中可能出现的最大短路电流，一般按有效值计算。

④ 线路末端单相对地短路电流大于或等于1.25倍低压断路器瞬时（或短延时）脱扣器的整定电流。

⑤ 低压断路器欠电压脱扣器额定电压等于被保护线路的额定电压。

⑥ 低压断路器分励脱扣器额定电压等于控制电源的额定电压。

⑦ 若低压断路器用于电动机保护，则其长延时电流整定值等于电动机的额定电流。保护笼型异步电动机时，瞬时值整定电流等于 k_f 乘以电动机的额定电流（A），系数 k_f 与电动机的型号、容量和起动方法有关，其大小为8~15；保护绕线转子异步电动机时，瞬时值整

定电流等于 k_f 乘以电动机的额定电流，系数 k_f 的大小为3~6。

若低压断路器用于保护频繁起动的电动机，则还应考虑低压断路器的操作条件和工作寿命。

(5) 低压断路器的使用注意事项　为保证低压断路器可靠工作，使用时要注意以下事项：

1）低压断路器要按规定垂直安装，连接导线必须符合规定要求。

2）工作时不可将灭弧罩取下，灭弧罩损坏应及时更换，以免发生短路时电弧不能熄灭的事故。

3）脱扣器的整定值一经调好就不要随意变动，但应做定期检查，以免脱扣器误动作或不动作。

4）分断短路电流后应及时检查主触头，若发现弧烟痕迹，可用干布擦净；若发现触头烧毛，应及时修复。

5）使用一定次数（一般为机械寿命的1/4）后，应给操作机构添加润滑油。

6）应定期清除断路器的尘垢，以免影响操作和绝缘。

5. 熔断器

熔断器广泛用于低压供配电系统和控制系统中，是一种最简单有效的保护电器，主要用来保护电源免受短路的损害。熔断器结构简单、体积小巧、价格低廉、工作可靠、维护方便，是电气设备重要的保护元件之一。熔断器的外形如图3-43所示。

熔断器的种类很多，按其结构可分为半封闭插入式熔断器、有填料螺旋式熔断器、有填料封闭管式熔断器、无填料封闭管式熔断器、快速熔断器、半导体保护熔断器及自复式熔断器等。熔断器的图形符号和文字符号如图3-44所示。

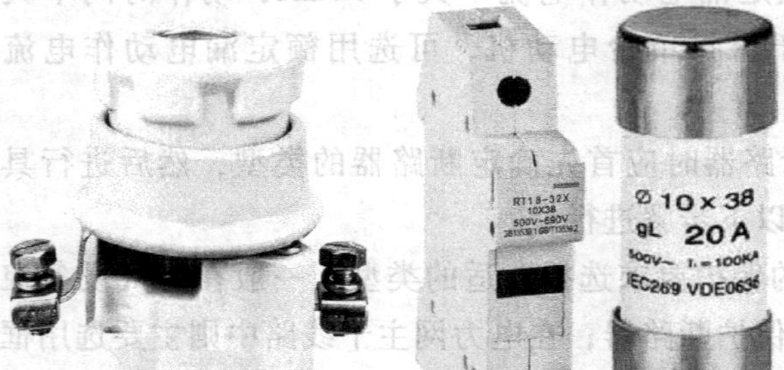

图3-43　熔断器外形

图3-44　熔断器的图形符号和文字符号

(1) 熔断器的基本结构　熔断器一般由熔座（支持件）和熔体两个部分组成。熔座用于安装和固定熔体，而熔体则串联在电路中。在使用时，熔断器串接在被保护的电路中，在正常情况下相当于一根导线，熔体温度低于熔断所必需的温度时，熔体不会熔断。当电路发生短路或严重过载时，过大的电流通过熔体，熔体因温度达到熔断温度而自动迅速熔断，切断电路，使导线和电气设备不致损坏，起到保护作用，这也是熔断器的工作原理。熔体是熔断器的核心部件，一般用铅、铅锡合金、锌、银、铝及铜等材料制成；熔体的形状有丝状、片状或网状等，熔体的熔点一般在200~300℃。

(2) 熔断器的主要参数

1）额定电压 U_N：这是从灭弧角度出发规定熔断器所在电路工作电压的最高限额。如果线路的实际电压超过熔断器的额定电压，一旦熔体熔断，有可能发生电弧不能及时熄灭的现象。

2）额定电流 I_N：实际上是指熔座的额定电流，这是由熔断器长期工作所允许的温升决定的电流值。配用的熔体的额定电流应小于或等于熔断器的额定电流。

3）熔体的额定电流 I_{RN}：熔体长期通过此电流而不熔断的最大电流。生产厂家会生产不同规格的熔体供用户选择使用。

4）极限分断能力：指熔断器所能分断的最大短路电流值。分断能力的大小与熔断器的灭弧能力有关，而与熔体的额定电流值无关。熔断器的极限分断能力必须大于线路中可能出现的最大短路电流值。

部分常用熔体的技术数据见表3-3。

表3-3 部分常用熔体的技术数据

种类	铅锑合金（铅≥98%，锑0.3%~1.5%）					铅锡合金（铅95%，锡5%）				铜			
直径/mm	0.15	0.25	1.25	2.95	5.24	0.61	1.22	2.34	3.26	0.23	0.56	1.22	2.03
额定电流/A	0.5	0.9	7.5	27.5	70	2.6	7.0	18	30	4.3	15	49	115

（3）常用熔断器

1）半封闭插入式熔断器。半封闭插入式熔断器也称为瓷插式熔断器，其结构如图3-45所示。它由瓷质底座和瓷插件两部分构成，熔体安装在瓷插件内。熔体通常用铅锡合金或铅锑合金等制成，有时也用铜丝作为熔体。

半封闭插入式熔断器结构简单、价格低廉、体积小、带电更换熔体方便，且具有较好的保护特性。它主要用于中、小容量的控制电路和小容量低压分支电路中。

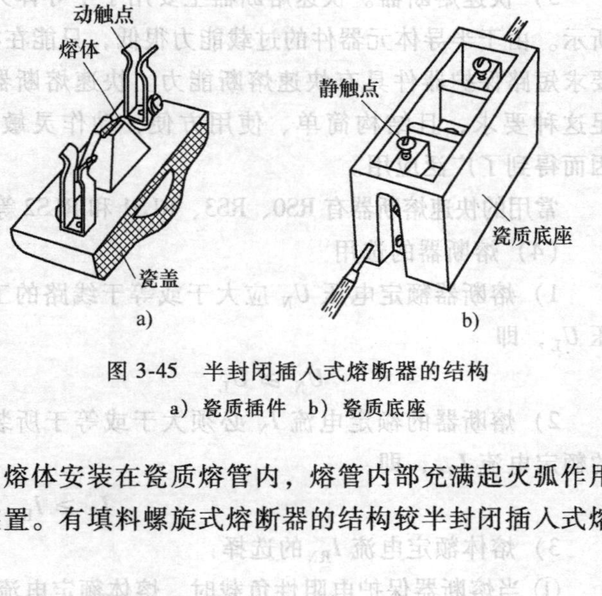

图3-45 半封闭插入式熔断器的结构

a）瓷质插件 b）瓷质底座

常用的半封闭插入式熔断器是RC1A系列，其额定电压为380V，额定电流有5A、10A、15A、30A、60A、100A、200A共7个等级。

2）有填料螺旋式熔断器。有填料螺旋式熔断器的结构如图3-46所示。它由瓷质底座、瓷帽、瓷套和熔体组成。熔体安装在瓷质熔管内，熔管内部充满起灭弧作用的石英砂。熔体自身带有熔体熔断指示装置。有填料螺旋式熔断器的结构较半封闭插入式熔断器复杂。

图3-46 螺旋式熔断器的结构

有填料螺旋式熔断器具有较好的抗振性能，灭弧效果与断流能力均优于瓷插式熔断器，被广泛用于机床电气控制设备中。

有填料螺旋式熔断器接线时要注意：电源进线接在瓷质底座的下接线端上，负载线接在与金属螺纹壳相连的上接线端上。

常用的有填料螺旋式熔断器有 RL6、RL7（取代 RL1、RL2）、RLS2（取代 RLS1）。

3）有填料封闭管式熔断器。有填料封闭管式熔断器的结构如图 3-47 所示。它由瓷质底座、熔体等组成，熔体安放在瓷质熔管内，熔管内部充满石英砂填料。这种填料在熔体熔化时能迅速吸收电弧能量，使电弧很快熄灭。

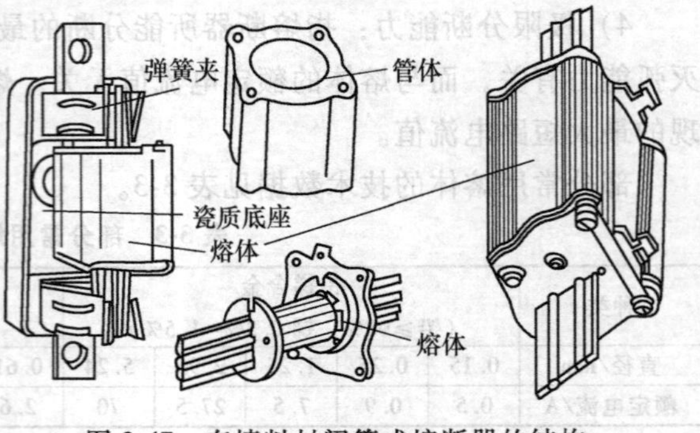

图 3-47　有填料封闭管式熔断器的结构

有填料封闭管式熔断器具有熔断迅速、分断能力强、无声光现象等良好性能，但结构复杂、价格昂贵。它主要用于供电线路及要求分断能力较高的配电设备中。

常用的有填料封闭管式熔断器有 RT0、RT12、RT14、RT15、RT20 等系列。

4）无填料封闭管式熔断器。这种熔断器主要用于低压电力网以及成套配电设备中。无填料封闭管式熔断器由插座、熔断管、熔体等组成，主要有 RM10 系列。

5）快速熔断器。快速熔断器主要用于半导体元器件或整流装置的短路保护，如图 3-48 所示。由于半导体元器件的过载能力很低，只能在极短的时间内承受较大的过载电流，因此要求短路保护器件具有快速熔断能力。快速熔断器能满足这种要求，且结构简单、使用方便，动作灵敏可靠。因而得到了广泛应用。

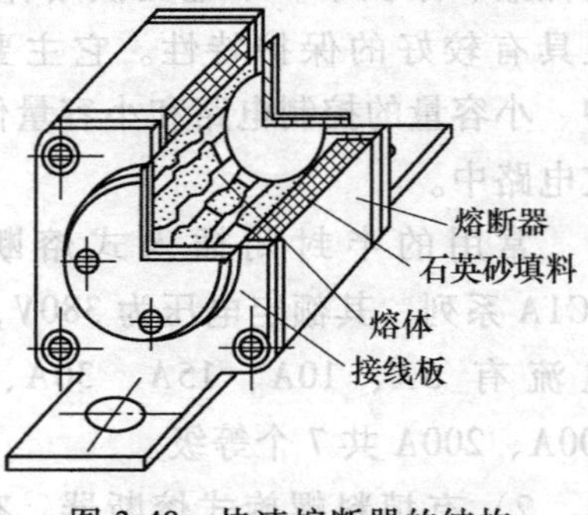

图 3-48　快速熔断器的结构

常用的快速熔断器有 RS0、RS3、RLS1 和 RLS2 等系列。

（4）熔断器的选用

1）熔断器额定电压 U_N 应大于或等于线路的工作电压 U_L，即

$$U_N \geqslant U_L$$

2）熔断器的额定电流 I_N 必须大于或等于所装熔体的额定电流 I_{RN}，即

$$I_N \geqslant I_{RN}$$

3）熔体额定电流 I_{RN} 的选择：

① 当熔断器保护电阻性负载时，熔体额定电流等于或稍大于电路的工作电流即可，即

$$I_{RN} \geqslant I_L$$

② 当熔断器保护一台电动机时，熔断器的额定电流可按下式计算，即

$$I_{RN} \geqslant (1.5 \sim 2.5) I_N$$

式中，I_N 为电动机额定电流。

轻载起动或起动时间短时，系数可取得小些；相反，若重载起动或起动时间长，系数可取得大些。

③ 当熔断器保护多台电动机时，额定电流可按下式计算，即

$$I_{RN} \geqslant (1.5 \sim 2.5) I_{MN} + \sum I_N$$

式中，I_{MN}为容量最大的电动机的额定电流；$\sum I_N$为其余电动机的额定电流之和；系数的选取方法同前。

(5) 熔断器的使用注意事项

1）低压熔断器的额定电压应与线路的电压相吻合，不能低于线路电压。

2）熔体的额定电流不可大于熔管（支持件）的额定电流。

3）熔断器的极限分断能力应高于被保护线路的最大短路电流。

4）安装熔体时必须注意不要使其受机械损伤，特别是较柔软的铅锡合金丝，以免发生误动作。

5）安装时应保证熔体和触刀以及触刀和刀座接触良好，以免因接触电阻过大而使温度过高，发生误动作。

6）当熔体已熔断或已严重氧化，需更换熔体时，要注意新换熔体规格与旧熔体规格相同，以保证动作的可靠性。

7）更换熔体或熔管必须在不带电的情况下进行，即使有些熔断器允许在带电情况下取下，也必须在电路切断后进行。

6. 接触器

接触器是一种自动的电磁式开关，是一种用途最为广泛的开关电器。它是利用电磁吸力的作用使触头通断来控制大电流电路的。接触器具有通断电流能力强、动作迅速、操作安全、能频繁操作和远距离控制等优点，但不能切断短路电流，因此接触器通常需要与熔断器配合使用。

接触器按其主触头通过电流的性质，可分为直流接触器和交流接触器两种。机床上应用最多的是交流接触器，常用的有CJ0、CJ10、CJ20、CJ40等系列。

(1) 交流接触器的基本结构　交流接触器由电磁系统、触头系统、灭弧系统等组成。图3-49、图3-50所示分别为常见交流接触器的外形和结构示意图。

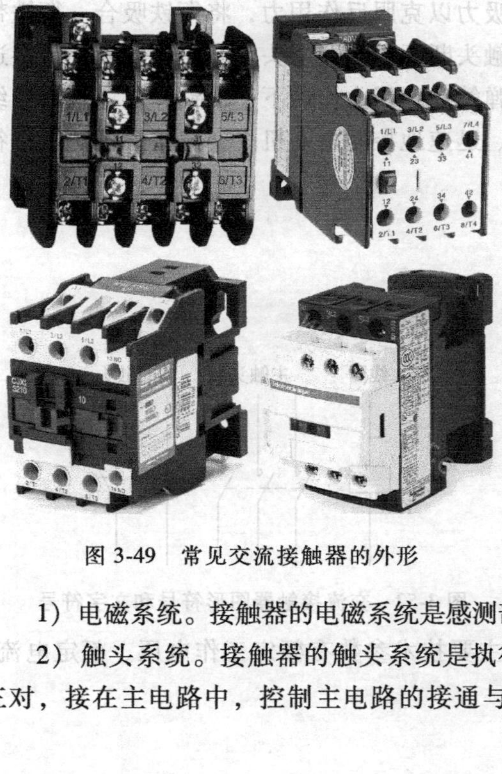

图3-49　常见交流接触器的外形

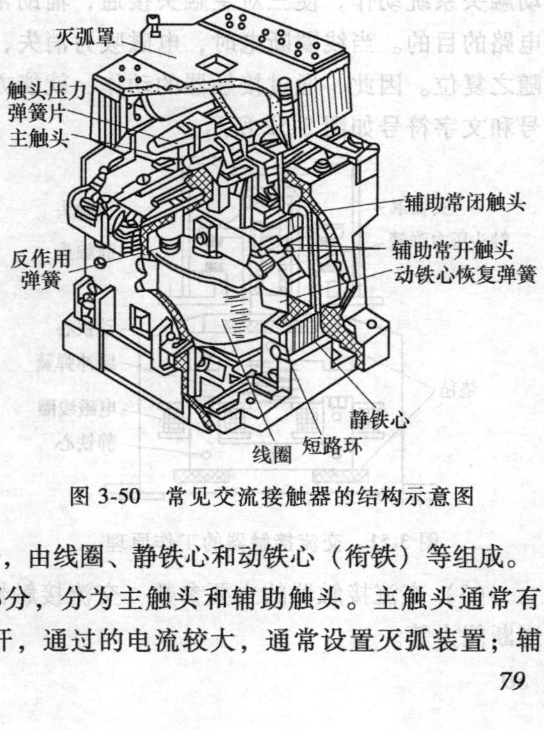

图3-50　常见交流接触器的结构示意图

1）电磁系统。接触器的电磁系统是感测部分，由线圈、静铁心和动铁心（衔铁）等组成。

2）触头系统。接触器的触头系统是执行部分，分为主触头和辅助触头。主触头通常有三对，接在主电路中，控制主电路的接通与断开，通过的电流较大，通常设置灭弧装置；辅助触头一般有常开、常闭各两对，接在控制电路中，用以接通与分断控制电路，起电气自锁或互锁的控制作用。辅助触头通过的电流较小，不专门设置灭弧装置。

接触器的主触头都是常开的，辅助触头有常开和常闭两种。接触器中的常开和常闭是指电磁系统未通电动作前触头的原始状态，常开触头和常闭触头是联动的。当线圈通电时，所有的常闭触头先行分断，然后所有的常开触头跟着闭合；当线圈断电时，在反作用弹簧力作用下，所有触头都恢复原来的状态。

3）灭弧系统。当触头断开大电流时，动、静触头间会产生强烈电弧，会烧坏触头并使切断时间拉长。为使接触器可靠工作，必须使电弧迅速拉灭，所以要采用灭弧装置。一般20A以上的交流接触器中都有灭弧装置，以避免发生触头烧毛或熔焊。

4）其他部分。交流接触器包括反作用弹簧、触头压力弹簧片、缓冲弹簧、短路环、底座及外壳等。

反作用弹簧也称为复位弹簧，它的作用是当接触器的线圈断电、电磁吸力消失时释放衔铁，使衔铁和触头复位。

触头压力弹簧片的作用是增大触头闭合时的压力，增大接触面积，避免因接触电阻增大而产生的触头烧毛现象。

缓冲弹簧在静铁心的底下，可以吸收衔铁被吸合时产生的冲击力，起保护底座的作用。

短路环装在铁心头部的平面上，嵌在铁心中。短路环的作用是消除交流电磁铁在吸合时可能产生的衔铁振动。当交变电流过零时，所产生的交变磁通也过零，电磁铁的吸力为零，衔铁被释放；但当交变电流过了零值后，衔铁又被吸合，这样一放一合，衔铁就会发生振动。装上短路环后，短路环中会产生感生电流，能阻止交变电流过零时磁场的消失，使衔铁与静铁心之间始终保持一定的吸力，因此消除了振动现象。

（2）交流接触器的工作原理　交流接触器的工作原理如图3-51所示。当吸引线圈得电后，线圈电流产生磁场，静铁心产生足够的电磁吸力以克服反作用力，将衔铁吸合。衔铁带动触头系统动作，使三对主触头接通，辅助常闭触头断开，常开触头闭合，达到断开或接通电路的目的。当线圈断电时，电磁吸力消失，在弹簧反作用力作用下，衔铁释放，触头系统随之复位。因此，通过接触器的动作，就能方便、迅速地控制电动机。交流接触器的图形符号和文字符号如图3-52所示。

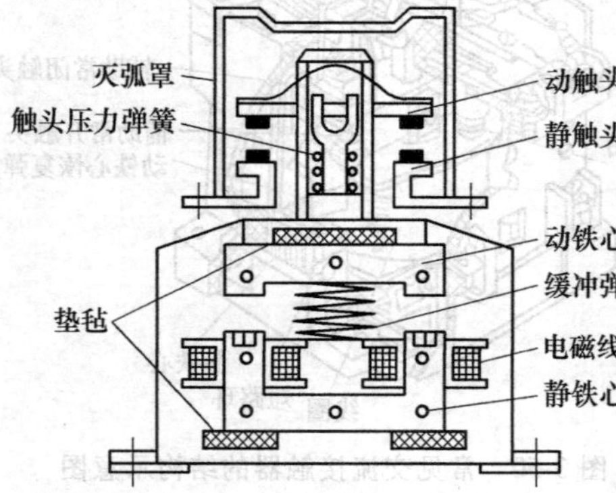

图3-51　交流接触器的工作原理

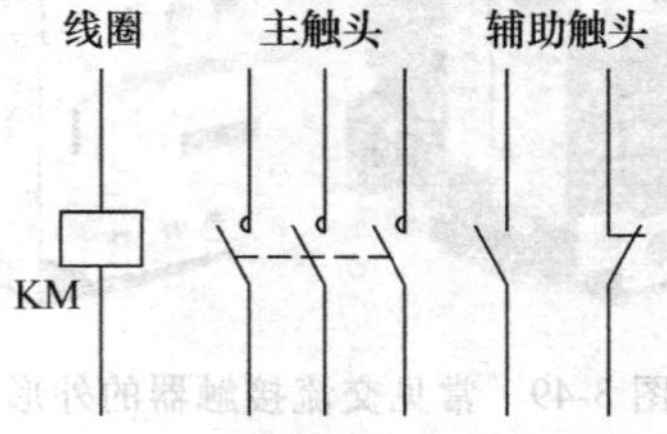

图3-52　交流接触器图形符号和文字符号

（3）交流接触器的主要参数　交流接触器的主要技术参数有额定工作电压、额定电流、通断能力等。

1）额定工作电压。额定工作电压是指在规定条件下，能保证电器正常工作的电压值。它与交流接触器的灭弧能力有很大的关系。

2）额定电流。额定电流指交流接触器在额定工作条件（额定电压、操作频率、使用类别、触头寿命等）下的电流值。

3）通断能力。通断能力以电流大小来衡量。接通能力是指开关闭合接通电流时不会造成触头熔焊的能力；断开能力是指开关断开电流时能可靠熄灭电弧的能力。通断能力与交流接触器的结构及灭弧方式有关。

此外，交流接触器的参数还有操作频率、吸引线圈的额定电压、起动功率、吸持功率和线圈消耗功率、寿命（包括机械寿命与电寿命）等。

CJ10系列交流接触器的技术数据见表3-4。

表3-4 CJ10系列交流接触器的技术数据

型号	触头额定电压/V	主触头额定电流/A	辅助触头额定电流/A	额定操作频率/次·h^{-1}	可控电动机功率/kW
CJ10—5	500	5	5	600	2.2
CJ10—10	500	10	5	600	4
CJ10—20	500	20	5	600	10
CJ10—40	500	40	5	600	20
CJ10—60	500	60	5	600	30
CJ10—100	500	100	5	600	50
CJ10—150	500	150	5	600	75

（4）接触器的选用 为了尽可能经济、正确地使用接触器，必须对控制对象的工作情况以及接触器性能进行全面地了解。接触器铭牌上所规定的电压、电流、控制功率等参数是在某一使用条件下的额定数据，而电气设备实际使用时的工作条件是千差万别的，因此选用接触器时必须根据实际使用条件正确选用。

根据主触头接通与分断电路的电流种类来选择直流接触器还是交流接触器；根据接触器所控制负载的实际工作任务选择相应的接触器；根据电动机（或其他负载）的功率和操作情况确定接触器主触头的电流等级；根据接触器主触头所控制电路的电压等级决定接触器的额定电压等级；根据接触器控制电路的电压确定接触器线圈的额定电压；根据控制电路的要求确定接触器的辅助常开、常闭触头的数目。

7. 主令电器

主令电器是电气控制系统中用于发送控制指令的开关电器。主令电器主要用于切换控制电路，命令电动机及其他控制对象的起动、停止或工作状态的变换，主令电器，这个名称也由此而来。主令电器应用广泛、种类繁多，常用的有控制按钮和万能转换开关等。

（1）控制按钮 控制按钮是一种发出控制指令和信号的手动电器开关，通常用于短时接通或断开小电流控制电路，也称为按钮。按钮的外形和结构分别如图3-53、图3-54所示。

图3-53 按钮的外形

1）按钮的基本结构。按钮一般由操作头、复位弹簧、触头、外壳及支持连接部件组成，如图 3-54 所示（部分结构图中未画出）。操作头的结构形式有按钮式、旋钮式和钥匙式等。按钮通常制成具有常开触头和常闭触头的复合式结构。按钮的图形符号和文字符号如图3-55所示。

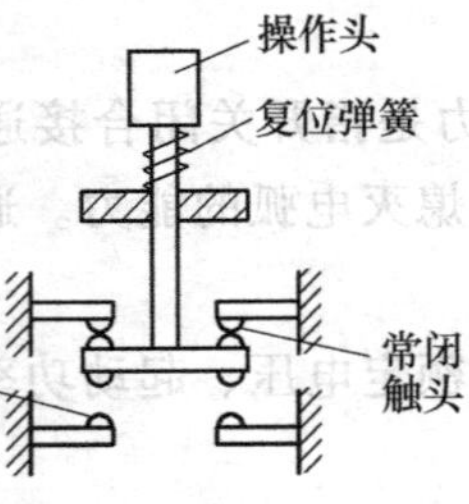

图 3-54 按钮的结构

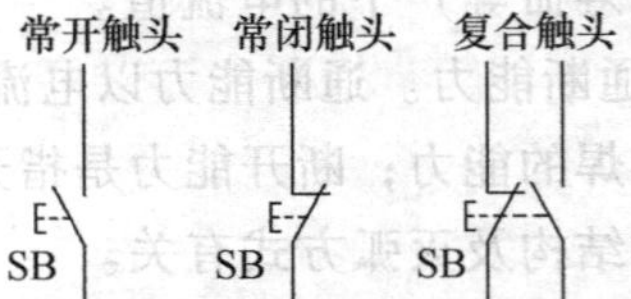

图 3-55 按钮的图形符号和文字符号

按钮按保护形式分为开启式、保护式、防水式和防腐式等；按结构形式分为嵌压式、紧急式、钥匙式、旋钮式、带信号灯、带灯紧急式等。按钮的颜色有红、黑、绿、黄、白、蓝等，一般以红色表示停止按钮，绿色表示起动按钮。常用的按钮有 LA4、LA10、LA18、LA19、LA20 和 LA25 等系列。

2）按钮的选用方法。

① 根据使用场合选择按钮的种类，如开启式、保护式、防水式和防腐式等。

② 根据用途选用合适的形式，如旋钮式、钥匙式、紧急式和带灯式等。

③ 按控制回路的需要确定不同按钮数，如单钮、双钮、三钮和多钮等。

④ 按工作状态指示和工作情况要求，选择按钮和指示灯的颜色（参照国家有关标准）。

⑤ 核对按钮额定电压、电流等指标是否满足要求。

（2）万能转换开关　万能转换开关主要用于电气控制电路的转换、各种配电装置的远距离控制、电气测量仪表的转换测量，也可用于伺服电动机及小容量电动机的起动、调速和换向等。由于这种开关的触头数量多、用途广，故称“万能”。

万能转换开关由操作机构、触头系统、转轴、手柄、定位机构等组成，用螺栓组装成整体。图 3-56 所示为典型万能转换开关的结构示意图。

万能转换开关的触头系统由许多层接触单元组成，可有 1~20 层，每层均可装三对触头，用凸轮通过支架驱动，控制触头的接通和断开。由于每层凸轮可做成不同的形状，因此用手柄将开关转到不同位置时，通过凸轮作用，可使各对触头按需要的规律接通或断开。

万能转换开关的手柄有旋钮式、普通式、带定位钥匙式和带信号灯式等。

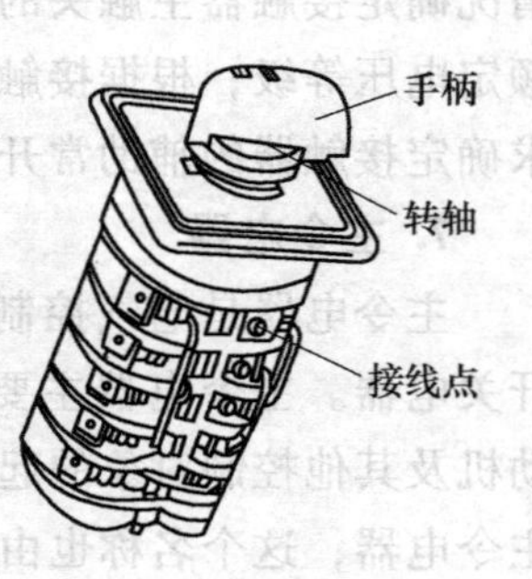

图 3-56 典型万能转换开关的结构示意图

目前，国产的转换开关种类很多，其中有国内技术生产的 LW12—16 系列万能转换开关，引进 ABB 技术生产的 ABG10 系列开关、ADA10 系列万能转换开关和 ABG12 系列万能转换开关等。

8. 继电器

继电器是一种根据某种输入信号的变化而接通或断开控制电路，实现控制目的的自动电器，主要用于控制电路、保护电路或信号转换。继电器的输入信号可以是电压、电流等电量，也可以是速度、液体压力和热等非电量，而输出信号是触头的动作，使电器通电或断电。继电器的触头容量较小，接在控制电路中，主要用于反应控制信号，是电气控制系统中的信号检测元件。

继电器的种类很多，按动作原理分，可分为电磁式继电器、电动式继电器、电子式继电器、感应式继电器、热继电器等；按用途分，可分为控制继电器和保护继电器；按输入信号的性质分，可分为电压继电器、电流继电器、功率继电器、时间继电器、温度继电器、速度继电器、压力继电器等；按动作时间分，可分为快速继电器、延时继电器、一般继电器；按执行环节的作用原理分，可分为有触头继电器、无触头继电器。

（1）电磁式继电器　电磁式继电器主要有电压继电器、电流继电器和中间继电器等。电磁式继电器体积小、动作灵敏、触头数量多。

电磁式继电器的结构与接触器类似，其结构示意图如图 3-57 所示，主要由电磁系统、触头系统和反力弹簧等组成。由于电磁式继电器一般用来接通和断开控制电路，故触头电流容量较小，一般在 5A 以下，因此不专门设置灭弧装置。客观上，接触器与中间继电器无明确的分界线，某些容量特别小的接触器与一些中间继电器相比，无论从原理还是外观都难以看出有什么明显的不同。

电磁式继电器的原理与接触器相同，当吸引线圈通电或电压、电流达到一定值时，动铁心被吸合，通过传动机构使触头动作，达到接通或断开电路的目的。当线圈断电后，动铁心在反力弹簧的作用下回到原始位置，使触头复位。电磁式继电器的图形符号和文字符号如图 3-58 所示。

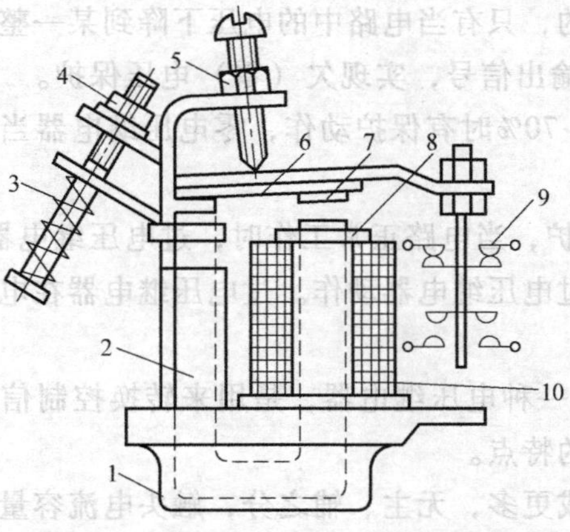

图 3-57　电磁式继电器的结构示意图

1—底座　2—铁心　3—释放弹簧　4、5—调节螺母
6—衔铁　7—非磁性垫片　8—极靴
9—触头系统　10—电磁线圈

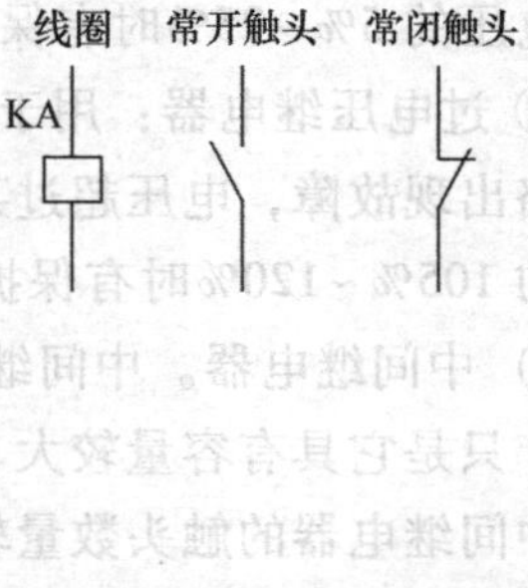

图 3-58　电磁式继电器的图形符号和文字符号

电磁式继电器的吸引值和释放值可通过反力弹簧、非磁性垫片等来调节。反力弹簧调得越紧，则吸引电流（或电压）和释放电流（或电压）就越大，否则就越小。非磁性垫片越厚，衔铁吸合后磁路的气隙和磁阻就越大，释放电流（或电压）也就越大，而吸引值不变。还可以通过调节止动螺钉和调节螺母的位置来整定电磁式继电器的吸引值和释放值。

电磁式继电器按吸引线圈电流的种类不同，有直流电磁式继电器和交流电磁式继电器两种，它们的工作原理是相同的。

1）电流继电器。电流继电器根据电路中电流的大小来控制电路的接通或断开。电流继电器主要用于电路的过电流保护或欠电流保护。电流继电器的线圈串接在被测量的电路中，以反映负载电流的变化，所以它的线圈匝数少而导线粗，线圈阻抗小。

电流继电器分为直流电流继电器和交流电流继电器两种，同一类型又可分为欠电流继电器和过电流继电器。图 3-59 所示为过电流继电器。

① 欠电流继电器：用于电路的欠电流保护，在电路正常工作时，动铁心是吸合的，只有当电路中的电流降低到某一整定值以下时，欠电流继电器才释放，输出信号。

② 过电流继电器：用于电路的过电流保护，当电路正常工作时，过电流继电器不动作；当电路出现故障，电流超过某一整定值时，过电流继电器动作，输出信号。过电流继电器的整定范围通常为 1.1~4 倍额定电流。

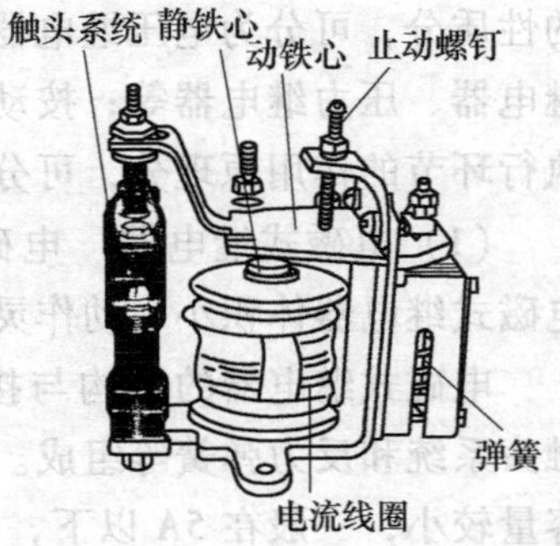

图 3-59 过电流继电器

2）电压继电器。电压继电器根据电路中电压的大小动作吸合或释放。电压继电器与电流继电器的结构相似，不同的是电压继电器在使用时，其吸引线圈是并联在被控电路中。所以电压继电器匝数多、导线细、阻抗大。

按动作电压值的不同，电压继电器可分为过电压继电器、欠电压继电器和零电压继电器，其工作原理与电流继电器相同。

① 欠（零）电压继电器：用于电路欠（零）电压保护，在电路正常工作时，欠（零）电压继电器的电磁机构动作，动铁心是吸合的，只有当电路中的电压下降到某一整定值以下或消失时，欠（零）电压继电器才会释放，输出信号，实现欠（零）电压保护。

欠电压继电器在电压为额定电压的 40%~70%时有保护动作，零电压继电器当电压降至额定电压的 5%~25%时有保护动作。

② 过电压继电器：用于电路的过电压保护，当电路正常工作时，过电压继电器不动作，当电路出现故障，电压超过某一整定值时，过电压继电器动作。过电压继电器在电压为额定电压的 105%~120%时有保护动作。

3）中间继电器。中间继电器实际上也是一种电压继电器，是用来转换控制信号的中间元件，只是它具有容量较大、触头数量较多的特点。

中间继电器的触头数量较多，多至六对或更多，无主、辅之分，触头电流容量大，其额定电流为 5~10A，动作灵敏，一般动作时间不大于 0.05s。中间继电器的主要用途是当其他继电器的触头数量或触头容量不够时，可借助中间继电器来扩大，起到中间转换的作用。

（2）时间继电器 时间继电器也称延时继电器，它在电路中起着使控制电路延时动作的作用，即当继电器的感测机构接收到外界动作信号后，要经过一段时间延时后触头才动作并输出信号去操纵控制电路。时间继电器的外形如图 3-60 所示。

时间继电器按工作原理与构造不同，可分为电磁式、空气阻尼式、电动式和电子式等；按延时方式分，可分为通电延时和断电延时两种。其图形符号和文字符号如图 3-61 所示。

1）直流电磁式时间继电器。直流电磁式时间继电器是利用电磁阻尼原理产生延时的。它由铁心、线圈、触头和阻尼铜（铝）套组成。图 3-62 所示为直流电磁式时间继电器的结构示意图。当时间继电器线圈通电时，由于动铁心处在释放位置，动铁心与静铁心之间的气

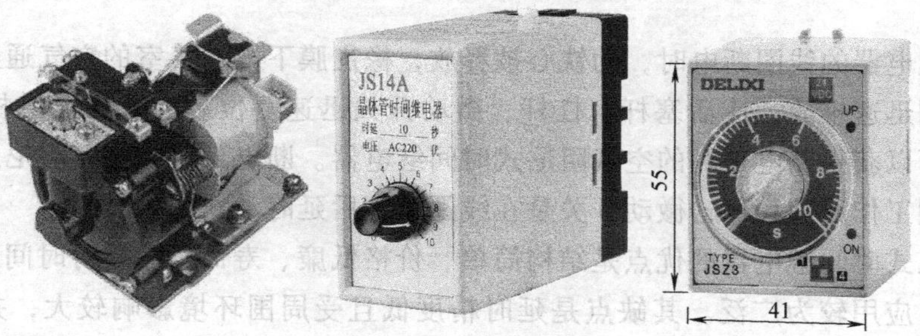

图 3-60　时间继电器的外形

隙大、磁阻大、磁通变化小，则铜（铝）套上产生的感应电流小，阻尼作用相对就小，因此动铁心即时被吸合，带动触头即时动作，常闭触头断开，常开触头闭合。当时间继电器的线圈断电时，磁通开始衰减，磁通变化大，铜套上产生的感应电流大，阻尼作用大，从而导致衔铁延时释放，触头便延时恢复常态，实现断电延时。因此，直流电磁式时间继电器常用于断电延时。这种时间继电器的延时时间较短，准确度较低。

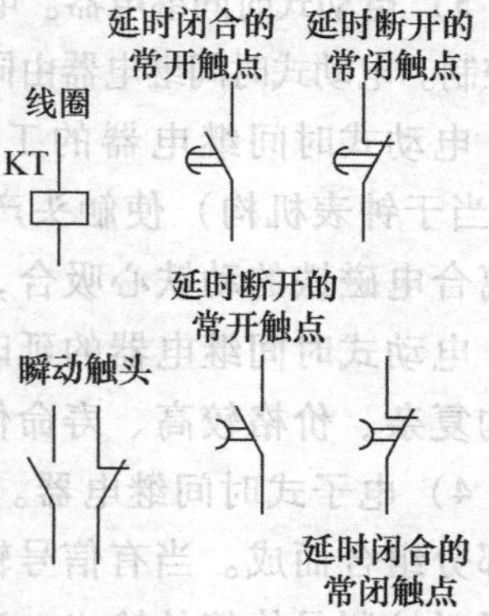

图 3-61　时间继电器的图形符号和文字符号

2）空气阻尼式时间继电器。空气阻尼式时间继电器由电磁系统、触头系统和空气阻尼器组成，它是利用空气阻尼作用而实现延时的，有通电延时型和断电延时型两种。图 3-63 所示是空气阻尼式时间继电器的外形。

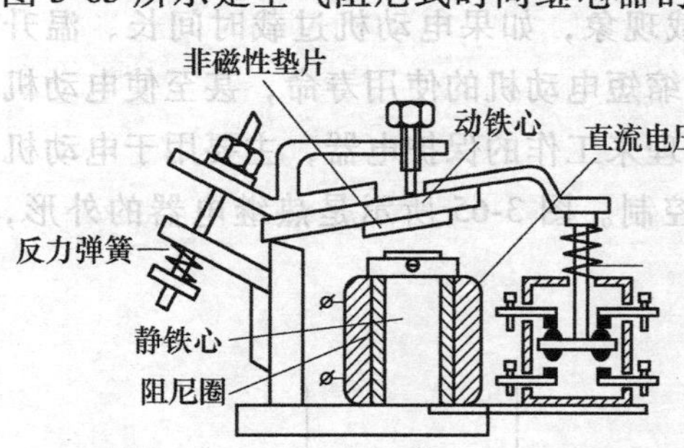

图 3-62　直流电磁式时间继电器的结构示意图

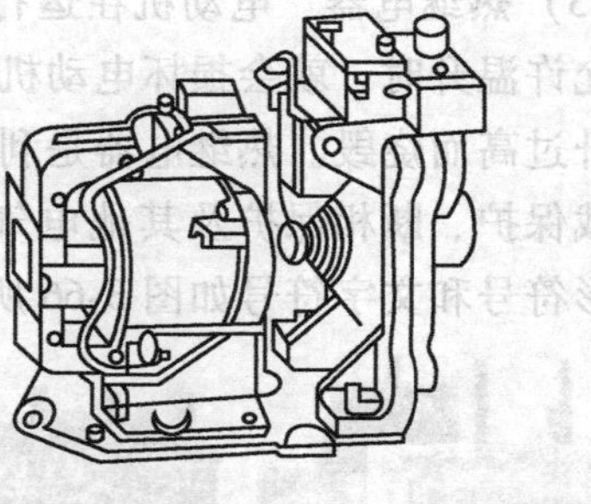

图 3-63　空气阻尼式时间继电器的外形

图 3-64 所示是通电延时的空气阻尼式时间继电器的工作原理，当线圈通电后，动铁心被吸合，带动推板使瞬动触头动作，活塞杆在塔形弹簧作用下，带动活塞及橡皮膜向上移动，由于橡皮膜下方空气室内的空气稀薄，形成负压，活塞杆不能迅速上移，只能缓慢移动。当空气由进气孔进入时，活塞杆才能逐渐上移，其移动速度由进气孔气隙的大小来决定。当活塞杆移到最上端时，通过杠杆压动微动开关使其动作，达到延时目的。延时时间即为自电磁铁线圈通电时刻起到微动开关动作时止的这段时间。延时时间的长短可通过调节进气孔的气隙

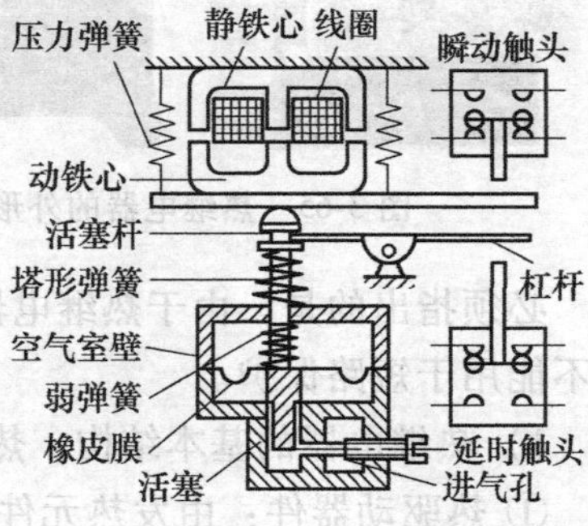

图 3-64　通电延时的空气阻尼式时间继电器的工作原理

大小改变。

当时间继电器的线圈断电时，动铁心被释放，橡皮膜下方空气室的空气通过活塞肩部所形成的单向阀迅速排放，使活塞杆、杠杆、微动开关迅速复位。如果将电磁机构翻转 180°安装后，就可以获得断电延时的空气阻尼式时间继电器。断电延时的空气阻尼式时间继电器与通电延时型工作原理相似，微动开关是在线圈断电后延时动作的。

空气阻尼式时间继电器的优点是结构简单、价格低廉、寿命长、延时时间长，还附有不延时的触头，应用较为广泛。其缺点是延时精度低且受周围环境影响较大，并且延时误差大，故主要用于延时精度不高的场合。

3）电动式时间继电器。电动式时间继电器采用磁滞同步电动机驱动，并由特殊的电磁机构加以控制。电动式时间继电器由同步电动机、传动机构、凸轮、离合器、调节旋钮和触头等组成。

电动式时间继电器的工作原理是：当继电器内的同步电动机通电后，通过减速齿轮（相当于钟表机构）使触头产生延时动作，到达设定时间后，接通离合电磁铁的线圈电路，使离合电磁铁的动铁心吸合，并送出信号，使继电器的触头动作。

电动式时间继电器的延时范围很宽，可以由几秒到几小时，重复精度高、调整方便，但结构复杂、价格较高、寿命低、受电源频率影响较大，不适合频繁工作。

4）电子式时间继电器。电子式时间继电器由二极管整流电路和晶体管放大电路以及输出部分组合而成。当有信号输入时，整流电路有电压输出，利用 *RC* 电路电容器充电的原理来延时控制晶体管的输出，达到延时目的。

电子式时间继电器具有体积小、延时范围大、精度高、寿命长，以及调节方便等特点，目前在自动控制系统中的使用十分广泛。

（3）热继电器　电动机在运行中经常会遇到过载现象，如果电动机过载时间长、温升超过允许温升时，就会损坏电动机的绕组绝缘，从而缩短电动机的使用寿命，甚至使电动机因温升过高而烧毁。热继电器是利用电流的热效应原理来工作的保护电器，主要用于电动机的过载保护、断相保护及其他电气设备发热状态的控制。图 3-65 所示是热继电器的外形，其图形符号和文字符号如图 3-66 所示。

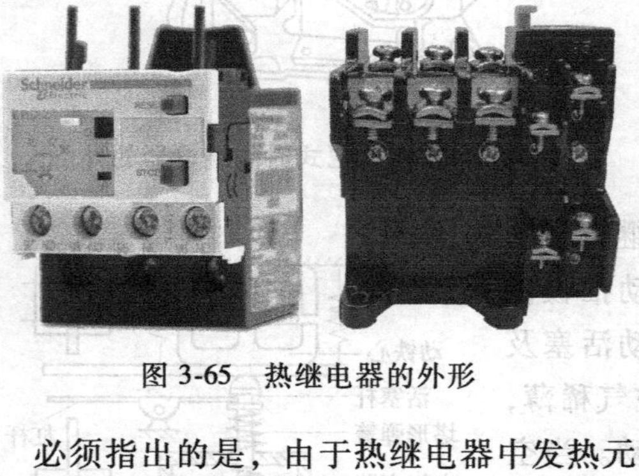

图 3-65　热继电器的外形

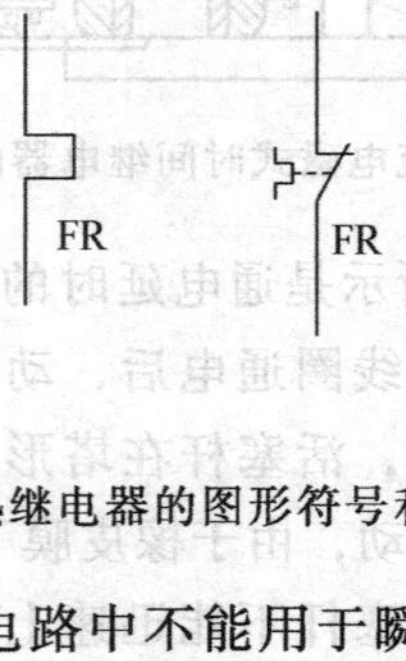

图 3-66　热继电器的图形符号和文字符号

必须指出的是，由于热继电器中发热元件有热惯性，在电路中不能用于瞬时过载保护，更不能用于短路保护。

1）热继电器的基本结构。热继电器由热驱动器件、触头系统和传动机构等组成。

① 热驱动器件：由发热元件和双金属片组成，这是热继电器的主要部分。

发热元件由电阻丝制成，与主电路串联，对双金属片进行加热，使双金属片受热弯曲。

双金属片是由两种线膨胀系数不同的金属片碾压而成。双金属片受热后，由于两层金属线膨胀系数不同，使双金属片向一侧弯曲，带动触头动作。

② 触头系统：热继电器中的触头只有常闭触头，由动触头和静触头组成，串接在具有接触器线圈的控制电路中。

③ 传动机构：其作用是将双金属片的动作传到动触头。

④ 复位按钮：使动作后的热继电器复位。

⑤ 调整电流装置：用来调整过载保护电流的大小。

2）热继电器的工作原理。图3-67所示是热继电器的工作原理示意图。当电动机正常运转时，电动机电流未超过额定电流时，热元件仅能使双金属片弯曲，不足以使触头动作，因此热继电器不会动作。

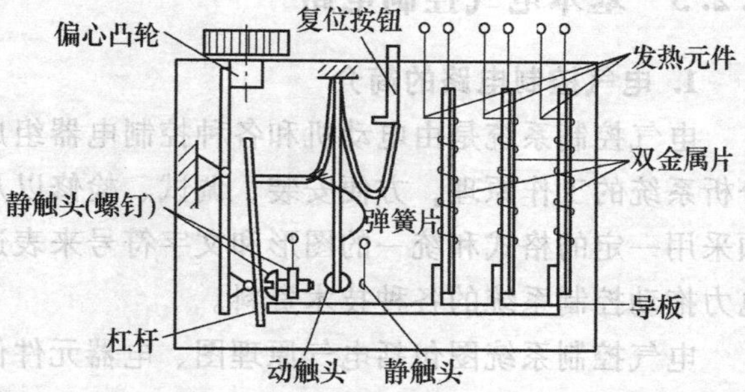

图3-67 三相热继电器的工作原理示意图

当电动机过载时，主电路的电流超过了额定值，即流过热元件的电流超过其整定电流时，热元件的发热量增加，随着时间的积累，双金属片受过弯曲的位移增加，最终将推动导板及传动机构使热继电器动作，常闭触头断开，切断电动机的控制电路，迫使电动机停电，实现过载保护。电动机断电后，双金属片散热冷却，经过一段时间，在弹簧的拉力下动触头又恢复和静触头接触。只有在热继电器的常闭触头复位后，才能重新起动电动机。除上述的自动复位外，热继电器也可以采用手动复位按钮复位。为了使热继电器的触头快速动作，往往采用了簧片式瞬跳动作结构。热继电器的工作电流可以在一定范围内调整，其大小可以通过调节调整电流旋钮来实现。

此外，还有具有断相保护功能的热继电器。在具有断相保护功能的热继电器中有差分放大机构。在电动机断相运行时，差分放大机构对动作机构的移动有放大作用，这样使热继电器动作加速，提前切断电源。由于差分放大的作用，热继电器在电流未达到整定电流之前就可以动作，从而达到断相保护的目的。

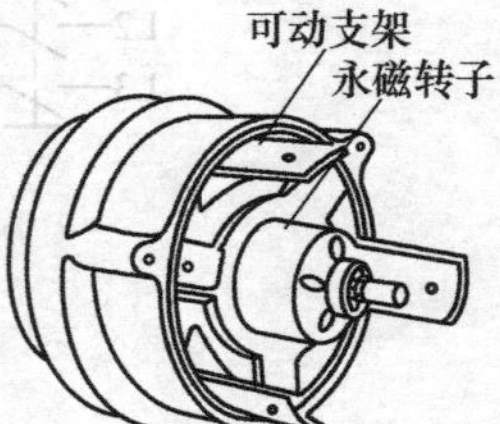

图3-68 速度继电器的外形

（4）速度继电器 速度继电器主要用于笼型异步电动机的反接制动控制，所以也称反接制动继电器。图3-68所示为速度继电器的外形。

速度继电器主要由转子、定子和触头三部分组成，如图3-69所示。转子是一个圆柱形永久磁铁，定子的结构与笼型异步电动机相似，是一个笼形空心圆环，由电硅钢片叠压而成，并装有笼型绕组。速度继电器图形符号和文字符号如图3-70所示。

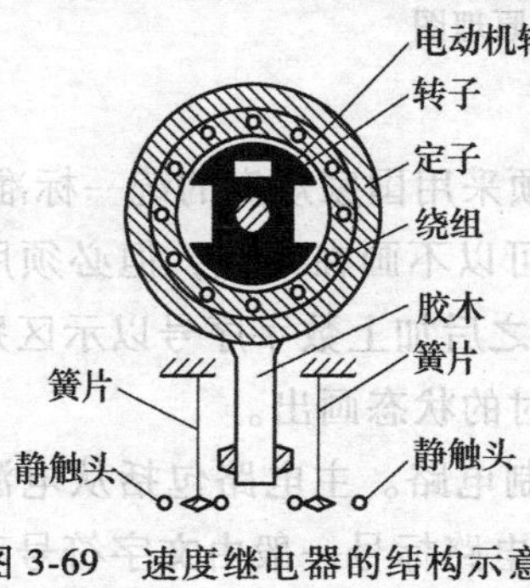

图3-69 速度继电器的结构示意图

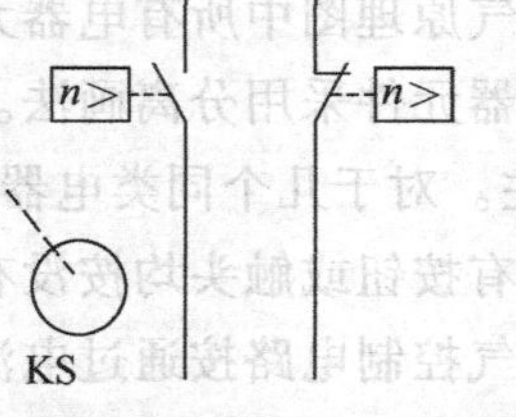

图3-70 速度继电器的图形符号和文字符号

速度继电器的转子轴与电动机的转轴相连，而定子空套在转子上。当电动机转动时，速度继电器的转子随之转动，在定子与转子的气隙中形成一个旋转磁场，定子内的短路导体便切割磁场，产生感应电动势和感应电流。此电流与旋转的转子磁场作用，产生转矩，使定子随转子的转动方向而旋转，当转到一定的角度时，和定子装在一起的摆锤推动动触头动作，使常闭触头断开，常开触头闭合。当电动机转速低于某一值时，定子产生的转矩减小，动触头复位。

3.2.3 基本电气控制电路

1. 电气控制电路的简介

电气控制系统是由电动机和各种控制电器组成的。为了表达电气控制系统的设计意图，分析系统的工作原理，方便安装、调试、检修以及技术人员之间的相互交流，电气控制图必须采用一定的格式和统一的图形和文字符号来表达。国家为此制定了一系列标准，用来规范电力拖动控制系统的各种技术资料。

电气控制系统图包括电气原理图、电器元件位置图及电气安装接线图。其中，电气原理图是用图形符号和文字符号表示电路各个电器元件的连接关系和电气工作原理。由于电气原理图的结构简单、层次分明，适用于研究和分析电路的工作原理，因此得到广泛的应用。

(1) 电气原理图　用图形符号和文字符号（及接线标号）表示电路各个电器元件连接关系和电气工作原理的图称为电气原理图。电气原理图习惯上又称电气控制电路图。由于电气原理图结构简单、层次分明、适合研究和分析电路工作原理，在设计部门和生产现场得到广泛的应用，如图 3-71 所示。

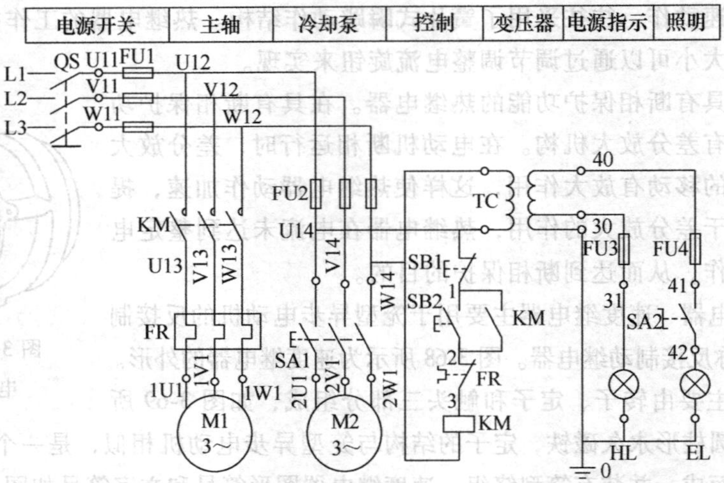

图 3-71　CW6132 型普通车床电气原理图

绘制电气原理图时应遵循以下一些主要原则：

1）电气原理图中所有电器元件的图形、文字符号必须采用国家规定的统一标准。

2）电器元件采用分离画法。同一电器元件的各部件可以不画在一起，但必须用统一文字符号标注。对于几个同类电器，在表示名称的文字符号之后加上数字序号以示区别。

3）所有按钮或触头均按没有外力作用或线圈未通电时的状态画出。

4）电气控制电路按通过电流的大小分为主电路和控制电路。主电路包括从电源到电动机的电路，是大电流通过的部分，画在原理图的左边。主电路标号一般由文字符号和数字组成，文字符号用以标明主电路中的元器件或线路的主要特征，数字标号用以区别电路不同线段。控制电路通过的电流较小，由按钮、电器元件线圈、接触器辅助触头和继电器触头等组成，画在原理图的右边。

5）动力电路的电源电路绘成水平线，主电路则应垂直于电源电路画出。

6）控制电路应垂直地绘在两条或几条水平电源线之间。耗能元件（如线圈、电磁铁、信号灯等），应直接接在下面电源线一侧，而控制触头应接在另一电源线上。

7）为方便阅图，图中自左至右，从上而下表示动作顺序，并尽可能减少线条数量和避免线条交叉。

（2）电器元件位置图　电器元件位置图反映各电器元件的实际安装位置，各电器元件的位置根据元件布置合理、连接导线经济以及检修方便等原则安排。控制系统的各控制单元电器元件位置图应分别绘制。CW6132 型普通车床电器元件位置图如图 3-72 所示。

电器元件位置图中的电器元件用实线框表示，不必画出实际图形或图形代号。图中各电器元件的代号应与电气原理图和电器清单上所列元器件代号相一致。图中往往还留有一定空间备用面积及导线管（槽）的位置，以供走线和改进设计时用。有时图中还需标注必要的尺寸。电器元件一般均布置在柜（箱）内的铁板或绝缘板上。通常电源总开关一般位于左上方，其次是接触器、热继电器或变压器、互感器等。熔断器一般装在电源开关的近旁，或右上侧，为便于操作，按钮一般装在右侧，而接线端子板应装在便于接线及便于更换的位置，通常以下部为多。电器元件间的排列应整齐、紧凑，并便于接线。元件间的距离应考虑元件的更换、散热、安全和导线的固定排列。元件左右以及上下间距应为 15~25 mm。

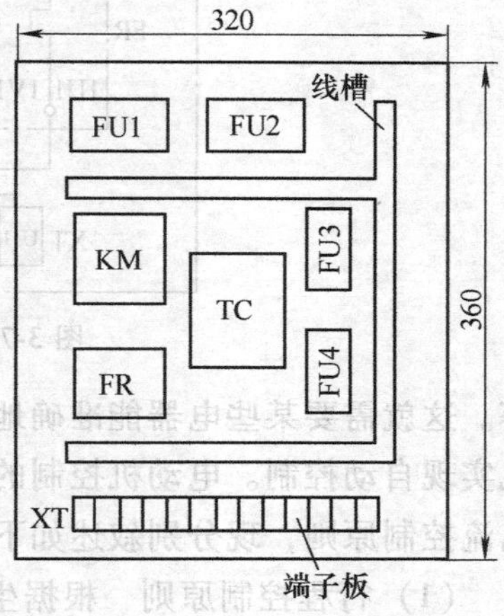

图 3-72　CW6132 型普通车床电器元件位置图

（3）电气安装接线图　电气安装接线图用来表明电气设备各控制单元内部元件之间的接线关系，是实际安装接线的依据，在具体施工和检修中能起到电气原理图所起不到的作用，主要用于生产现场。CW6132 型普通车床电气安装接线图如图 3-73 所示。

绘制电气安装接线图时应遵循以下原则：

1）各电器元件用规定的图形和文字符号绘制，同一电器元件的各部分必须画在一起，其图形、文字符号以及端子板的编号必须与原理图一致。各电器元件的位置必须与电器元件位置图中的位置相对应。

2）不在同一控制柜、控制屏等控制单元上的电器元件之间的电气连接必须通过端子板进行。

3）电气安装接线图中走线方向相同的导线用线束表示，连接导线应注明导线规格（数量、截面积等）；若采用线管走线时，须留有一定数量的备用导线，线管还应标明尺寸和材料。

4）电气安装接线图中导线走向一般不表示实际走线途径，施工时由操作者根据实际情况选择最佳走线方式。

2. 电动机控制的一般原则

各种生产机械的电气控制电路都是在电动机基本控制电路的基础上，根据生产工艺过程的控制要求设计的，而生产过程必然伴随着一些物理量的变化，如行程、时间、速度、电流

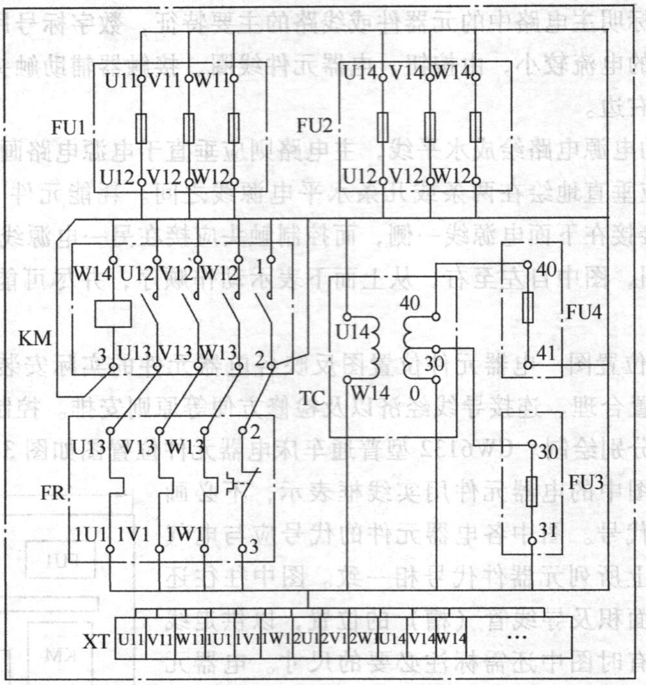

图 3-73　CW6132 型普通车床电气安装接线图

等。这就需要某些电器能准确地测量和反映这些物理量的变化，并根据这些量的变化对电动机实现自动控制。电动机控制的一般原则有行程控制原则、时间控制原则、速度控制原则和电流控制原则，现分别叙述如下。

（1）行程控制原则　根据生产机械运动部件的行程或位置，利用位置开关来控制电动机的工作状态称为行程控制原则。行程控制原则是生产机械电气自动化中应用最多和作用原理最简单的一种方式。

（2）时间控制原则　利用时间继电器按一定时间间隔来控制电动机的工作状态称为时间控制原则。例如，在电动机的减压起动、制动及变速过程中，利用时间继电器按一定的时间间隔改变电路的接线方式以自动完成电动机的各种控制要求。在这里，换接时间的控制信号由时间继电器发出，换接时间的长短则根据生产工艺要求或者电动机的起动、制动和变速过程的持续时间来整定时间继电器的动作时间。

（3）速度控制原则　根据电动机速度变化，利用速度继电器等电器来控制电动机的工作状态称为速度控制原则。反映速度变化的电器有多种，直接测量速度的电器有速度继电器、小型测速发电动机；间接测量电动机速度的，对于直流电动机可用其感应电动势来反映，通过电压继电器来控制；对于交流绕线转子异步电动机可用转子频率来反映，通过频率继电器来控制。如图 3-74 所示的电动机低速脉动控制电路也属于速度控制。其工作原理如下：

先合上电源开关 QS，当按下脉动控制按钮 SB1 时，中间继电器 KA1、接触器 KM 得电动作，电动机起动运转。当电动机转速上升到速度继电器 KS 的动作转速时，KS 常闭触头分断，使 KM 失电，电动机断电。而当电动机转速自然下降到速度继电器 KS 的复位转速时，KS 常闭触头又恢复闭合，使 KM 得电，电动机再次起动。这样不断重复，实现了电动机低速下的脉动旋转。

（4）电流控制原则　根据电动机主回路电流的大小，利用电流继电器来控制电动机的工作状态称为电流控制原则。图 3-75 所示为机床横梁夹紧机构的自动控制电路，它是按行程控制原则和电流控制原则组成的。其中，位置开关 SQ 用于夹紧与放松的检查，而电流继电器 KA 用于根据电动机电流大小来检查夹紧力的大小。

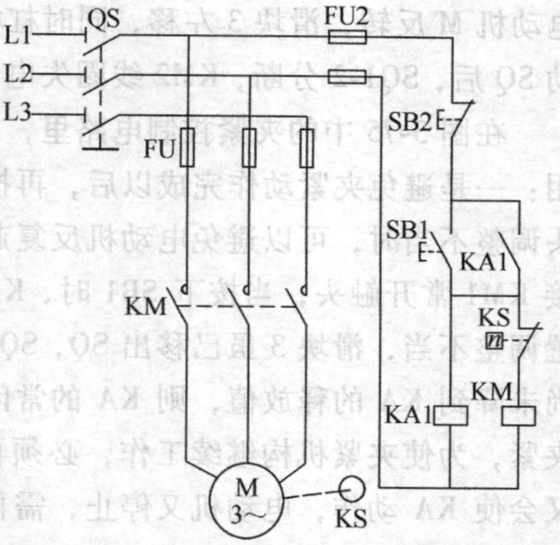

图 3-74　电动机低速脉动控制电路

图 3-75 所示电路的工作原理如下：先合上电源开关 QS。横梁在放松状态下，夹紧机构的螺母滑块 3 移到左端的被限位置，此时限位开关 SQ 处于被压状态，触头 SQ1-1 闭合，SQ1-2 分断。这时按下夹紧按钮 SB1，接触器 KM1 线圈得电，其触头动作，夹紧电动机 M 起动正转，通过减速机构驱动滑块右移，在电动机起动瞬间，大的起动电流会使电流继电器 KA 动作，其常闭触头分断，但由于常开触头 SQ1-1 因受压闭合，所以 KA 触头的分断并不影响 KM1 得电动作。当滑块右移一段距离后，SQ 复位，但这时电动机已起动完毕，KA 的常闭触头已恢复闭合，KM1 线圈经 KA 常闭触头、KM1 常开触头仍保持得电，滑块继续右移，致使杠杆 1、2 转动，开始夹紧过程。随着夹紧力的增大，电动机定子绕组有电流也相应增加，当增加到电流继电器 KA 的整定电流时，KA 动作，其常闭触头分断，KM1 线圈失电触头复位，电动机停转，夹紧即自动停止。需要放松时，按下放松按钮 SB2，接触器 KM2 线圈得电，其触头动作，

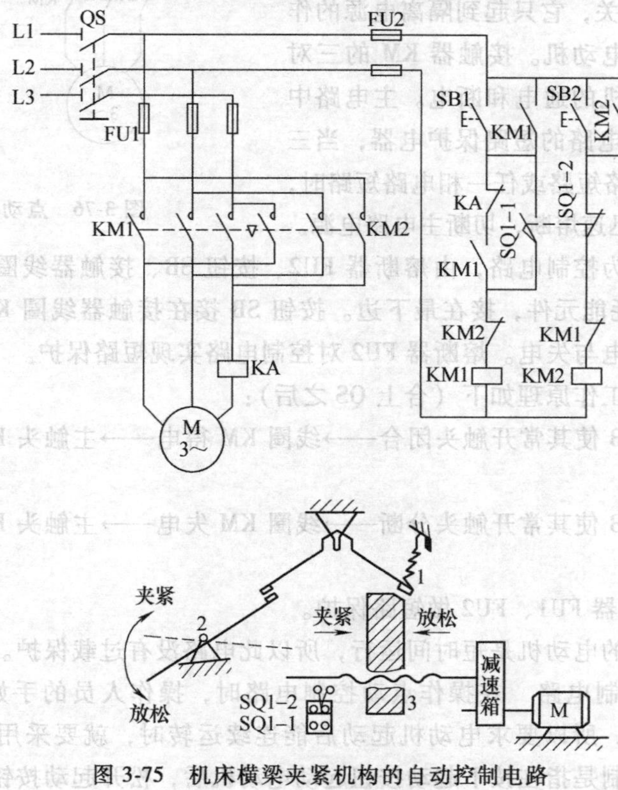

图 3-75　机床横梁夹紧机构的自动控制电路

电动机 M 反转，滑块 3 左移，同时杠杆 1、2 回转，夹紧机构自动放松。直到滑块 3 左移压动 SQ 后，SQ1-2 分断，KM2 线圈失电，触头复位，电动机自动停转，放松结束。

在图 3-75 中的夹紧控制电路里，与 KA 常闭触头串接的 KM1 的常开辅助触头有两个作用：一是避免夹紧动作完成以后，再按下 SB1 时，KM1 再次得电动作；二是当 SQ 的常开触头调整不当时，可以避免电动机反复起动，造成 KM1 主触头烧毛或熔焊的现象。假设未串接 KM1 常开触头，当按下 SB1 时，KM1 得电动作，电动机正转，驱动滑块右移。若 SQ 位置调整不当，滑块 3 虽已移出 SQ，SQ 触头复位，SQ 1-1 断开，但电动机主电路的起动电流尚未降到 KA 的释放值，则 KA 的常闭触头仍断开，导致 KM1 失电，而这时夹紧机构并未夹紧，为使夹紧机构继续工作，必须再按下 SB1，使 KM1 线圈又得电动作，而起动电动机又会使 KA 动作，电动机又停止，需再次按下 SB1，直至夹紧机构夹紧。如此反复起动，电动机起动电流过大就会引起 KM1 主触头烧毛或熔焊现象。而有了 KM1 常开触头，若出现 SQ 位置调整不当，当滑块移出 SQ 停止后，再次按下 SB1 时，由于 KM1 常开触头分断，KM1 无法得电动作，只有调整了 SQ 的位置后，方可重新起动电动机。

3. 点动与连续运行控制电路

（1）点动控制电路　点动控制是指按下按钮，电动机就通电运行，而松开按钮时，电动机就断电停止的控制方法。如图 3-76 所示的点动控制电路中，左侧为主电路，由三相交流电源经由刀开关 QS、熔断器 FU1、接触器 KM 的三对主触头，接到异步电动机的三相定子绕组上。刀开关 QS 作为电源的引入开关，它只起到隔离电源的作用，不能直接供电给电动机。接触器 KM 的三对主触头用来控制电动机的通电和断电。主电路中熔断器 FU1 作为整个电路的短路保护电器，当三相电路发生任两相电路短路或任一相电路短路时，短路电流将使熔断器迅速熔断，切断主电路电源。

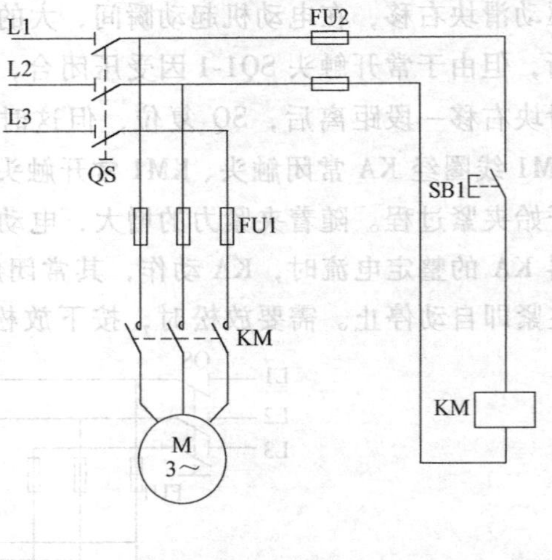

图 3-76　点动控制电路

电路的右侧部分为控制电路，由熔断器 FU2、按钮 SB、接触器线圈 KM 组成，其中接触器线圈 KM，因属耗能元件，接在最下边。按钮 SB 接在接触器线圈 KM 的上边，由它来控制接触器线圈的得电与失电。熔断器 FU2 对控制电路实现短路保护。

点动控制电路的工作原理如下（合上 QS 之后）：

① 起动：按下 SB 使其常开触头闭合──→线圈 KM 得电──→主触头 KM 闭合──→电动机 M 起动运转。

② 停止：松开 SB 使其常开触头分断──→线圈 KM 失电──→主触头 KM 分断──→电动机 M 断电停止。

③ 保护：用熔断器 FU1、FU2 做短路保护。

因点动控制电路的电动机是短时间运行，所以此电路没有过载保护。

（2）连续运行控制电路　在操作点动控制电路时，操作人员的手始终不能离开按钮，不能从事其他的工作，所以要求电动机起动后能连续运转时，就要采用接触器自锁控制电路。电动机的自锁控制是指在按下起动按钮起动电动机后，松开起动按钮后，电动机仍然能够通电连续运转。这种控制叫做自锁，也称自保。这里介绍的电动机连续运行控制是利用接触器自身的常开辅助触头来实现的，所以也称为接触器自锁控制。图3-77所示为接触器控制电动机单方向连续运行控制电路。

在连续运行控制电路中，主电路和点动控制电路相似。由于接触器自锁控制电路中的电动机需长时间运转，因此在电路中增设了热继电器FR，其作用是过载保护。如果电动机在运转过程中遇到频繁起动、停止操作、负载过重或断相运行时，会引起电动机定子绕组中的负载电流长时间超过额定工作电流，热继电器就能自动切断控制电路，进而切断主电路，迫使电动机停止运行。

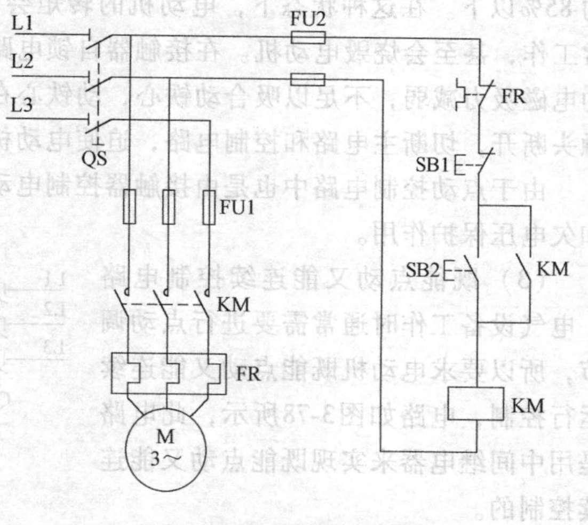

图3-77　接触器控制电动机单方向连续运行控制电路

比较电动机点动控制电路和连续运行控制电路，连续运行控制电路中增加了一个常闭的停止按钮SB1，在常开的起动按钮SB2两端并联了一个接触器KM的辅助常开触头。

接触器自锁控制电路的工作原理如下（合上QS）。

1）起动：按下SB2使其常开触头闭合，线圈KM得电，主触头KM闭合，常开辅助触头KM闭合，电动机M起动运转。

当松开SB2，其常开触头恢复分断后，因为接触器KM的常开辅助触头已经闭合，并且将SB2短路，使控制电路仍然保持接通状态，接触器KM继续得电，所以电动机M能够连续运转，实现了自锁控制。在这里，接触器KM的常开辅助触头起到了自锁作用，称为自锁触头，也称自保触头。

简单一点说，松开起动按钮后，依靠接触器自身的辅助触头来使其线圈保持通电的现象称自锁或自保，而能起自锁作用的触头称为自锁触头。

2）停止：按下SB1使其常闭触头分断，接触器KM的线圈失电，主触头分断，自锁触头分断，电动机M断电停止运行。

在松开SB1使其常闭触头恢复闭合后，自锁触头KM已经分断，停止了自锁，接触器线圈已不可能得电。如果要使电动机重新运转，必须进行再次起动。

3）保护：熔断器FU1和FU2用做短路保护；热继电器FR用做过载保护。

在接触器自锁控制电路中，还具有失电压保护和欠电压保护作用。这两种保护作用是由接触器KM来实现的。

失电压保护也称零电压保护。在电动机运行过程中，由于某种原因线路突然断电，电动机被迫停止运行，此时，机床运动也随之停止。如果操作人员未能及时切断电源，当故障排除后又重新供电时，电动机会自动起动运转，就会发生设备和人身事故。在接触器自锁控制电路中，一旦发生断电，接触器线圈就会失电，自锁触头和主触头一起分断，控制电路和主电路都不能接通，即使在恢复供电时，只要不重新按下起动按钮SB2，电动机就不会自行起动。这种在突然断电时能自动切断电动机电源的保护叫失电压保护（零电压保护）。

欠电压是指电动机的供电电压低于电动机的额定电压，一般指供电电压降低到额定电压的85%以下。在这种状态下，电动机的转矩会明显下降，随之转速也降低，电动机不能正常工作，甚至会烧毁电动机。在接触器自锁电路中，如果电源电压降低到一定值时，接触器的电磁吸力减弱，不足以吸合动铁心，动铁心在反作用弹簧的作用下释放，使主触头和自锁触头断开，切断主电路和控制电路，迫使电动机断电停止运行，以达到欠电压保护的目的。

由于点动控制电路中也是由接触器控制电动机的，所以点动控制电路也具有失电压保护和欠电压保护作用。

（3）既能点动又能连续控制电路

电气设备工作时通常需要进行点动调节，所以要求电动机既能点动又能连续运行控制，电路如图3-78所示，此电路是用中间继电器来实现既能点动又能连续控制的。

点动控制时，按下按钮SB3，接触器线圈KM得电，其主触头KM闭合，电动机起动；松开按钮SB3时，接触器KM线圈失电，其主触头断开，电动机停止。

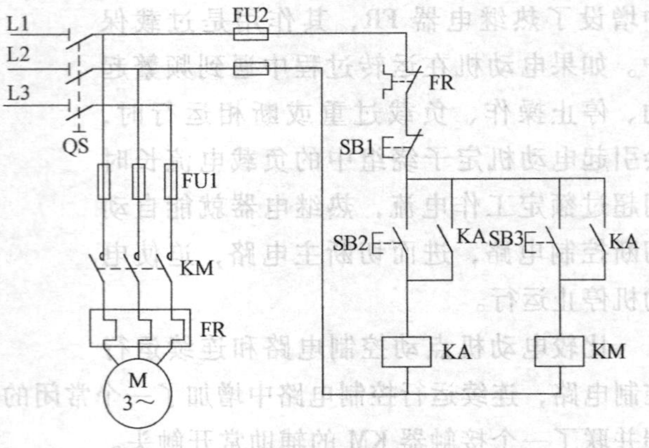

图3-78 既能点动又能连续控制电路

若需要连续运行时，按下按钮SB2，中间继电器KA线圈得电，自锁触头闭合，同时其常开触头闭合，使接触器KM的线圈得电，主触头闭合，电动机连续运行；按下停止按钮SB1，接触器KM的线圈失电，其主触头断开，电动机停止运行。

3.3 项目实施

3.3.1 点动与连续运行控制电路安装项目书

教学目的	明确电路工作原理、接线原则，能够准确、熟练地进行接线
主要设备	接地线、塑铜线、万用表、尖嘴钳、剥线钳、螺钉旋具等
预习内容	电动机与电气控制、工厂供配电、电工基础
任务描述	明确工作原理，正确合理配线
原理说明	（学生可根据本任务内容分析控制电路的工作原理）
过程描述	原理讲授、接线方案研讨、接线、检查、评价
电路原理图	
收获与体会	

3.3.2　点动与连续运行控制电路的安装步骤

1. 电器的布置、安装、配线的一些基本原则和要求

1）体积较大和较重的电器一般装在控制板的下方。

2）熔断器一般装在上方，有发热元件的电器也应装在上方或装在易于散热的位置，并注意使感温元件和发热元件隔开。

3）经常需要调节或更换的电器和部件应考虑装在便于操作的位置。

4）应注意使不同电压等级的电器分开安装，例如由电源直接供电的电器和经变压器减压供电的电器应分别装在一起。

5）电器之间、电器与控制板边缘之间应有一定距离（通常为15~25mm），以便于布线和维修。

6）控制板内电器间的接线，可采用在板的正面用线槽走线或用明敷线两种方式，板内、外的电气接线必须通过接线端子板引出。接线端子板可根据需要布置在控制板的下方或侧面。

7）机床电路的配线应采用截面积不小于0.75mm^{2}的塑料铜线，在控制板内允许采用小于0.75mm^{2}的导线。不同电路应采用不同颜色的电线区分，规定接地线应采用黄绿双色线。所有电线的端头都应套上标注有与原理图相同号码的套管。

8）控制板外的配线应通过管道进行，在机床内可采用塑料管或金属软管，机床外部可采用包塑金属软管。管内的电线不能有接头和扭结，管的长度若超过1.5m应留有备用线（按管内电线根数的1/10配置）。

2. 电路安装

根据图3-78，按照国家有关标准绘制电器元件位置图和电气安装接线图，如图3-79和图3-80所示。

3. 电器元件明细表

电器元件明细见表3-5。

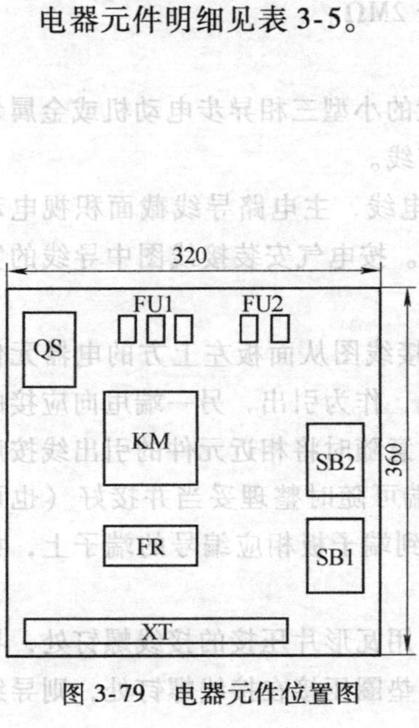

图3-79　电器元件位置图

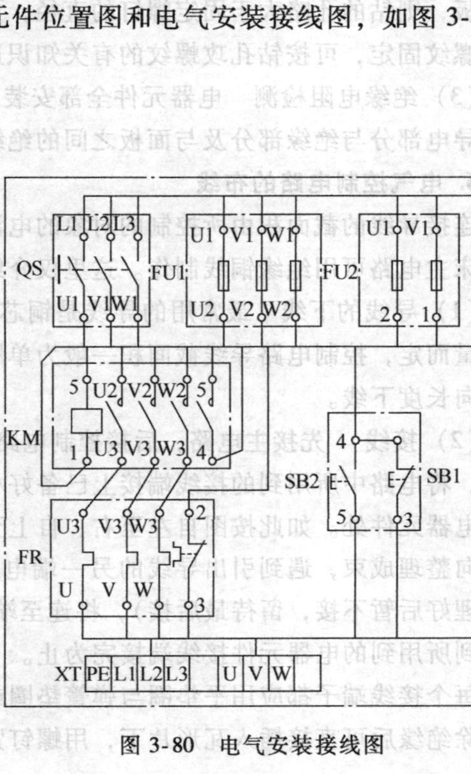

图3-80　电气安装接线图

表 3-5 电器元件明细表

符号	名称	型号(规格)	数量
QS	电源开关	HK8(380V、16A)	1个
FU	熔断器	RL6—25	5个
SB	按钮	LA19—11	2个
KM	交流接触器	CJ20—19(380V)	1个
FR	热继电器	JR20—20	1个
M	电动机	JW6314	1台

4. 其他器材

控制板、固定木螺钉、绝缘导线（单股塑料铜线）、金属（或白塑料）软管、编码套管、接线端子板、导线捆扎带、有关工具等。

5. 电器元件的安装与固定

在安装与固定电器元件之前必须先对电器元件进行一般性的检测，对于新的电器元件可检查其外表是否完好，动作是否灵活，其参数是否与被控对象相符等。在确认电器元件完好后再进入安装与固定工序。

（1）划线定位　将安装面板置于平台上（可以用绝缘板，也可以是金属板），把板上需安装的电器元件（刀开关、接触器、熔断器等）按电器元件位置图设计排列的位置、间隔、尺寸摆放在面板上，用划针进行划线定位，即划出底座的轮廓和安装螺孔的位置。

（2）开孔　电器元件所用的固定螺钉一般略小于电器元件上的固定孔。如安装面板为绝缘板，则钻的孔略大于固定螺钉的直径，可用螺钉加垫圈固定；若为金属板，则在板上钻孔攻螺纹固定，可按钻孔攻螺纹的有关知识进行加工。

（3）绝缘电阻检测　电器元件全部安装完毕后，应用500V绝缘电阻表测量元件正常工作时导电部分与绝缘部分及与面板之间的绝缘电阻，应大于2MΩ。

6. 电气控制电路的布线

连接导线的截面积由所控制的对象的电流来决定，一般的小型三相异步电动机或金属切削机床主电路可用绝缘铜线制作。这里仅介绍绝缘铜线的布线。

（1）导线的下线　最常用的导线是铜芯聚氯乙烯绝缘电线，主电路导线截面积视电动机容量而定，控制电路导线截面积一般为单股1.5~2.5mm^2。按电气安装接线图中导线的实际走向长度下线。

（2）接线　先接主电路，后接控制电路。按电气安装接线图从面板左上方的电器元件开始，将电路中所用到的接线端接上已备好相应编号的导线，作为引出，另一端甩向应接的另一电器元件处。如此按图自左至右、自上至下接线，并注意随时将相近元件的引出线按所去方向整理成束，遇到引出导线的另一端电器元件的接线端可随时整理妥当并接好（也可以整理好后暂不接，留待最后接），将连至端子板的导线接到端子板相应编号的端子上，如此直到所用到的电器元件接线端接完为止。

每个接线端子都应用平垫圈与弹簧垫圈或瓦形片压接。用瓦形片压接的接线螺钉处，导线剥除绝缘后可直接插入瓦形片下，用螺钉紧固即可。如用垫圈压接在接线螺钉处，则导线剥掉绝缘后需弯成顺时针的小圆环，直径略大于螺钉直径，用螺钉加弹簧垫圈和平垫圈一起拧紧。

一般导线从电器元件的接线端接出后，然后拐弯至面板，并沿板面走竖直或水平直线到另一电器元件的接线端，一般不悬空走线。但如果是同一电器元件的接点之间连接，或相邻很近的元件之间的连接，可以悬空接线。整个导线的布置应横平竖直、避免交叉，拐角处应为90°并有一定的圆弧形。

全部导线连接完成后，整理接线，并用捆扎带进行捆扎固定，捆扎部位主要是线束的拐角处和中间段，捆扎长度一般为每处10~20mm，捆扎材料通常为塑料带、尼龙小绳或专用的捆线带。

7. 电气控制电路的检查和试运行

经指导教师检查无误后，方可进行试运行操作。

1）合上开关QS，接通三相交流电源。

2）按下起动按钮SB2，观察电动机起动过程。

3）按下起动按钮SB1，观察电动机停止运行的过程。

8. 注意事项

1）小心操作，切勿损坏电器元件。

2）仔细确定导线的连接长度，节约用线。

3）注意安装工艺及接线工艺。

4）注意安全操作，电动机外壳上要接好接地线。

5）在实训前可先参观成品电气柜或开关板的安装与接线工艺。

注意：主电路接线可有多种形式，接线时应该按电气原理图接线。接线过程中，应始终记准元器件并按顺序接线，以免接错。

9. 完成实训报告

按实训导师的要求认真撰写实训报告。

3.4 项目评价

1. 学生自评、教师评价

项目内容	配分	评分标准	学生自评	教师评价
安装元件	10	1)元件布置不合理、不整齐、不均匀，每个扣3分 2)元件安装不牢固，每个扣2分 3)损坏元件扣5~10分		
安装过程	40	1)不按电路图接线，扣20分 2)布线不符合要求，主电路每处扣2分，控制电路每处扣1分 3)接点松动、露铜过长、反圈、压绝缘皮等，每处扣1分 4)损伤导线绝缘或线芯，每根扣2分		
线路检测	10	要求检测方法正确、熟练，不正确不熟练扣1~10分		
通电试车	20	1)通电操作步骤正确，步骤错误每处扣2分 2)通电试车一次不成功扣5分，二次不成功扣10分，三次不成功不得分		

（续）

项目内容	配分	评分标准	学生自评	教师评价
安全文明生产	10	1)遵守用电操作规范,违规扣1~10分 2)工具器材摆放整齐,安装完毕保持良好,工具使用不当扣1~5分 3)安装完毕整理器材、场地,不整理扣3分		
任务书	10	任务书填写不及时或者不齐全的扣5分		
定额时间	不允许超时,提前完成加5分; 超时完成扣分,每超过10分钟,扣5分			
		总　　分		
班　级		组别		签字

2. 小组互评

组别		姓名			
序号	考核标准	配分	得分	得分	得分
1	喜欢合作学习,积极参加小组活动	10			
2	敢于发表自己的见解,同时也尊重同学意见	10			
3	积极帮助小组其他成员,友好相处	10			
4	学习目的明确,组织有序	10			
5	帮助协调,推动整个小组的工作	10			
6	表现积极,主动完成各项学习任务	10			
7	会网上检索资料,有科学信息、资料的摘记	10			
8	口头交流叙述流畅,图示表达简单明了	10			
9	具有自我学习的能力	10			
10	具有自我认知及自我评估的能力	10			
	总　　分				

项目 4 顺序控制电路安装

4.1 项目分析

在装有多台电动机的生产机械上，各电动机所起的作用是不同的，有时需按一定的顺序起动，才能保证操作过程的合理性和工作的安全可靠。例如，X62W 型万能铣床要求主轴电动机起动后，进给电动机才能起动；M7120 型平面磨床的冷却泵电动机，要求在砂轮电动机起动后才能起动。像这种要求一台电动机起动后另一台电动机才能起动的控制方式，叫做电动机的顺序控制。

本项目是按照控制要求设计顺序控制电路，绘制电路原理图；并能严格地按照安全操作规程完成电气控制电路的安装，完成材料的总结归档。

4.2 相关知识

4.2.1 两台电动机顺序起动联锁控制电路

主电路中电动机 M1、M2 分别由接触器 KM1、KM2 控制。控制电路中当接触器 KM1 动作后才允许接触器 KM2 动作，为此将接触器 KM1 的常开触头串接在接触器 KM2 的线圈电路中，如图 4-1 所示。这样按下起动按钮 SB2，KM1 线圈通电并自锁，电动机 M1 起动运行，KM1 常开辅助触头闭合，才能通过 SB4 起动按钮控制接触器 KM2 通电吸合并自锁，使电动机 M2 起动运行。按下各自的停止按钮 SB1 或 SB3，可实现 M1 或 M2 的停止。

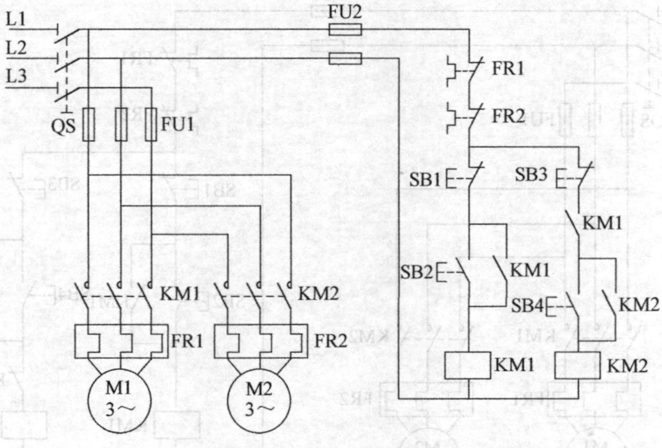

图 4-1 电动机顺序起动联锁控制电路

4.2.2 两台电动机顺序起动、停止联锁控制电路

这种电路主电路和顺序起动联锁控制电路相同，控制电路是在图4-1的基础上，将KM2的常开辅助触头并接在KM1停止按钮SB1的常闭触头两端，如图4-2所示。这样，即使先按下SB1，由于KM2线圈仍通电，电动机M1不会停止运行，只有先按下SB3，电动机M2先停后，再按下SB1才能使M1停止运行。实现起动时先起动M1才可起动M2，停止运行时先停M2后才可停M1的起动、停止的顺序联锁控制。

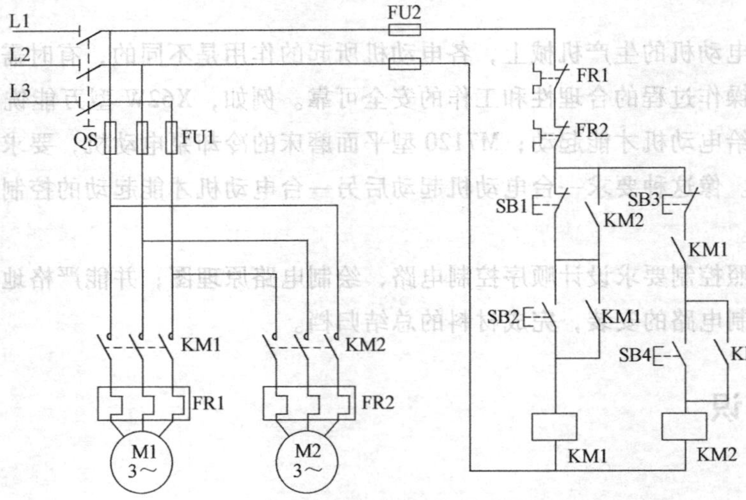

图4-2 电动机顺序起动、停止联锁控制电路

4.2.3 一台起动使另一台停止的联锁控制电路

此控制电路为电动机M2先起动，M1后起动。一旦起动M1后，立即使M2停止的联锁控制电路，如图4-3所示。为此，将KM1的常闭辅助触头串接在KM2的线圈电路中，这样，在M1未起动前，可通过按钮SB4使KM2线圈通电并自锁，电动机M2起动运行，一旦

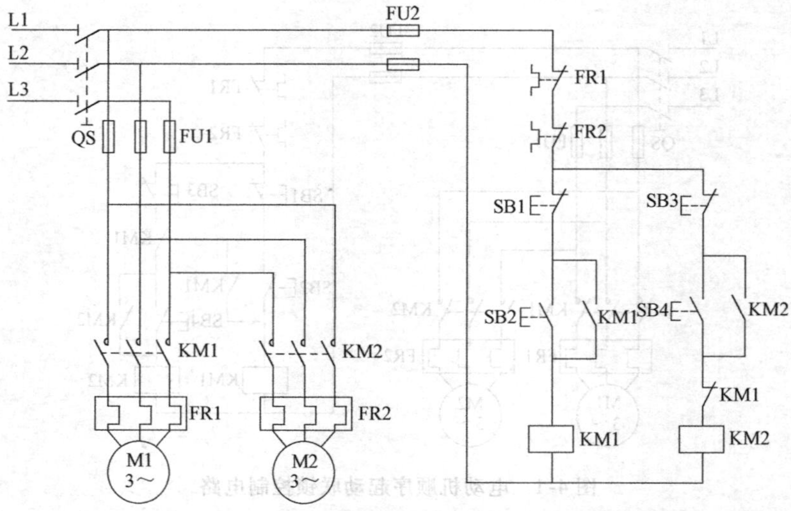

图4-3 一台起动使另一台停止的联锁控制电路

按下起动按钮 SB2 时，接触器 KM1 线圈通电并自锁，电动机 M1 起动运行；同时 KM1 的常闭辅助触头断开，切断接触器 KM2 线圈的回路，KM2 线圈断电释放，M2 便停止运行。

4.2.4　时间继电器控制电动机顺序起动电路

在许多顺序联锁控制中，往往要求有一定的时间间隔，为此引入时间继电器。图 4-4 为时间继电器控制电动机顺序起动电路。

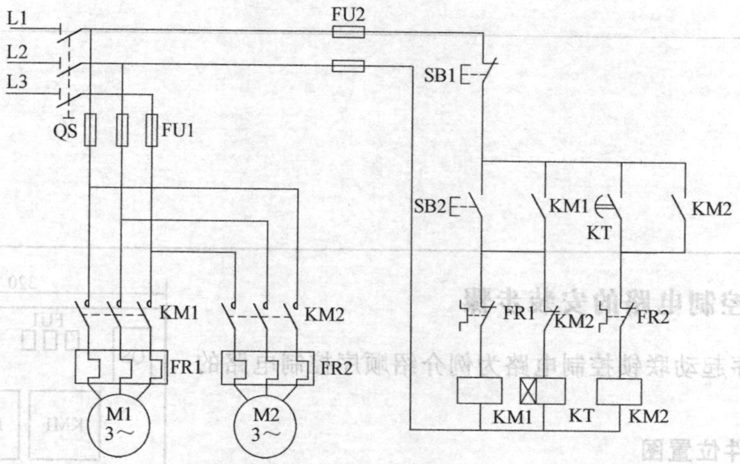

图 4-4　时间继电器控制电动机顺序起动电路

当接通电路电源，按下起动按钮 SB2 时，接触器 KM1 和通电延时型时间继电器 KT 线圈同时通电并自锁，电动机 M1 起动运行。当时间继电器 KT 延时时间到，其延时闭合的常开触头闭合，接通 KM2 线圈电路并自锁，电动机 M2 起动运行；同时 KM2 常闭辅助触头断开，将时间继电器 KT 电路切断，KT 不再工作，使 KT 仅在起动时起作用，从而减少运行电器的数量。

4.3　项目实施

4.3.1　顺序控制电路安装项目书

教学目的	明确电路工作原理、接线原则，能够准确、熟练地进行接线
主要设备	接地线、塑铜线、万用表、尖嘴钳、剥线钳、螺钉旋具等
预习内容	电动机与电气控制、工厂供配电、电工基础
任务描述	明确工作原理，正确合理配线
原理说明	（学生可根据本任务内容分析控制电路的工作原理）

（续）

过程描述	原理讲授、接线方案研讨、接线、检查、评价
电路原理图	
收获与体会	

4.3.2　顺序控制电路的安装步骤

下面以顺序起动联锁控制电路为例介绍顺序控制电路的安装步骤。

1. 电器元件位置图

根据电气原理图（图 4-1）绘制电器元件位置图，如图 4-5 所示。

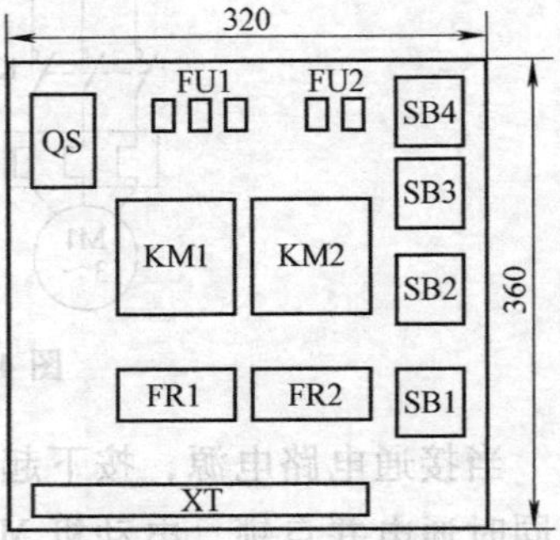

图 4-5　顺序控制电器元件位置图

2. 电器元件明细表

顺序控制电路所需电器元件清单见表 4-1。

表 4-1　顺序控制电路电器元件清单

符　号	名　称	型号（规格）	数　量
QS	电源开关	HK8（380V、16A）	1 个
FU	熔断器	RL6—25	5 个
SB	按钮	LA19—11	4 个
KM	交流接触器	CJ20—19（380V）	2 个
FR	热继电器	JR20—20	2 个
M	电动机	JW6314	2 台

3. 其他器材

其他器材有控制板、固定木螺钉、绝缘导线（单股塑料铜线）、金属（或白塑料）软管、编码套管、接线端子板、导线捆扎带、有关工具等。

4. 电器元件的安装与固定

在安装与固定电器元件之前必须先对电器元件进行一般性的检测，对于新的电器元件可检查其外表是否完好，动作是否灵活，其参数是否与被控对象相符等。在确认电器元件完好后再进入安装与固定工序。

5. 电气控制电路的安装接线与步骤

1）按元件明细表配齐电器元件，并进行检验。

2）制作控制板，并按电器元件位置图将电器元件安装在电路控制板上。

3）用尖嘴钳将导线弯成羊眼圈（或绞紧），套（或塞）进接线桩的压紧螺钉上（或孔内），拧紧螺钉。控制板内的连接导线要沿底面敷设，转角处要弯成直角。

4）控制板与板外的电气设备、电器的连接导线应采用多股软线。通常用电线管配线，电线管至电动机的连线要用软管加以保护，控制板至电动机的连接导线要穿软管保护。

5）按图 4-1 检查接线是否正确，安装是否牢固。

6）电动机外壳要接好接地线。

7）测试电路的绝缘电阻。

8）检查无误后，进行通电操作，将两组电动机顺序控制电路分别通电，观察其运转情况。

9）通电检测完毕，断开 QS 切断电源。

6. 注意事项

1）控制板上走线应避免交叉。

2）控制板上所有走线应平整，转弯处要弯成直角，要拧紧接线柱上的压紧螺钉。

3）试运行时先合上 QS，再按起动按钮 SB。

4）注意安全操作，电动机外壳上要接好接地线。

7. 完成实训报告

按实训导师的要求认真撰写实训报告。

4.4 项目评价

1. 学生自评、教师评价

项目内容	配分	评分标准	学生自评	教师评价
安装元件	10	1)元件布置不合理、不整齐、不均匀,每个扣 3 分 2)元件安装不牢固,每个扣 2 分 3)损坏元件扣 5~10 分		
安装过程	40	1)不按电路图接线,扣 20 分 2)布线不符合要求,主电路每处扣 2 分,控制电路每处扣 1 分 3)接点松动、露铜过长、反圈、压绝缘皮等,每处扣 1 分 4)损伤导线绝缘或线芯,每根扣 2 分		
线路检测	10	要求检测方法正确、熟练,不正确不熟练扣 1~10 分		
通电试车	20	1)通电操作步骤正确,步骤错误每处扣 2 分 2)通电试车一次不成功扣 5 分,二次不成功扣 10 分,三次不成功不得分		
安全文明生产	10	1)遵守用电操作规范,违规扣 1~10 分 2)工具器材摆放整齐,安装完毕保持良好,工具使用不当扣 1~5 分 3)安装完毕整理器材、场地,不整理扣 3 分		

（续）

项目内容	配分	评分标准	学生自评	教师评价
任务书	10	任务书填写不及时或者不齐全的扣5分		
定额时间		不允许超时，提前完成加5分； 超时完成扣分，每超过10分钟，扣5分		
总　分				
班　级		组别		签字

2. 小组互评

组别		姓名			
序号	考核标准	配分	得分	得分	得分
1	喜欢合作学习，积极参加小组活动	10			
2	敢于发表自己的见解，同时也尊重同学意见	10			
3	积极帮助小组其他成员，友好相处	10			
4	学习目的明确，组织有序	10			
5	帮助协调，推动整个小组的工作	10			
6	表现积极，主动完成各项学习任务	10			
7	会网上检索资料，有科学信息、资料的摘记	10			
8	口头交流叙述流畅，图示表达简单明了	10			
9	具有自我学习的能力	10			
10	具有自我认知及自我评估的能力	10			
总　分					

项目5　CA6140型车床电气控制电路安装与调试

5.1　项目分析

车床是使用最广泛的一种金属切削机床，大约占据现有机床市场总量的65%，广泛应用于航海、摩托车、汽车、航空、航天、石油、军工等行业。CA6140型车床主要用于加工各种回转表面（内、外圆柱面，端面，圆锥面及成型回转面等），还可用于车削螺纹和进行孔加工。CA6140型车床的结构特点：床身宽于一般车床，具有较高的刚度，经久耐用；功率利用率高，适于强力高速切削；机床操作灵便集中，溜板设有快移机构；主轴孔径大，可选用附件齐全。

本任务是按照要求绘制CA6140型车床的电气原理图；并能严格地按照安全操作规程完成电气控制电路的安装与调试，完成材料的总结归档。

5.2　相关知识

5.2.1　CA6140型车床的主要结构和运动形式

CA6140型车床是一种常用的普通车床，其外形如图5-1所示。

CA6140型车床主要由床身、主轴箱、主轴（主轴上带有用于夹持工件的卡盘）、挂轮箱、进给箱、溜板箱、溜板与刀架、尾座、丝杠与光杆等组成，如图5-2所示。

图5-1　CA6140型车床的外形

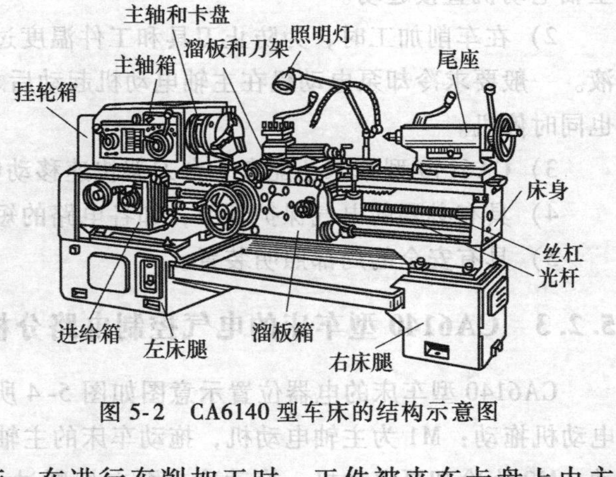

图5-2　CA6140型车床的结构示意图

CA6140型车床是一种常用的普通车床，在进行车削加工时，工件被夹在卡盘上由主轴带动旋转；加工工具——车刀被装在刀架上，由溜板和溜板箱带动做横向和纵向运动，以改变车削加工的位置和深度，如图5-3所示。因此，车床的主运动是主轴的旋转运动，进给运动就是溜板箱带动刀架的直线运动，而辅助运动则包括刀架的快速移动和工件的

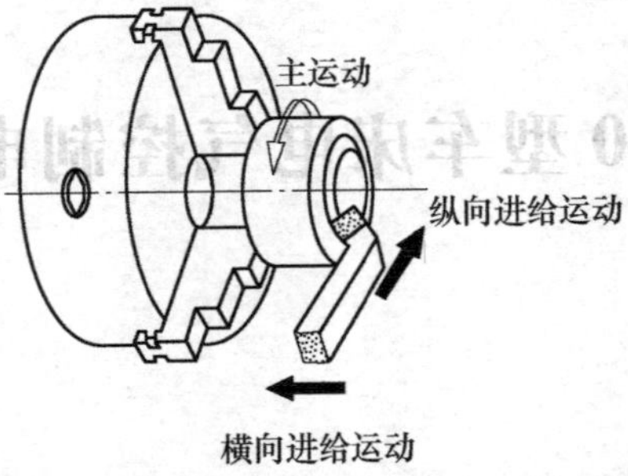

图 5-3　车床的主运动和进给运动示意图

夹紧和放松。

5.2.2　CA6140 型车床的电力拖动形式和控制要求

车床的主轴一般只需要单向旋转，只有在加工螺纹需要退刀时，才需要主轴反转。根据加工工艺要求，主轴需要能够在相当宽的范围进行调速。一般中、小型普通车床的主轴运动都用笼型异步电动机来拖动，电动机通过带轮将动力传递到主轴箱带动主轴旋转，由机械变速箱调节主轴的转速。主轴的反转可以用机械方法实现，也可以由电动机的反转来实现。

车床运行时，绝大部分功率都消耗在主运动上，刀架进给运动所消耗的功率很小，而且由于车削螺纹时要求主轴的旋转速度与刀具的进给速度保持严格的比例关系，因此一般中、小型车床的进给运动也由主轴电动机来拖动。主轴电动机的动力由主轴箱、挂轮箱传到进给箱，再由光杆或丝杠传到溜板箱，由溜板箱带动溜板和刀架做纵、横两个方向的进给运动。因此，车床对电力拖动及其控制有以下基本要求：

1）车床的主轴运动和进给运动采用笼型异步电动机拖动。车床采用机械方法调速，对电动机没有调速的要求。一般采用机械方法反转，但有的车床也要求主轴电动机能够反转。主轴电动机直接起动。

2）在车削加工时，为防止刀具和工件温度过高，需要由一台冷却泵电动机来提供冷却液。一般要求冷却泵电动机在主轴电动机起动后才能起动，主轴电动机停机，冷却泵电动机也同时停机。

3）CA6140 型车床还配有一台刀架快速移动电动机。

4）具有必要的电气保护环节，如各电路的短路保护和电动机的过载保护。

5）具有安全的局部照明装置。

5.2.3　CA6140 型车床的电气控制电路分析

CA6140 型车床的电器位置示意图如图 5-4 所示，电气控制电路如图 5-5 所示，由三台电动机拖动：M1 为主轴电动机，拖动车床的主轴旋转，并通过进给机构实现车床的进给运动；M2 为冷却泵电动机，拖动冷却泵在切削过程中为刀具和工件提供切削液；M3 为刀架快速移动电动机。

1. 主电路

CA6140 型机床的电源采用三相 380 V 交流电源，由断路器 QF 引入，总熔断器 FU 由用户提供。主轴电动机 M1 的短路保护由 QF 的电磁脱扣器来实现，而冷却泵电动机 M2 和刀架快速移动电动机 M3 分别由熔断器 FU1、FU2 实现短路保护。三台电动机均直接起动，单向运转，分别由交流接触器 KM1、KM2、KM3 控制运行。M1 和 M2 分别由热继电器 FR1、FR2 实现过载保护，M3 由于是短时工作制，所以不需要过载保护。

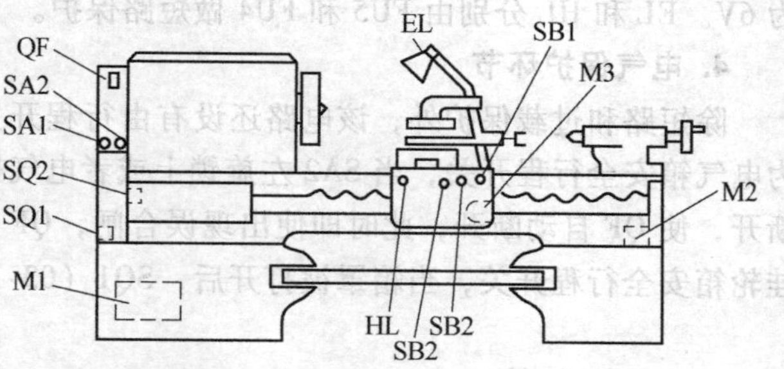

图 5-4　CA6140 型车床的电器位置示意图

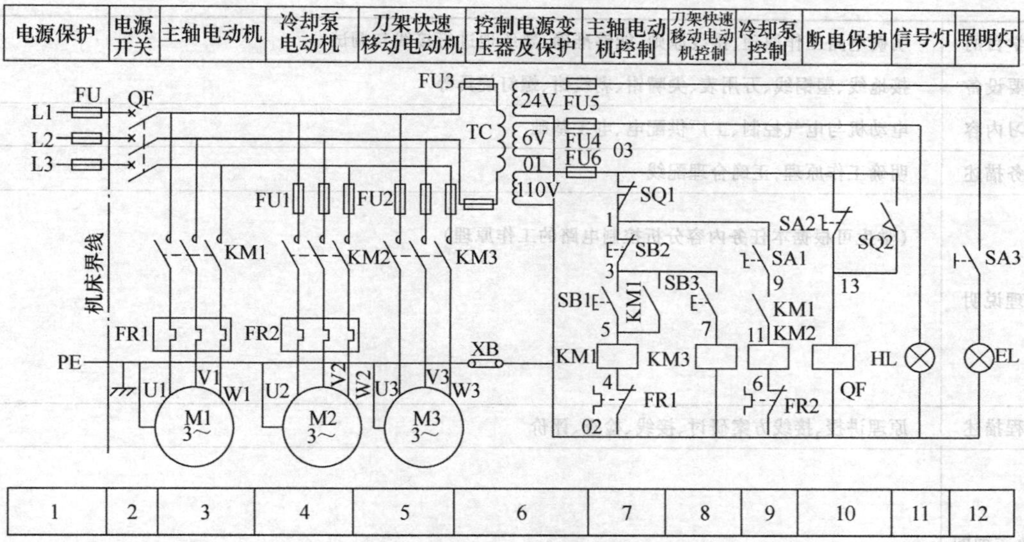

图 5-5　CA6140 型车床的电气原理图

2. 控制电路

控制变压器 TC 提供 110 V 电源，由 FU3 做短路保护。该车床的电气控制盘装在床身左下部后方的壁龛内，电源开关锁 SA2 和冷却泵开关 SA1 均装在床头挂轮保护罩的前侧面。在开机时，应先用钥匙向右旋转 SA2，再合上 QF 接通电源，然后就可以操作电动机了。

（1）主轴电动机的控制　按下装在溜板箱上的绿色按钮 SB1，接触器 KM1 通电并自锁，主轴电动机 M1 起动运行；停机时，可按下装在 SB1 旁边的红色蘑菇形按钮 SB2，随着 KM1 断电，M1 停止运行；SB2 在按下后可自行锁住，要复位需向右旋。

（2）冷却泵电动机的控制　冷却泵电动机 M2 由旋钮开关 SA1 操纵，通过 KM2 控制。由控制电路可见，在 KM2 的线圈支路中串入了 KM1 的辅助动合触头（9-11）。显然，M2 需在 M1 起动运行后才能开机；一旦 M1 停机，M2 也同时停机。

（3）刀架快速移动电动机的控制　由控制电路可见，刀架快速移动电动机 M3 由按钮 SB3 点动运行。刀架快速移动的方向则由装在溜板箱上的十字形手柄控制。

3. 照明与信号指示电路

该电路同样由 TC 提供电源，EL 为车床照明灯，电压为 24V；HL 为电源指示灯，电压为 6V。EL 和 HL 分别由 FU5 和 FU4 做短路保护。

4. 电气保护环节

除短路和过载保护外，该电路还设有由行程开关 SQ1、SQ2 组成的断电保护环节。SQ2 为电气箱安全行程开关，当 SA2 左旋锁上或者电气控制盘的壁龛门被打开时，SQ2（03-13）断开，使 QF 自动断开，此时即使出现误合闸，QF 也可以在 0.1s 内再次自动跳闸。SQ1 为挂轮箱安全行程开关，当箱罩被打开后，SQ1（03-1）断开，使主轴电动机停止运行。

5.3 项目实施

5.3.1 CA6140 型车床的电气控制电路安装与调试项目书

教学目的	明确电路工作原理、接线原则,能够准确、熟练地进行接线与调试
主要设备	接地线、塑铜线、万用表、尖嘴钳、剥线钳、螺钉旋具等
预习内容	电动机与电气控制、工厂供配电、电工基础
任务描述	明确工作原理,正确合理配线
原理说明	(学生可根据本任务内容分析控制电路的工作原理)
过程描述	原理讲授、接线方案研讨、接线、检查、评价
电路原理图	
调试记录	
收获与体会	

5.3.2 CA6140 型车床的电气控制电路安装与调试步骤

1. 电器元件位置图

根据电气原理图（图 5-5）绘制电器元件位置图，如图 5-6 所示。

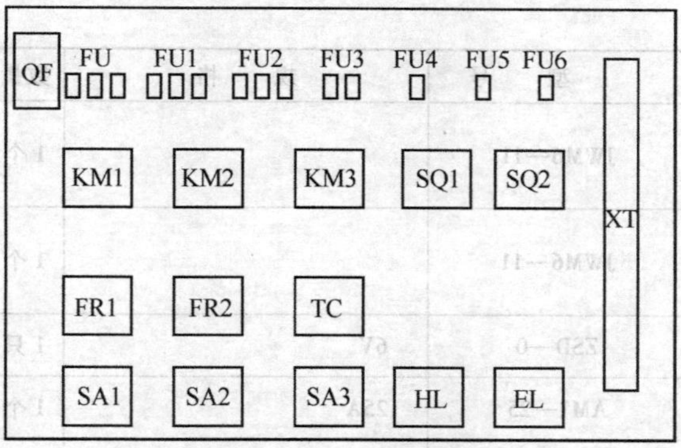

图 5-6　CA6140 型车床的电器元件位置图

2. 电器元件明细表

CA6140 型车床的电器元件明细见表 5-1。

表 5-1　CA6140 型车床电器元件明细表

符号	名　称	型　号	规　格	数量	用　途
M1	主轴电动机	Y132M—4—B3	7.5kW、15.4A、1440r/min	1 台	主运动和进给运动
M2	冷却泵电动机	AOB—25	90W、2880r/min	1 台	驱动切削液泵
M3	刀架快速移动电动机	AOS5634	250W、1360r/min	1 台	刀架快速移动动力
FR1	热继电器	JR16—20/3D	11 号热元件，整定电流为 15.4A	1 个	M1 的过载保护
FR2	热继电器	JR16—20/3D	1 号热元件，整定电流为 0.32A	1 个	M2 的过载保护
KM1	交流接触器	CJ10—40	40A，线圈电压为 110V	1 个	控制 M1
KM2	交流接触器	CJ10—10	10A，线圈电压为 110V	1 个	控制 M2
KM3	交流接触器	CJ10—10	10A，线圈电压为 110V	1 个	控制 M3
FU1	熔断器	RL1—15	380V、15A，配 1A 熔体	3 个	M2 的短路保护
FU2	熔断器	RL1—15	380V、15A，配 4A 熔体	3 个	M3 的短路保护
FU3	熔断器	RL1—15	380V、15A，配 1A 熔体	2 个	TC 的一次侧短路保护
FU4	熔断器	RL1—15	380V、15A，配 1A 熔体	1 个	电源指示灯短路保护
FU5	熔断器	RL1—15	380V、15A，配 2A 熔体	1 个	车床照明电路短路保护
FU6	熔断器	RL1—15	380V、15A，配 1A 熔体	1 个	控制电路短路保护
SB1	按钮	LAY3—10/3	绿色	1 个	M1 起动按钮
SB2	按钮	LAY3—01ZS/1	红色	1 个	M1 停机按钮
SB3	按钮	LA19—11	500V、5A	1 个	M3 控制按钮
SA1	旋钮开关	LAY3—10X/2		1 个	M2 控制开关
SA2	旋钮开关	LAY3—01Y/2	带钥匙	1 个	电源开关锁
SA3	钮子开关		250V、5A	1 个	车床照明灯开关

（续）

符号	名　称	型　号	规　格	数量	用　途
SQ1	挂轮架安全行程开关	JWM6—11		1个	断电安全保护
SQ2	电气箱安全行程开关	JWM6—11		1个	断电安全保护
HL	信号灯	ZSD—0	6V	1只	电源指示灯
QF	断路器	AM1—25	25A	1个	电源引入开关
TC	控制变压器	BK2—100	100V·A，380V/110V、380V/24V、380V/6V	1个	提供控制、照明电路电压
EL	车床照明灯	JC11	带40W、24V灯泡	1只	工作照明

3. 其他器材

其他器材有控制板、固定木螺钉、绝缘导线（单股塑料铜线）、金属（或白塑料）软管、编码套管、接线端子板、导线捆扎带、有关工具等。

4. 电器元件的安装与固定

在安装与固定电器元件之前必须先对电器元件进行一般性的检测，对于新的电器元件可检查其外表是否完好，动作是否灵活，其参数是否与被控对象相符等。在确认电器元件完好后再进入安装与固定工序。

5. 电气控制电路的安装接线与步骤

1）按元件明细表配齐电器元件，检查各电器元件是否完好，动作是否灵活。

2）制作控制板，选择合适的木螺钉按电器元件位置图将电器元件安装在电路控制板上。

3）用尖嘴钳将导线弯成羊眼圈（或绞紧），套（或塞）进接线桩的压紧螺钉上（或孔内），拧紧螺钉。控制板内的连接导线要沿底面敷设，转角处要弯成直角。

4）控制板与板外的电气设备、电器的连接导线应采用多股软线。通常用电线管配线，电线管至电动机的连线要用软管加以保护。控制板至电动机的连接导线要穿软管保护。

5）检查接线是否正确，安装是否牢固。

6）电动机外壳要接好接地线。

7）测试电路的绝缘电阻。

6. 通电试运行与调试

电气控制电路全部安装完毕后，必须经过正确、细致地试运行与调试才能正式投入生产。

试运行前准备好试运行调整的仪表，如万用表、交流电流表、绝缘电阻表等；要进行电气设备的外部检查，如电动机有无卡住现象，电器元件触头的接触是否良好等；检查电动机和电器元件及控制电路的绝缘电阻是否符合规定等。

1）应经指导教师检查确认无误后，方可合上QF通电试运行。

2）按表5-2的步骤操作，检查M1、M2、M3、HL和EL能否正常工作。

3）如出现故障则进行排除，并记录运行和排除故障的情况。

表 5-2 通电试运行与调试的记录及分析

内容 \ 步骤		步骤 1	步骤 2	步骤 3	步骤 4	步骤 5	步骤 6	步骤 7
		合上 QF	按 SB1	按 SB3	按 SA1	按 SA3	按 SB2	按 SA2
按电路原理应出现的情况	M1							
	M2							
	M3							
	HL							
	EL							
实际情况	M1							
	M2							
	M3							
	HL							
	EL							
情况分析								

7. 注意事项

1）小心操作，切勿损坏电器元件。

2）在控制板上安装电器元件要注意定位准确，使电器排列整齐。

3）注意安装工艺及接线工艺，为防止差错，应先接主电路，后接控制电路和辅助电路。

4）注意安全操作，电动机外壳上要接好接地线。

5）试运行时先合上 QF，再按起动按钮 SB1。

8. 完成实训报告

按实训导师的要求认真撰写实训报告。

5.4 项目评价

1. 学生自评、教师评价

项目内容	配分	评分标准	学生自评	教师评价
安装元件	10	1)元件布置不合理、不整齐、不均匀，每个扣 3 分 2)元件安装不牢固，每个扣 2 分 3)损坏元件扣 5~10 分		
安装过程	40	1)不按电路图接线，扣 20 分 2)布线不符合要求，主电路每处扣 2 分，控制电路每处扣 1 分 3)接点松动、露铜过长、反圈、压绝缘皮等，每处扣 1 分 4)损伤导线绝缘或线芯，每根扣 2 分		
线路检测	10	要求检测方法正确、熟练，不正确不熟练扣 1~10 分		
通电试车	20	1)通电操作步骤正确，步骤错误每处扣 2 分 2)通电试车一次不成功扣 5 分，二次不成功扣 10 分，三次不成功不得分		

（续）

项目内容	配分	评分标准	学生自评	教师评价
安全文明生产	10	1）遵守用电操作规范，违规扣 1~10 分 2）工具器材摆放整齐，安装完毕保持良好，工具使用不当扣 1~5 分 3）安装完毕整理器材、场地，不整理扣 3 分		
任务书	10	任务书填写不及时或者不齐全的扣 5 分		
定额时间	不允许超时，提前完成加 5 分； 超时完成扣分，每超过 10 分钟，扣 5 分			
总　分				
班　级		组别		签字

2. 小组互评

组别		姓名			
序号	考核标准	配分	得分	得分	得分
1	喜欢合作学习，积极参加小组活动	10			
2	敢于发表自己的见解，同时也尊重同学意见	10			
3	积极帮助小组其他成员，友好相处	10			
4	学习目的明确，组织有序	10			
5	帮助协调，推动整个小组的工作	10			
6	表现积极，主动完成各项学习任务	10			
7	会网上检索资料，有科学信息、资料的摘记	10			
8	口头交流叙述流畅，图示表达简单明了	10			
9	具有自我学习的能力	10			
10	具有自我认知及自我评估的能力	10			
总　分					

项目6　CA6140型车床电气控制电路测绘

6.1　项目分析

本项目的主要内容是介绍如何绘制和识读电气原理图，明确车床电气控制电路的测绘方法。学生能对教师指定的机床进行测绘，并且能够将测绘图转化为电气原理图，明确测绘的过程，能看懂测绘的车床电路。

6.2　相关知识

维修的前提是要先看懂实际电路，对照原理图看电路很容易，但对初学者和没有原理图的场合，直接检测电路非常困难。通过测绘的形式来认知电路是一件很有意义事情，在此学生不但明确了测绘的方法，而且看懂了实际机床电路，并且能得到第一手资料。在测绘前我们应该阅读车床电路的相关资料，测绘后应该绘制出电气原理图，所以首先介绍一下机床电气原理图的相关知识。

普通机床一般都是由电动机来拖动的，由于不同的工作性质和加工工艺，机床对电动机的运转要求也不相同。要使电动机按照机床的要求正常转动，必须配备一定的控制电路电器元件，才能达到相应的控制目的。常见的基本控制环节主要有起动控制、正反转控制、制动控制等。在机床电气控制中，控制电路无论是简单的还是复杂的，一般都是由几个基本控制环节组成的，因此掌握好电气控制电路的基本环节对理解各种机床电气控制电路的工作原理和维修是非常重要的。

6.2.1　机床电气原理图的绘制与标记

机床电气控制系统是由许多电器设备及电器元件按照一定的控制要求连接而成，从而实现对机床电气的自动控制。为了便于对控制系统进行设计、研究分析、安装调试、使用和维修，需要将电气控制系统中各电器元件及其相互连接用国家规定的统一符号、文字和图形表示出来。

电气原理图是最主要，也是最根本的图样，它是为了便于阅读和分析控制电路的各种功能，用各种符号、电气连接联系起来描绘全部或部分电气设备工作原理的电路图。电气原理图一般为主电路、控制电路、信号电路、照明电路及保护电路等。

图6-1是某机床电气原理图，图中标明了各列的标记和该列电路的作用。

（1）电源电路　由电源保护电器和电源开关组成。

（2）主电路（动力电路）　指从电源到电动机大电流通过的电路，它直接输出功率。

（3）控制电路　是电气控制系统十分重要的电路，由它实现对电动机运转的控制。它具有逻辑判断、记忆、顺序动作等作用。

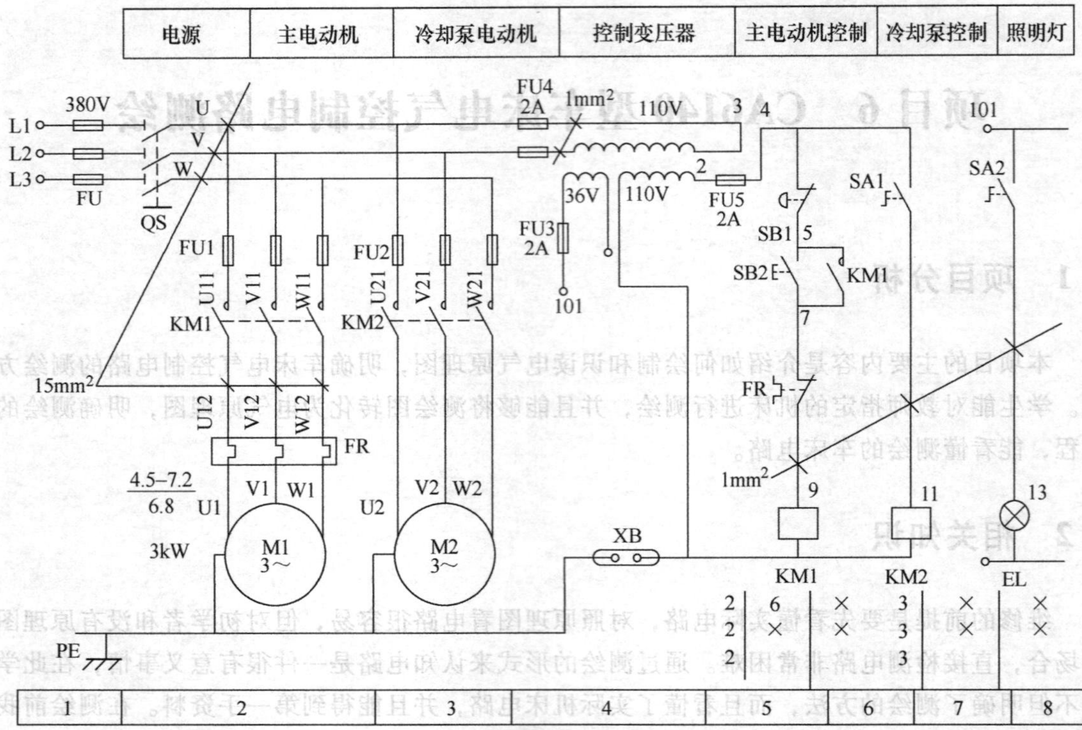

图 6-1　某机床电气原理图

(4) 辅助电路　由变压器、照明电路及信号电路等组成。

电器元件的相关触头位置的索引用图号、页次和区号组合，如图 6-2 所示。

继电器和接触器的触头位置采用附图的方式表示，附图可画在电路图中相应线圈的下方，此时可以只标出触头的位置索引。若画在电路图上其他地方，则必须注明是哪个线圈的附图，附图上的触头表示方法如图 6-3 所示。

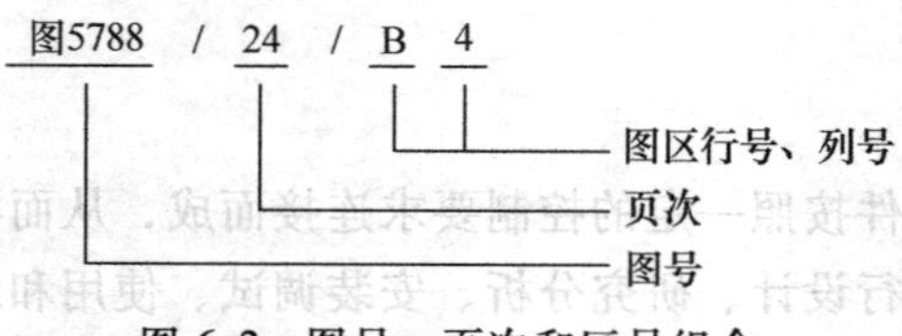

图 6-2　图号、页次和区号组合

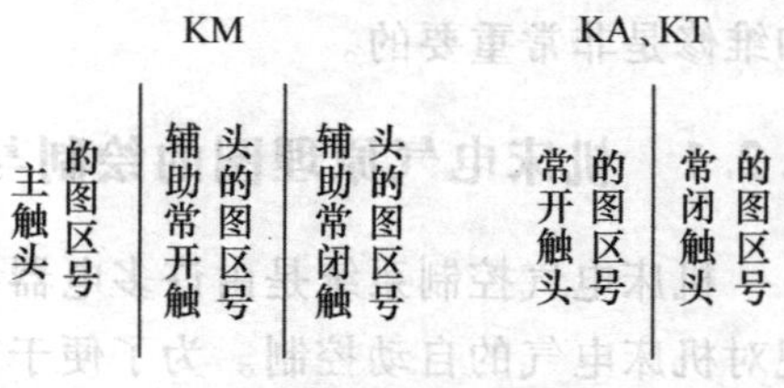

图 6-3　触头位置索引图

电器元件的数据和型号一般用小号字体标注在电器代号的下面，如热继电器动作电流和整定值的标注、导线截面积的标注等。

6.2.2　电气原理图的绘制

电气原理图是为了便于阅读和分析控制电路，基于简明、清晰、易懂的原则，根据电气控制电路的工作原理来绘制的，图中包括所有用到的电器元件的导电部分和接线端子，但并不按照电器元件的实际布置来绘制。下面说明绘制电气原理图的基本规则和注意事项。

1. 电气原理图绘制的基本规则

1) 电气原理图按所规定的图形符号、文字符号和回路标号进行绘制。

在原理图中，所有电动机、电器等元件都应采用国家统一规定的图形符号和文字符号来表示。属于同一电器的线圈和触头，都要用同一文字符号表示。当使用相同类型电器时，可在文字符号后加注阿拉伯数字序号来区分。

2）电气原理图分为主电路和辅助电路两部分：主电路就是从电源到电动机绕组的大电流通过的路径；辅助电路包括控制电路、照明电路、信号电路及保护电路等，由继电器的线圈和触头、接触器的线圈和触头、按钮、照明灯、信号灯、控制变压器等电器元件组成。

一般主电路画在左边（或上部）；辅助电路画在右边（或下部）。动力电路的电源电路一般绘成水平线，对于受电的动力装置，电动机主电路用垂直线绘制在图面的左侧，控制电路用垂直线绘制在图面的右侧。主电路与控制电路一般应分开绘制，各电路元件采用平行展开画法，但同一电器的各元件采用同一文字符号标明。

3）电气原理图中所有的电器触头，都按没有通电或没有外力作用时的开闭状态画出。对于继电器、接触器的触头，按线圈未通电时的状态画；按钮、行程开关的触头按不受外力作用时的状态画；控制器按手柄处于零位时的状态画等。

所有电路元件的图形符号均按电器未接通电源和没有受外力作用时的状态绘制。促使触头动作的外力方向必须是：当图形垂直放置时为从左向右，即在垂线左侧的触头为常开触头，在垂线右侧的触头为常闭触头；当图形水平放置时为从下向上，即在水平线下方的触头为常开的触头，在水平线上方的触头为常闭触头。

4）电气原理图中，各电器元件的导电部件如线圈和触头的位置，应根据便于阅读和分析的原则来安排，绘制在它们完成作用的地方。同一电器元件的各个部件可以不画在一起。

5）电气原理图中，有直接电联系的交叉导线的连接点，要用黑圆点表示；无直接电联系的交叉导线，交叉处不能画黑圆点。

6）电气原理图中，具有循环运动的机械设备应在电气原理图上绘出工作循环图。转换开关、行程开关等应绘出动作程序及动作位置示意图表。

7）由若干元件组成的具有特定功能的环节，可用点画线框括起来，并标注出环节的主要作用，如速度调节器、电流继电器等。

对于电路和元件完全相同并重复出现的环节，可以只绘出其中一个环节的完整电路，其余相同环节可用点画线框表示，并标明该环节的文字符号或环节的名称。该环节与其他环节之间的连线可在点画线框外面绘出。

8）电气原理图的全部电动机、电器元件的型号、文字符号、用途、数量、额定技术数据均应填写在元件明细表内。

2. 图面区域的划分

图面分区时，竖边从上到下用拉丁字母，横边从左到右用阿拉伯数字分别编号。分区代号用该区域的字母和数字表示，如B3、C5。

3. 符号位置的索引

在较复杂的电气原理图中，继电器、接触器的线圈的文字符号下方要标注其触头位置的索引；而在触头文字符号下方标注其线圈位置的索引。接触器和继电器线圈与触头的从属关系，应用附图表示，即在原理图中相应线圈的下方，给出触头的图形符号，并在其下面注明相应的索引代号。有时也可以采用省去触头图形符号的表示法。符号位置的索引用部件代号、页次和图区编号的组合索引法，索引代号的组成如图6-2所示。

4. 电气原理图中技术数据的标注

电器元件的技术数据除在电气元件明细表中标明外，有时也可用小号字体注在其图形符号的旁边。

6.2.3 实际机床电路的配线说明

1）主电路用黑色线，交流控制电路用红色线，直流控制电路用蓝色线，保护电路用黄绿色线。

2）配线板外的电器元件与配线板上电器元件连接时要通过端子连接，其间连线越少越好。

6.2.4 测绘中应注意的事情

1）应遵守车间的各项规定，测绘的设备应断电进行。

2）拆卸端盖时注意拆掉的螺钉等要妥善保管，不动时不可让元件和导线受到额外的力。

3）学生不经教师同意不可随意拽线，拆接电线。

6.3 项目实施

6.3.1 CA6140 型车床电气控制电路测绘项目书

教学目的	明确 CA6140 型车床的结构、功能；明确测绘过程；明确判断元件触头状态的方法；明确测绘图转换为原理图的方法；能够看懂实际电路
主要设备	万用表、尖嘴钳、螺钉旋具等
任务描述	通过测绘，看懂实际电路
过程描述	组成原理讲授、测绘方案制定、测绘、检查、评价
原理说明	
相应图表	
收获与体会	

6.3.2 CA6140型车床电气控制电路测绘步骤

一般测绘时，首先要对设备进行比较全面的了解，对同类型机床电路的了解有助于对电路组成有一定的认识。还要明确国家在接线时的一些规定，如同一根线两端线号相同，相连线是等电位且线号相同，主电路、控制电路、照明电路等标号不同，且有规律可循等。CA6140型车床电气控制电路测绘步骤如下：

1）阅读车床资料，明确车床的基本动作和基本电路组成。

2）现场认知车床，明确各电器元件位置。

3）观看车床操作，有助于学生直观感知。

4）学生总结，写明主令电器和接触器及电动机间的控制关系。

5）测绘主电路并绘出电气原理图。

6）测绘控制电路并绘出电气原理图。

7）根据电气原理图确认每一根线。

8）做好元件型号、线径、电动机型号等的标注。

6.4 项目评价

1. 学生自评、教师评价

项目内容	配分	评分标准	学生自评	教师评价
任务分析方案制定	20	1)不认真阅读被测绘机床文件,扣5分 2)测绘方案不合理,扣5分		
测绘过程	15	1)不正确拆装盖板,错误一处扣2分 2)不正确判断器件常开、常闭状态,判断错误一处扣2分 3)团队之间不协作扣5分		
成果质量	40	1)元件位置关系、走线方向标注不正确,错误一处扣2分 2)线号、走线颜色标注不正确,错误一处扣2分 3)测绘图不正确,错误一处扣5分 4)测绘图转换为原理图不正确,错误一处扣5分		
安全文明生产	15	1)遵守测绘操作规范,违规扣1~10分 2)工具器材摆放整齐,测绘完毕保持良好,工具使用不当扣1~5分 3)测绘完毕整理器材、场地,不整理扣3分		
任务书	10	任务书填写不及时或者不齐全的扣5分		
定额时间	不允许超时,提前完成加5分; 超时完成扣分,每超过10分钟,扣5分			
总　分				

班　级		组别		签字	

2. 小组互评

组别		姓名			
序号	考核标准	配分	得分	得分	得分
1	喜欢合作学习,积极参加小组活动	10			

（续）

序号	考核标准	配分	得分	得分	得分
2	敢于发表自己的见解，同时也尊重同学意见	10			
3	积极帮助小组其他成员，友好相处	10			
4	学习目的明确，组织有序	10			
5	帮助协调，推动整个小组的工作	10			
6	表现积极，主动完成各项学习任务	10			
7	会网上检索资料，有科学信息、资料的摘记	10			
8	口头交流叙述流畅，图示表达简单明了	10			
9	具有自我学习的能力	10			
10	具有自我认知及自我评估的能力	10			
总　分					

项目7 CA6140型车床电气控制电路维修

7.1 项目分析

随着科学技术的不断发展，各行各业机械化、自动化的程度大大提高，各类驱动用电动机、电力供电用变压器及各类电器应用越来越多，保证这些电气设备合理使用、正常运转是极其重要的。然而，电气控制电路出现故障是不可避免的，因此，只有及时、准确地排除各种设备的电气故障，才能充分发挥设备的作用，否则，将直接影响设备的利用率和生产的发展。

根据故障现象，通过对CA6140型车床控制电路的原理分析，制定检修步骤和方法，根据所制定的步骤和方法进行故障诊断并进行排除，完成维修记录的填写。

7.2 相关知识

7.2.1 电气控制电路分析基础

1. 电气控制电路分析的内容与要求

电气控制系统是生产机械设备的重要组成部分，电气维修人员通过对各种技术资料的分析，应掌握电气控制电路的工作原理、技术指标、使用方法和维护要求等。分析电气控制电路的具体内容和要求主要包括以下几方面。

（1）了解设备说明书 设备说明书由机械（包括液压部分）与电气两部分组成。在分析时首先要阅读这两部分说明书，了解以下内容：

1）了解电气控制方式，电动机等电器的数目、规格型号、安装位置、用途及控制要求。

2）了解设备的用电要求和外部供电状态；明确设备的操作过程，确定检修区间；掌握设备的使用方法，各操作手柄、开关、旋钮、指示装置的布置以及在控制电路中的作用。

3）与机械、液压部分直接关联的电器（行程开关、电磁阀、电磁离合器、传感器等）的位置、工作状态及与机械、液压部分的关系，在控制中的作用等。

（2）重点分析电气原理图 电气原理图是分析和检修控制电路的主要依据。电气原理图由主电路、控制电路、辅助电路、保护及联锁环节，以及特殊控制电路等部分组成。

在分析电气原理图时，必须与阅读其他技术资料结合起来。例如，各种电动机及执行元器件的控制方式、位置及作用，各种与机械有关的位置开关、主令电器的状态等，均可通过阅读说明书了解。

2. 阅读分析电气原理图的方法与步骤

分析电气原理图的一般原则是：化整为零、顺藤摸瓜、先主后辅、集零为整、安全保护和全面检查。

先主后辅即先看有几条主电路，再看每条主电路的开关是哪个接触器的主触头，结合此主触头在控制电路中找到其控制线圈回路，对其线圈回路中各触头的作用进行分析。

通常，分析电气控制系统时，要结合有关技术资料将控制电路“化整为零”，即以某一电动机或电器元件（如接触器或继电器线圈）为对象，从电源开始，自上而下、自左而右，逐一分析其接通及断开的关系（逻辑条件），并区分出主令信号、联锁条件和保护要求等。根据图区坐标标注的检索可以方便地分析出各控制条件与输出的因果关系。

7.2.2　电路故障的检查方法

不同的场合中，各种电气控制电路具有不同的特点，但对于各种不同电气控制电路的故障，采用的分析方法是大同小异的，也就是所谓的基本检修方法。这些方法包括直观法、测量电压法、测量电阻法、对比法、置换元件法、逐步开路法、强迫闭合法和短接法等。实际检修时，要综合运用上述方法，并根据积累的经验，对故障现象进行分析，快速、准确地找到故障部位，采取适当方法加以排除。

1. 直观法

直观法是根据电器故障的外部表现，通过目测、鼻闻、耳听等手段，来检查、判断故障的方法。

（1）检查步骤

1）调查情况。向机电设备操作者和故障发生时在场人员询问故障情况，包括故障外部表现、大致部位、发生故障时环境情况（如有无异常气体、明火等，热源是否靠近电气，有无腐蚀性气体侵蚀，有无漏水等）、是否有人修理过、修理的内容等。

2）初步检查。根据检查的情况，看有关电器外部有无损坏，连线有无断路、松动，绝缘结构有无烧焦，熔断器是否熔断，电器有无进水、油垢，开关位置是否正确等。

3）试运行。通过初步检查，确认不会使故障进一步扩大，并且在造成人身、设备事故后，应进行试运行检查。试运行中要注意有无严重跳火、冒火、异常气味、异常声音等现象，一经发现应立即停止运行，切断电源。试运行时应注意检查电动机的温升及电器的动作程序是否符合电气原理图的要求，从而发现故障部位。

（2）检查方法及注意事项

1）用观察火花的方法检查故障。电器的触头在闭合、分断电路或导线线头松动时会产生火花，因此可以根据火花的有无、大小等现象来检查电器故障。例如，正常固紧的导线与螺钉间不应有火花产生，当发现该处有火花时，说明线头松动或接触不良；电器的触头在闭合、分断电路时跳火，说明电路是通路，不跳火说明电路不通；当观察到控制电动机的接触器主触头两相有火花、一相无火花时，无火花的触头接触不良或这一相电路断路；三相中有两相的火花比正常大，另一相比正常小，可初步判断为电动机相间短路或接地；三相火花都比正常大，可能是电动机过载或机械部分卡住。在辅助电路中，接触器线圈电路通电后，衔铁不吸合，要分清是电路断路，还是接触器机械部分卡住造成的。可按一下起动按钮，如按钮常开触头在闭合位置，断开时有轻微的火花，说明电路通路，故障在接触器本身机械部分卡住等；如触头间无火花，说明电路是断路。

2）从电器的动作程序来检查故障。机电设备电器的动作程序应符合电气说明书和图样的要求，如某一电路上的电器动作过早、过晚或不动作，说明该电路或电器有故障。另外，还可以根据电器发出的声音、温度、有无气味等分析判断故障。

运用直观法，不但可以确定简单的故障，还可以把较复杂的故障缩小到较小的范围。

3）注意事项。当电器元件已经损坏时，应进一步查明故障原因后再更换，不然会造成元件的连续损坏。

试运行时，手不能离开电源开关，以便随时切断电源。

直观法的缺点是准确性差，所以不经进一步检查不要盲目拆卸导线和元件，以免延误时机。

2. 测量电压法

（1）检查方法和步骤

1）分阶测量法。电压的分阶测量法如图 7-1 所示。

采用电压分阶测量法进行检查时，首先把万用表的转换开关置于交流电压 500V 的档位上，然后按图 7-1 所示的方法进行测量。

断开主电路，接通控制电路的电源。若按下起动按钮 SB1 时，接触器 KM 不吸合，则说明电路有故障。

检测时，需要两人配合进行。一人先用万用表测量 0 和 1 两点之间的电压，若电压为 380V，则说明控制电路的电源电压正常；然后由另一人按下 SB1 不放，一人把黑表笔接到 0 点上，红表笔依次接到 2、3、4 各点上，分别测出 0-2、0-3、0-4 两点之间的电压，根据测量结果即可找出故障点（见表 7-1）。

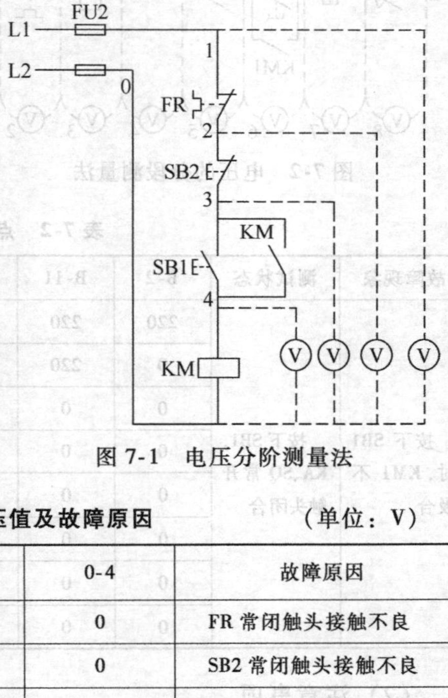

图 7-1　电压分阶测量法

表 7-1　电压分阶测量法所测电压值及故障原因　　（单位：V）

故障现象	测试状态	0-2	0-3	0-4	故障原因
SB1 按下时 KM 不吸合	SB1 按下，常开触头闭合	0	0	0	FR 常闭触头接触不良
		380	0	0	SB2 常闭触头接触不良
		380	380	0	SB1 接触不良
		380	380	380	KM 线圈短路

2）分段测量法。触头闭合时各电器之间的导线在通电时其电压降接近于零；而用电器、各类电阻、线圈通电时，其电压降等于或接近于外加电压。根据这一特点，采用分段测量法检查电路故障更为方便。电压的分段测量法如图 7-2 所示。当 KA、SQ 常开触头闭合时，按下按钮 SB1，如接触器 KM1 不吸合，则按住按钮 SB1 不放，先测 A、B 两点的电源电压，若电压在 380V，而接触器不吸合，说明电路有断路之处，可用红、黑两表笔逐段或者重点测相邻两点标号的电压。如电路正常，除 11 与 2 两标号间的电压等于电源电压 380V 外，其他相邻两点间的电压都应为零。如测量某相邻两点电压为 380V，说明该两点所包括的触头或连接导线接触不良或断路。例如，标号 3 与 5 两点间电压为 380V、说明停止按钮 SB2 接触不良。若测量电路电压无异常，而 11 和 2 之间电压正好等于电源电压，接触器 KM1 仍不吸合，说明 KM1 线圈断路或某机械部分卡住。

对于电器开关及电器相互间距离较大、分布较广的机电设备，由于万用表的表笔连接长度有限，用分段测量法检查故障比较方便。

3）点测法。机电设备电器的辅助电路电压为220V且零线接地的电路，可采用点测法来检测电路故障，如图7-3所示。将万用表的黑表笔接地，用红表笔逐点测2、11、9等点的电压，根据测量的电压情况来检查电气故障，这种测量某标号与地电压的方法称为点测法（或对地电压法）。用点测法测量电压值及相应的故障原因见表7-2。

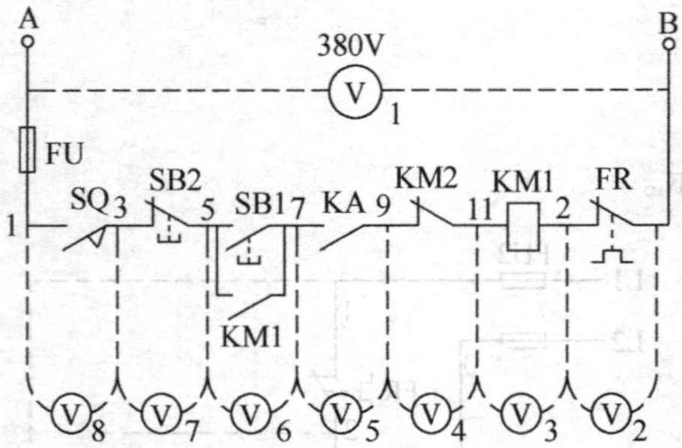

图7-2 电压的分段测量法

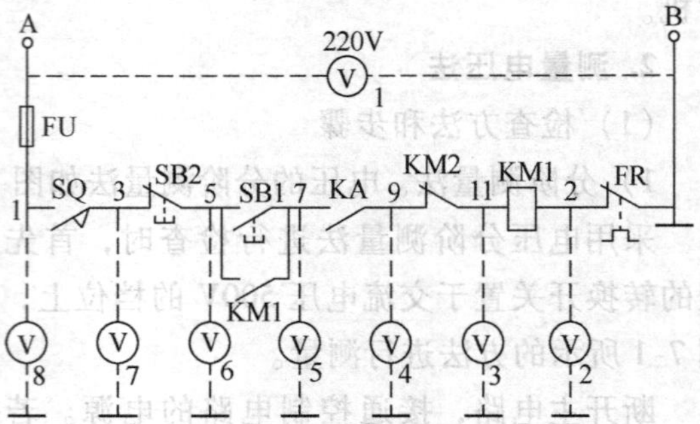

图7-3 电压的点测法

表7-2 点测法所测电压值及故障原因 （单位：V）

故障现象	测试状态	B-2	B-11	B-9	B-7	B-5	B-3	B-1	故障原因
按下SB1时，KM1不吸合	按下SB1，KA、SQ常开触头闭合	220	220	220	220	220	220	220	FR接触不良
		0	220	220	220	220	220	220	KM1本身有故障
		0	0	220	220	220	220	220	KM2接触不良
		0	0	0	220	220	220	220	KA接触不良
		0	0	0	0	220	220	220	SB1接触不良
		0	0	0	0	0	220	220	SB2接触不良
		0	0	0	0	0	0	220	SQ接触不良
		0	0	0	0	0	0	0	FU熔断

（2）注意事项

1）用分段测量法时，标号11以前各点对B点应为380V，如低于该电压（相差20%以上，包括仪表误差）时可视为电路故障。

2）分段测量时，若测得接触器线圈11与2两端电压等于电源电压，可判断为电路正常，如不吸合，说明接触器本身有故障。

3）电压的三种检查方法可以灵活运用，测量步骤也不必过于死板，除点测法须在220V电路上应用外，其他两种方法是通用的，也可以在检查一条电路时用两种方法。在运用以上三种方法时，必须保持电路为通路状态才能测量，但当接触器有"嗡嗡"声时，带电检测时间不法宜过长。

3. 测量电阻法

（1）检查方法和步骤

1）分阶测量法。测量检查时，首先把万用表的转换开关置于倍率适当的电阻档上，然后按图7-4所示方法进行测量。断开主电路，接通控制电路电源，若按下起动按钮SB1时，

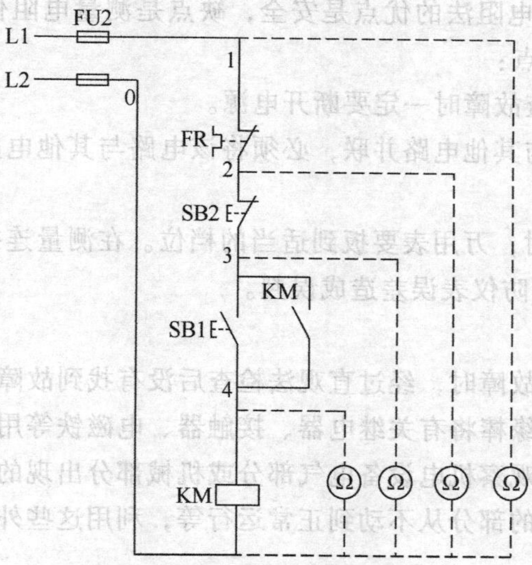

图 7-4 电阻的分阶测量法

接触器 KM 不吸合，则说明控制电路有故障。

检测时，首先切断控制电路电源，然后一人按下 SB1 不放，由另一人用万用表测出0-1、0-2、0-3、0-4 四点之间的电阻值。根据测量结果可找出故障点，分阶测量法所测电阻值及故障原因见表 7-3。

表 7-3 分阶测量法所测电阻值及故障原因 （单位：Ω）

故障现象	测试状态	0-1	0-2	0-3	0-4	故障原因
按下 SB1 时 KM 不吸合	按下 SB1，常开触头闭合	∞	*R*	*R*	*R*	FR 常闭触头接触不良
		∞	∞	*R*	*R*	SB2 常闭触头接触不良
		∞	∞	∞	*R*	SB1 接触不良
		∞	∞	∞	∞	KM 线圈短路

2）分段测量法。电阻的分段测量法如图 7-5 所示。先切断电源，按下起动按钮，两表笔逐段或测试相邻两标号（除 2-1 外）的电阻。如两点间电阻很大，说明该触头接触不良或导线断路。例如，当测得 1-3 间电阻很大时，说明行程开关触头接触不良。这种方法适用于开关、电器在机电设备上分布距离较大的场合。

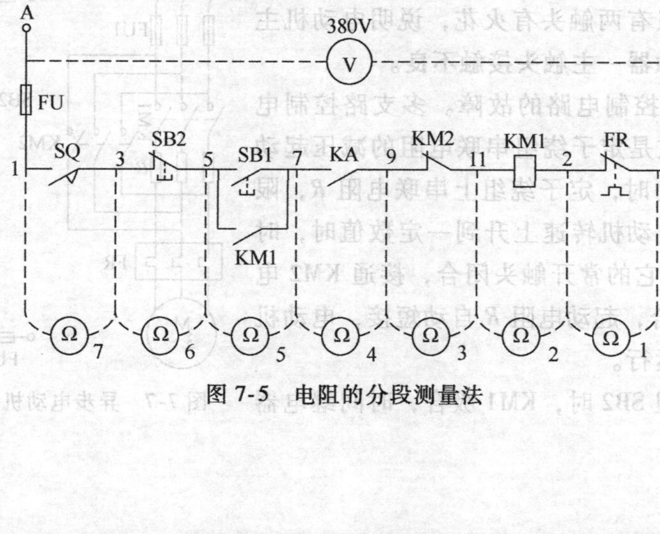

图 7-5 电阻的分段测量法

(2) 注意事项 测量电阻法的优点是安全，缺点是测量电阻值不准确时容易造成判断错误。为此应注意以下几点：

1）用测量电阻法检查故障时一定要断开电源。

2）如所测量的电路与其他电路并联，必须将该电路与其他电路断开，否则测量的电阻不准确。

3）测量高电阻电器时，万用表要扳到适当的档位。在测量连接导线或触头时，万用表要扳到 $R\times1$ 的档位上，以防仪表误差造成误判。

4. 强迫闭合法

在排除机电设备电气故障时，经过直观法检查后没有找到故障点，而手中也没有适当的仪表进行测量，可用一绝缘棒将有关继电器、接触器、电磁铁等用外力强行按下，使其常开触头或动铁心闭合，然后观察机电设备电气部分或机械部分出现的各种现象，如电动机从不转到转动，机电设备相应的部分从不动到正常运行等，利用这些外部现象的变化来判断故障点的方法叫强迫闭合法。

(1) 检查方法和步骤

1）检查一条主回路的故障。异步电动机单向控制电路如图 7-6 所示。首先使电动机空载，否则要对运动部件做好防护。按下起动按钮 SB2，接触器 KM 不吸合。可用一细绝缘棒或绝缘良好的螺钉旋具（注意手不能碰金属部分），从接触器灭弧罩的中间孔（小型接触器用两绝缘棒对准两侧的触头支架）快速按下，然后迅速松开，可能有如下情况出现：

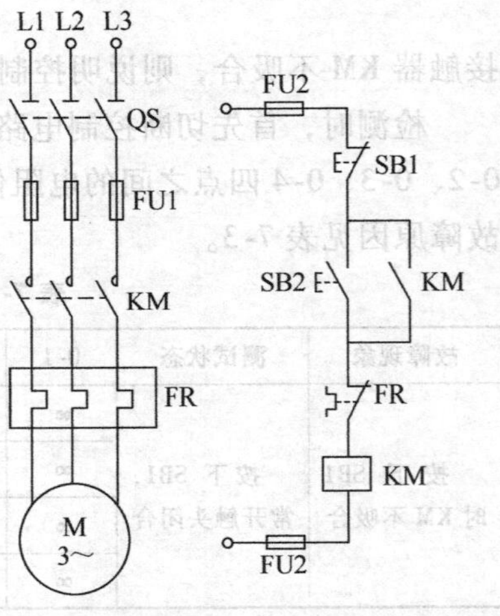

图 7-6 异步电动机的单向控制电路

电动机起动，接触器不再释放，说明起动按钮 SB2 接触不良或与之相连的起动线没有连接好。

强迫闭合时，电动机不运行，但有“嗡嗡”声，松开时看到三个触头都有火花，且亮度均匀，其原因是电动机过载或辅助电路中的热继电器 FR 常闭触头跳开。

强迫闭合时，电动机运转正常，松开后电动机停止运行，同时接触器也随之跳开，一般是辅助电路中的熔断器 FU2 熔断或自锁部分有问题。

强迫闭合时电动机不运行，有“嗡嗡”声，松开时接触器的主触头只有两触头有火花，说明电动机主电路一相断路或接触器一主触头接触不良。

2）检查多支路控制电路的故障。多支路控制电路如图 7-7 所示。这是定子绕组串联电阻的减压起动电路，在电动机起动时，定子绕组上串联电阻 R，限制了起动电流。在电动机转速上升到一定数值时，时间继电器 KT 动作，它的常开触头闭合，接通 KM2 电路，KM2 主触头闭合，起动电阻 R 自动短接，电动机在额定电压下正常运行。

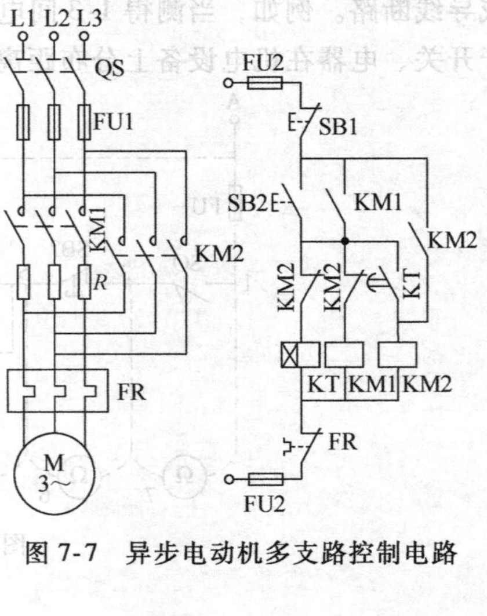

图 7-7 异步电动机多支路控制电路

当按下起动按钮 SB2 时，KM1 吸合，时间继电器

KT 不吸合，可将其强行吸合，待 KT 延时时间到，看 KM2 是否吸合。如 KM2 吸合且电动机正常运行（电阻 R 被短路），故障在时间继电器线圈电路或它的机械部分；如时间继电器吸合但 KM2 不吸合，可用小一字形螺钉旋具按压 KT 上的延时微动开关触杆，注意听是否有开关动作声音，如有声音且电动机正常运行，说明 KT 装配不正确。

（2）注意事项　用强迫闭合法检查电路故障，如运用得当，比较简单易行，但运用不好也容易出现人身和设备事故，所以应注意以下几点：

1）运用强迫闭合法时，应对机电设备电路控制程序比较熟悉，对要强迫闭合的电器与机电设备机械部分的传动关系比较明确。

2）用强迫闭合法前，必须对整个故障的电气设备、电器做仔细的外部检查，如发现以下情况，不得用强迫闭合法检查。

① 具有联锁保护的正反转控制电路中，两个接触器中有一个未释放，不得强迫闭合另一接触器。

② 星形-三角形起动控制电路中，当使电动机星形联结的接触器没有释放时，不能强迫闭合使电动机三角形联结的其他接触器。

③ 机电设备的运动机械部件已达到极限位置，又弄不清反向控制关系时，不要随便采用强迫闭合法。

④ 当强迫闭合某电器时可能造成机械部分（如机床夹紧装置等）严重损坏时，不得随便采用。

⑤ 用强迫闭合法时，所用的工具必须有良好的绝缘性能，否则会出现比较严重的触电事故。

5. 短接法

电路或电器的故障大致归纳为短路、过载、断路、接地、接线错误、电器的电磁及机械部分故障六类。诸类故障中出现较多的为断路故障，它包括导线断路、虚连、松动、触头接触不良、虚焊、假焊、熔断器熔断等。对这类故障除用测量电阻法、测量电压法检查外，还有一种更为简单可靠的方法，就是短接法。方法是用一根绝缘良好的导线，将所怀疑的断路部位短接起来，如短接到某处，电路工作恢复正常，说明该处断路。

（1）检查方法和步骤

1）局部短接法。局部短接法如图 7-8 所示。当确定电路中的行程开关 SQ 和中间继电器常开触头 KA 闭合时，按下起动按钮 SB1，接触器 KM1 不吸合，说明该电路有故障。检查时，可首先测量 A、B 两点电压，若电压正常，可将按钮 SB1 按住不放，分别短接 1-3、3-

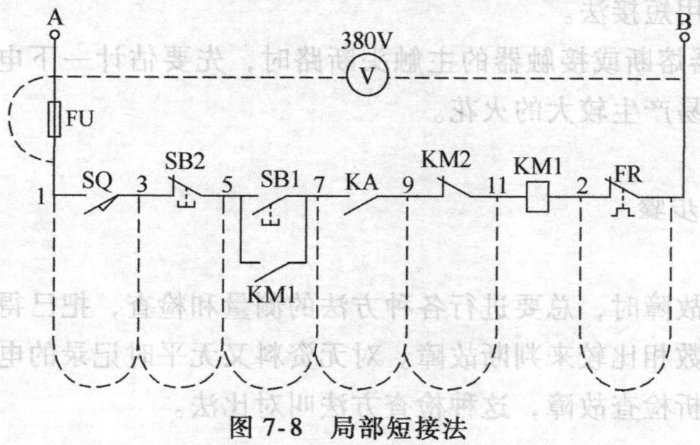

图 7-8　局部短接法

5、5-7、7-9、9-11 和 B-2。当短接到某点，接触器吸合，说明故障就在这两点之间。具体短接部位及故障原因见表 7-4。

表 7-4　局部短接法短接部位及故障原因

故障原因	端接标号	接触器 KM1 的动作情况	故障原因
按下起动按钮 SB1，接触器 KM1 不吸合	B-2	KM1 吸合	FR 接触不良
	11-9	KM1 吸合	KM2 常闭触头接触不良
	9-7	KM1 吸合	KA 常开触头接触不良
	7-5	KM1 吸合	SB1 触头接触不良
	5-3	KM1 吸合	SB2 触头接触不良
	3-1	KM1 吸合	SQ 触头接触不良
	1-A		熔断器 FU 接触不良或熔断

2）长短接法。长短接法如图 7-9 所示，是指依次短接两个或多个触头或线段，用来检查故障的方法。这样做既节约时间，又可弥补局部短接法的某些缺陷。例如，若两触头 SQ 和 KA 同时接触不良或导线断路，局部短接法检查电路故障的结果可能出现错误的判断，而用长短接法一次将 1-11 短接，如短接后接触器 KM1 吸合，说明 1-11 这段电路上一定有断路的地方，然后再用局部短接的方法来检查，就不会出现判断错误的现象。

长短接法的另一个作用是把故障点缩小到一个较小的范围之内。总之，应用短接法时可长短结合，加快排除故障的速度。

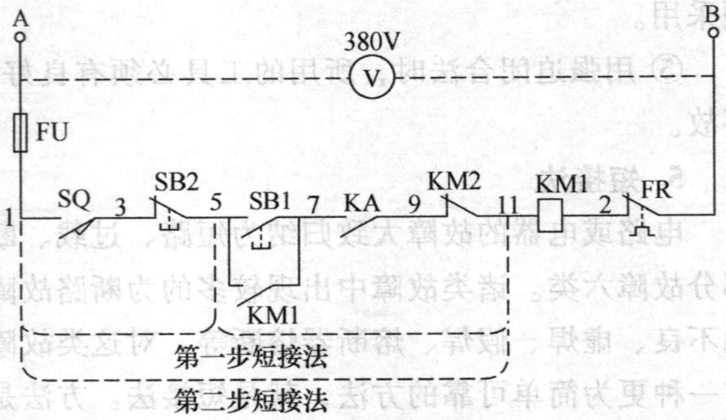

图 7-9　长短接法

（2）注意事项

1）应用短接法是用手拿着绝缘导线带电操作的，所以一定要注意安全，避免发生触电事故。

2）应确认所检查的电路电压正常后，才能进行检查。

3）短接法只适于电压降极小的导线、电流不大的触头之类的断路故障。对于电压降较大的电器，如线圈、绕组等断路故障，不得用短接法，否则就会出现短路故障。

4）对于机电设备的某些要害部位，要慎重行事，必须保障电气设备或机械部位不出现事故的情况下才能使用短接法。

5）在怀疑熔断器熔断或接触器的主触头断路时，先要估计一下电流，一般在 5A 以下时才能使用，否则容易产生较大的火花。

6. 其他检查方法

（1）检查方法和步骤

1）对比法

在检查电气设备故障时，总要进行各种方法的测量和检查，把已得到的数据与图样资料及平时记录的正常参数相比较来判断故障。对无资料又无平时记录的电器，可与同型号的完好电器相比较，来分析检查故障，这种检查方法叫对比法。

对比法在检查故障时经常使用，如比较继电器和接触器的线圈电阻、弹簧压力、动作时间、工作时发出的声音等。

电路中的电器元件属于相同控制性质或多个元件共同控制同一设备时，可以利用其他相似的或同一电源的元件动作情况来判断故障。例如，异步电动机正反转控制电路，若正转接触器 KM1 不吸合，可操纵反转，看接触器 KM2 是否吸合，如吸合，则证明 KM1 线圈本身有故障；反转接触器吸合时，电动机不运转，可操作电动机正转，若电动机运转正常，说明 KM2 主触头或连线有接触不良或断路。

2）置换元件法。某些电器的故障原因不易确定或检查时间过长时，为了保证机电设备的利用率，可置换同一型号性能良好的元器件实验，以证实故障是否由此电器引起。

运用置换元件法检查时应注意，当把原电器拆下后，要认真检查是否已经损坏，只有肯定由于该电器本身因素造成损坏时，才能换上新电器，以免新换电器再次损坏。

3）逐步开路法。遇到难以检查的短路或接地故障时，可重新更换熔体，把多支路并联电路一路一路逐步地从电路中断开，然后通电试验。若熔断器不再熔断，故障就在刚刚断开的这条支路上。然后将这条支路分成几段，逐段地接入电路。当接入某段电路时熔断器又熔断，证明故障就在这段电路及其电器元件上，这种方法简单，但容易把损坏不严重的电器元件彻底烧毁。

4）逐步接入法。电路出现短路或接地故障时，换上新熔断器逐步地将各支路一条一条地接入电源重新试验，当接到某段时熔断器又熔断，故障就在这条电路及其所包括的电器元件上，这种方法叫逐步接入法。

（2）注意事项 逐步开路法或逐步接入法是检查故障时较少用的一种方法，它有可能使有故障的电器损坏得更严重，而且拆卸的线头特别多，很费力，只在遇到较难排除的故障时才用这种方法。在用逐步接入法排除故障时因大多数并联支路已经拆除，为了保护电器，可用较小容量的熔断器接入电路进行试验。

7.2.3 CA6140 型车床电气系统常见故障

1. 电气原理图

CA6140 型车床电气原理图如图 5-5 所示。

2. 常见电气故障分析与检修

当需要打开配电盘壁龛门进行带电检修时，将 SQ2 开关的传动杆拉出，断路器 QF 仍可合上。关上壁龛门后，SQ2 复原，恢复保护作用。

（1）主轴电动机 M1 不能起动 首先检查接触器 KM 是否吸合，如果接触器 KM 吸合，则故障必然发生在电源电路和电动机 M1 的主电路上。

1）合上断路器 QF，用万用表测接触器受电端 L11、L12、L13 点之间的电压，如果电压是 380V，则电源电路正常。当测量 L11 与 L13 之间无 380V 电压时，再测量 L1、L2、L3 之间的电压，若无电压，则说明上级电源故障；若有电压，则是断路器 QF（L1 或 L3 相）接触不良或连线断路。

修复措施：查明损坏原因，更换为相同规格和型号的断路器及连接导线。

2）断开断路器 QF，用万用表电阻 $R\times1$ 档测量接触器 KM1 主电路间的阻值，如果阻值较小且相等，说明所测电路正常，否则依次检查 KM1、FR1、电动机 M1 及它们之间的连线。

修复措施：查明损坏原因，修复或更换为同规格、同型号的接触器 KM1、热继电器 FR1、电动机 M1 及其连接导线。

3）检查接触器 KM1 时应注意主触头是否良好，如果接触不良或烧毛，则更换动、静触头或相同规格的接触器。

4）检查电动机机械部分是否良好，如果电动机内部轴承损坏，应更换轴承；如果外部机械有问题，可配合机修钳工进行维修。

若接触器 KM1 不吸合，可按下列步骤检修：首先检查 KM3 是否吸合，若吸合说明 KM1 和 KM3 的公共控制电路部分正常，故障发生在 KM1 的线圈支路；若 KM3 也不吸合，就要检查照明灯和信号灯是否亮，若照明灯和信号灯亮，说明故障发生在控制电路上，若灯 HL、EL 都不亮，说明控制电源部分 TC 有故障，但不能排除控制电路也有故障。

（2）主轴电动机 M1 起动后不能自锁　当按下起动按钮 SB1 时，主轴电动机能起动运转，但松开 SB1 后，M1 也随之停止运行。造成这种故障的原因是接触器 KM 的自锁触头接触不良或连接导线松脱。

（3）主轴电动机 M1 不能停止运行　造成这种故障的原因多是接触器 KM 的主触头熔焊，停止按钮 SB2 击穿或电路中 SB2 两端连接导线短路，接触器铁心表面粘了污垢。可采用下列方法判明是哪种原因造成的。若断开 QF，接触器 KM1 释放，则说明故障为 SB2 击穿或导线短接；若接触器过一段时间释放，则故障为铁心表面粘了污垢的。若断开 QF，接触器 KM1 不释放，则故障为主触头熔焊。根据具体故障采取相应措施修复。

（4）主轴电动机在工作时突然停止运行　这种故障的主要原因是热继电器 FR1 动作。发生这种故障后，一定要找出热继电器 FR1 动作的原因，排除后才能使其复位。引起热继电器 FR1 动作的原因可能是：电动机 M1 断相，电源电压较长时间过低，负载过重以及 M1 的连接导线接触不良等。

（5）刀架快速移动电动机不能起动　首先检查 FU2 的熔体是否熔断，其次检查 KM3 触头的接触是否良好，若无异常或按下 SB3 时，接触器 KM3 不吸合，则故障必定在控制电路中。当 KM1 能吸合时，依次检查点动按钮 SB3 及接触器 KM3 的线圈和其间连线是否有断路现象即可。

7.3 项目实施

7.3.1 CA6140 型车床电气系统维修项目书

教学目的	能够根据给定的故障现象进行现场调查，依据项目书及参考技术资料自主完成维修方案的制定，对元件及电路进行确认，分析电路，按照现象准备工具，对故障电路进行检测、修复
主要设备	接地线、塑铜线、万用表、尖嘴钳、剥线钳、螺钉旋具等
预习内容	电动机与电气控制、工厂供配电、电工基础

（续）

任务描述	明确工作原理，正确合理使用工具仪表进行电路检测
过程描述	原理讲授、故障原因分析、故障点查找、故障点排除、检查、评价
原理说明	
维修过程记录	
收获与体会	

7.3.2 CA6140型车床电气系统维修步骤

认真阅读电路图并结合实际机床，掌握电路的构成、工作原理及接线方式。CA6140型车床电气系统的维修步骤及工艺要求如下。

1. 检修前的准备工作

工具：验电笔、螺钉旋具、尖嘴钳、剥线钳、电工刀、活络扳手等。

仪表：万用表、绝缘电阻表（短路检测时用）等。

2. 检修步骤及工艺要求

1）根据故障现象，先分析电路图，确定可能的故障范围。

2）根据所列出的故障范围，制定检修故障的方法和步骤，形成故障诊断方案。

3）根据故障诊断方案，选用正确的工具和方法进行检修。

3. 检修时的要求

1）检修过程中，故障分析、排除故障的思路要正确，不得采用更换电器元件、借用触头或改动电路的方法修复故障。

2）检修时，严禁扩大故障范围或产生新的故障，不得损坏电器元件或设备。

4. 注意事项

1）尽量采用不带电检修的方法。带电检修时，必须有指导教师监护，以确保安全，且停电要验电。

2）熟悉 CA6140 型车床电气控制电路的基本环节及控制要求，认真观摩教师示范检修。

3）检修前，要认真阅读电路图和接线图，弄清有关电器元件的位置、作用及走线情况。

4）检修所用工具、仪表应符合使用要求，修复故障点后，整理好线路并调试。

5）工具和仪表的使用要正确，检修时要认真核对导线的线号，以免出错。

7.4 项目评价

1. 学生自评、教师评价

项目内容	配分	评分标准	学生自评	教师评价
故障分析	25	1)标出故障线段不正确的,错误一处扣 5 分 2)标出最小故障范围不正确的,错误一处扣 5 分		
故障排除	50	1)测量仪器和工具使用不正确的,扣 5 分 2)排除故障方法不正确的,扣 10 分 3)电气元件损坏,损坏一处扣 2 分 4)排除故障点不准确的,错误一处扣 5 分 5)扩大故障范围或产生新故障扣 5 分		
安全文明生产	15	1)遵守检修操作规范,违规扣 1~10 分 2)工具器材摆放整齐,检修完毕保持良好,工具使用不当扣 1~5 分 3)检修完毕整理器材、场地,不整理扣 3 分		
任务书	10	任务书填写不及时或者不齐全的扣 5 分		
定额时间	不允许超时,提前完成加 5 分; 超时完成扣分,每超过 10 分钟,扣 5 分			
总　　分				

班　级		组别		签字	

2. 小组互评

组别		姓名			
序号	考核标准	配分	得分	得分	得分
1	喜欢合作学习,积极参加小组活动	10			
2	敢于发表自己的见解,同时也尊重同学意见	10			
3	积极帮助小组其他成员,友好相处	10			
4	学习目的明确,组织有序	10			
5	帮助协调,推动整个小组的工作	10			
6	表现积极,主动完成各项学习任务	10			
7	会网上检索资料,有科学信息、资料的摘记	10			
8	口头交流叙述流畅,图示表达简单明了	10			
9	具有自我学习的能力	10			
10	具有自我认知及自我评估的能力	10			
总　　分					

项目 8　按钮互锁正反转控制电路安装

8.1　项目分析

改变电动机中旋转磁场的转向就可以实现电动机换向。三相异步电动机只要任意改变通入定子绕组的两根相线就能换向，实现正反转控制。换向的实现形式主要有继电器-接触器式、可选择开关式，也可以利用变频器等智能驱动器件。

用两个接触器实现换向时，若在同一时间里两个接触器触头同时闭合，就会造成电源相间短路，所以在两个接触器之间必须有防止同时吸合的控制，称为互锁控制，以保证两接触器不同时吸合。

从本项目开始，将学习这个电气控制中非常重要的概念——“互锁”。互锁有机械互锁和电气互锁两种，其中电气互锁的基本形式主要有按钮互锁、接触器互锁和双重互锁等。下面分别介绍按钮互锁、接触器互锁和双重互锁正反转控制电路，从中要明确各种互锁的形式、电路特点及实用性，并明确检测方法。

8.2　相关知识

8.2.1　按钮互锁正反转控制电路工作原理

图 8-1 为按钮互锁正反转控制电路，设 KM1 和 KM2 分别是正反转用接触器。

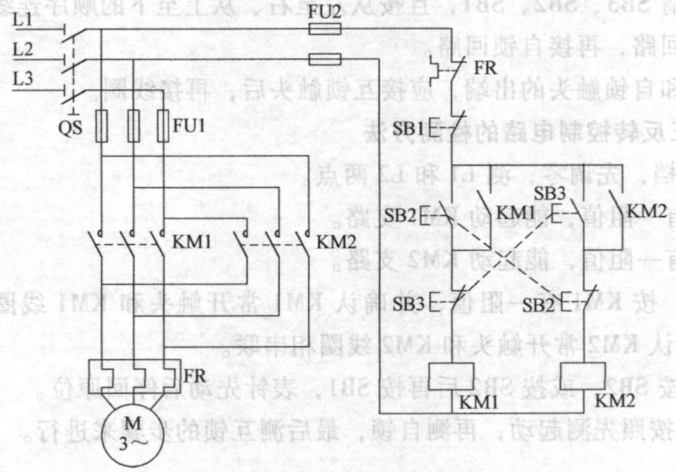

图 8-1　按钮互锁正反转控制电路

1. 正向起动过程

按下起动按钮 SB2，接触器 KM1 线圈通电，与 SB2 并联的 KM1 的辅助常开触头闭合，以保证 KM1 线圈持续通电，串联在电动机主回路中的 KM1 的主触头闭合，电动机正向运行。

2. 停止过程

按下停止按钮 SB1，接触器 KM1 线圈断电，与 SB2 并联的 KM1 的辅助常开触头断开，解除自锁，串联在电动机回路中的 KM1 的主触头同时断开，切断电动机定子电源，电动机停止运行。

3. 反向起动过程

按下起动按钮 SB3，接触器 KM2 线圈通电，与 SB3 并联的 KM2 的辅助常开触头闭合，实现自锁，串联在电动机主回路中的 KM2 的主触头同时闭合，电动机反向运转。

将按钮 SB2 的辅助常闭触头串入 KM2 的线圈回路中，从而保证在接通 KM1 线圈时，KM2 线圈回路总是先断开的；将按钮 SB3 的辅助常闭触头串入 KM1 的线圈回路中，从而保证在接通 KM2 线圈时，KM1 线圈回路总是先断开的。这样就用按钮的辅助常闭触头保证了两个接触器线圈不能同时通电，这种控制方式称为按钮互锁，这两个辅助常闭触头称为互锁触头。

这种控制电路的缺点是容易短路，在接触器发生冷焊时肯定短路。因此，按钮互锁正反转形式不能单独应用。

注意：电动机也可先反转，再正转；在换向过程中，电动机有停止运行过程；换向是由主电路接线保证的。

8.2.2 按钮互锁正反转控制电路的特点

1. 采用复合按钮

控制回路中采用复合按钮，且常闭触头先断，常开触头后合。

2. 交流接触器常闭触头接法

3. 安装按钮互锁正反转控制电路时应该注意的问题

1）主电路应接成换向形式。

2）自己要记清 SB3、SB2、SB1，且按从左至右、从上至下的顺序连线。

3）先接起动回路，再接自锁回路。

4）起动按钮和自锁触头的出端，应接互锁触头后，再接线圈。

4. 按钮互锁正反转控制电路的检测方法

1）用 R×100 档，先调零，测 L1 和 L2 两点。

2）按 SB1，有一阻值，能起动 KM1 支路。

3）按 SB2，有一阻值，能起动 KM2 支路。

4）检测自锁，按 KM1 有一阻值，并确认 KM1 常开触头和 KM1 线圈相串联；按 KM2 也有一阻值，并确认 KM2 常开触头和 KM2 线圈相串联。

5）按 SB1 后按 SB2，或按 SB2 后再按 SB1，表针先动后停回原位。

检测顺序最好按照先测起动，再测自锁，最后测互锁的步骤来进行。

5. 检测重点

1）看懂接线，找准测试点。

2）先测自锁，再测互锁。

3）准确测值。

注意：上述检测为不带电测量；KM1 和 KM2 同时按下时，禁止通电；注意检测顺序，以防误检。

8.3 项目实施

8.3.1 按钮互锁正反转控制电路安装项目书

教学目的	明确电路工作原理、接线原则，能够准确、熟练地进行接线
主要设备	接地线、塑铜线、万用表、尖嘴钳、剥线钳、螺钉旋具等
预习内容	电动机与电气控制、电工基础
任务描述	明确工作原理，正确合理配线
原理说明	
过程描述	原理讲授、接线方案研讨、接线、检查、评价
相应图表	
收获与体会	

8.3.2 按钮互锁设计控制电路电器元件布置图及元件清单

按钮互锁正反转控制电路电器元件布置图如图 8-2 所示，表 8-1 为元件清单。

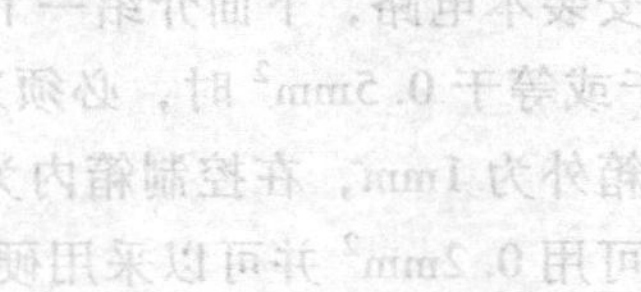

图 8-2 按钮互锁正反转控制电路电器元件布置图

表 8-1 按钮互锁正反转控制电路元器件

符号	名称	型号(规格)	数量
QS	电源开关	HK8(380V、16A)	1个
FU	熔断器	RL6—25	5个
SB	按钮	LA19—11	3个
KM	交流接触器	CJ20—19(380V)	2个
FR	热继电器	JR20—20	2个
M	电动机	JW6314	1台

8.3.3 按钮互锁正反转控制电路安装步骤

1. 安装前准备工作

工具：验电笔、螺钉旋具、尖嘴钳、剥线钳、电工刀等。

仪表：万用表。

器材：电器元件、相应规格的导线、螺钉、接线端子、针形及叉形轧头、线槽、编码套管等。

本项目采用板前线槽配线来安装本电路，下面介绍一下板前线槽配线的具体工艺要求。

1）所有导线的截面积在大于或等于 0.5mm^2 时，必须采用软线。考虑机械强度的原因，所有导线的最小截面积，在控制箱外为 1mm，在控制箱内为 0.75mm。对控制箱内很小电流的电路连线，如电子逻辑电路，可用 0.2mm^2 并可以采用硬线，但只能用于不移动又无振动的场合。

2）布线时，严禁损伤线芯和导线绝缘。

3）各电器元件接线端子引出导线的走向，以元件的水平中心线为界线，在水平中心线以上接线端子引出的导线，必须进入元件上面的走线槽；在水平中心线以下接线端子引出的导线必须进入元件下面的走线槽。任何导线都不允许从水平方向进入走线槽内。

4）各电器元件接线端子上引出或引入的导线，除间距很小和元件机械强度很差允许直接架空敷设外，其他导线必须经过走线槽进行连接。

5）进入走线槽的导线要完全置于走线槽内，并应尽可能做到交叉，装线不要超过其容量的 70%，以便于能盖上线槽盖和以后的装配及维修。

6）各电器元件与走线槽之间的外露导线，应走线合理，并尽可能做到横平竖直，换向成直角。同一个元件上位置一致的端子和同型号电器元件中位置一致的端子上引出或引入的导线，要敷设在同一平面上，并应做到高低一致或前后一致，不得交叉。

7）所有接线端子、导线线头都应套有与电路图上相应接点线号一致的编码套管，并按线号进行连接，连接必须牢靠，不得松动。

8）在任何情况下，接线端子必须与导线截面积和材料性质相适应。当接线端子不适合接软线或较小截面积的软线时，可以在导线端头上穿上针形或叉形轧头并压紧。

9）一般一个接线端子只能连接一根导线，如果采用专门设计的端子，可以连接两根或多根导线，但导线的连接方式，必须是公认的、在工艺上成熟的各种方式，如夹紧、压接、绕接等，并严格按照连接工艺的工序要求进行。

2. 安装步骤及工艺要求

1）按要求列出所用电器元件清单，配齐电器元件，并检验元件质量。

2）在控制板上按所设计的电器元件布置图安装走线槽和所有电器元件，并标上和电气原理图中一致的文字符号。安装走线槽时，应做到横平竖直、排列整齐匀称、安装牢固和便于走线。

3）按所设计的电气原理图进行前线槽配线，并在导线端部套编码套管和冷压接线头。

4）根据电气原理图按照 8.2.2 节中介绍检测方法检验控制板内部布线的正确性。

5）安装电动机。

6）可靠连接电动机和各电器元件金属外壳的保护地线。

7）通过接线端子连接电源、电动机等控制板外部的导线。

8）互检，并由教师测评。

9）检查无误后通电试运行。

注意：主电路的接线形式可有多种，应该按电气原理图接线；接线过程中，应始终记准元件名称并按顺序接线，以免接错。

8.4　项目评价

1. 学生自评、教师评价

项目内容	配分	评分标准			学生自评	教师评价
安装元件	10	1)元件布置不合理、不整齐、不均匀，每个扣 3 分 2)元件安装不牢固，每个扣 2 分 3)损坏元件扣 5~10 分				
安装过程	40	1)不按电路图接线，扣 20 分 2)布线不符合要求，主电路每处扣 2 分，控制电路每处扣 1 分 3)接点松动、露铜过长、反圈、压绝缘皮等，每处扣 1 分 4)损伤导线绝缘或线芯，每根扣 2 分				
线路检测	10	要求检测方法正确、熟练，不正确不熟练扣 1~10 分				
通电试车	20	1)通电操作步骤正确，步骤错误每处扣 2 分 2)通电试车一次不成功扣 5 分，二次不成功扣 10 分，三次不成功不得分				
安全文明生产	10	1)遵守用电操作规范，违规扣 1~10 分 2)工具器材摆放整齐，安装完毕保持良好，工具使用不当扣 1~5 分 3)安装完毕整理器材、场地，不整理扣 3 分				
任务书	10	任务书填写不及时或者不齐全的扣 5 分				
定额时间	不允许超时，提前完成加 5 分； 超时完成扣分，每超过 10 分钟，扣 5 分					
总　　分						
班　级		组别		签字		

2. 小组互评

组别		姓名			
序号	考核标准	配分	得分	得分	得分
1	喜欢合作学习,积极参加小组活动	10			
2	敢于发表自己的见解,同时也尊重同学意见	10			
3	积极帮助小组其他成员,友好相处	10			
4	学习目的明确,组织有序	10			
5	帮助协调,推动整个小组的工作	10			
6	表现积极,主动完成各项学习任务	10			
7	会网上检索资料,有科学信息、资料的摘记	10			
8	口头交流叙述流畅,图示表达简单明了	10			
9	具有自我学习的能力	10			
10	具有自我认知及自我评估的能力	10			
总分					

项目9　接触器互锁正反转控制电路安装

9.1　项目分析

当接触器的触头在一定条件下工作时，触头会粘到一起，线圈断电也不分开，此现象称为接触器的冷焊。按钮互锁在接触器发生冷焊时，将发生短路事故，而接触器互锁电路能避免接触器冷焊时短路事故的发生。本项目主要是完成接触器互锁正反转控制电路的安装并进行调试。首先分析清楚按钮互锁正反转控制电路的缺点，引导学生对接触器的结构进行分析，并进行接触器互锁正反转控制电路的设计安装与调试，最后进行文件的归档。

9.2　相关知识

在图8-1所示的按钮互锁正反转控制电路中，KM1冷焊时，即使不按下SB2，KM1线圈可以得电，此时若误按下SB3，这时KM2也得电，使KM1、KM2同时得电，造成L1和L3短路。按钮互锁之所以会造成电源短路，是因为主电路状态在控制电路中没有反应，即控制电路不知道主电路KM冷焊了。为此人们设计制作了KM常闭辅助触头，使KM的常开触头和常闭触头联动，这时主电路中KM常开触头的冷焊状态会在控制回路中有反应，即KM常闭触头要断开与其有互锁关系的回路。

9.2.1　接触器互锁正反转控制电路工作原理

图9-1为接触器互锁正反转控制电路原理，设KM1是正转用接触器。KM2是反转用接触器。

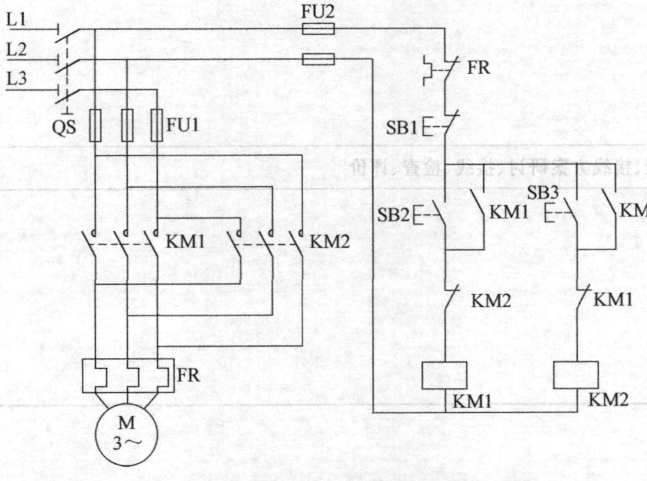

图9-1　接触器互锁正反转控制电路

正转起动：按下 SB1，KM1 线圈得电，KM1 互锁触头先断开 KM2 线圈支路，KM1 常开触头使电动机正转并自锁。

正转停止：按下 SB2，KM1 线圈失电，KM1 常开触头先断开，解除自锁同时电动机停止运行，KM1 常闭触头后闭合。

同理有反转起动和反转停止，请读者自行思考分析。

注意：正反转之间不能直接转换，必须经过由 SB2 产生停止过程。主电路中换的是 L2 和 L3 相，当 KM1 和 KM2 同时吸合时，电源 L2 和 L3 之间短路。

KM 冷焊时，不会像按钮互锁出现短路的情况。如 KM1 冷焊，此时如想反转，按下 SB2 电动机不停，即是对操作者的一个提示，电动机不正常，需要检修。

即使按下 SB3，由于 KM2 支路中，KM1 常闭触头已分断。所以 KM2 不会闭合，不会出现电源相间短路。

本电路的检测方法和按钮互锁正反转控制电路的检测方法相似，主要是检测互锁时有区别，请读者自行思考分析。

9.2.2 接触器互锁正反转实现方法

接触器的常开触头、常闭触头联动，常闭触头在线圈得电时先断。

接线时 KM 常闭触头串接到和自身有互锁关系的控制回路中。

9.3 项目实施

9.3.1 接触器互锁正反转控制电路安装项目书

教学目的	明确电路工作原理、接线原则，能够准确、熟练地进行接线
主要设备	电器元件、塑铜线、万用表、尖嘴钳、剥线钳、螺钉旋具等
预习内容	电动机与电气控制、电工基础
任务描述	明确工作原理，正确合理配线
原理说明	
过程描述	原理讲授、接线方案研讨、接线、检查、评价
相应图表	
收获与体会	

9.3.2 接触器互锁正反转控制电路电器元件布置图

图 9-2 为接触器互锁正反转控制电路的电器元件布置图。

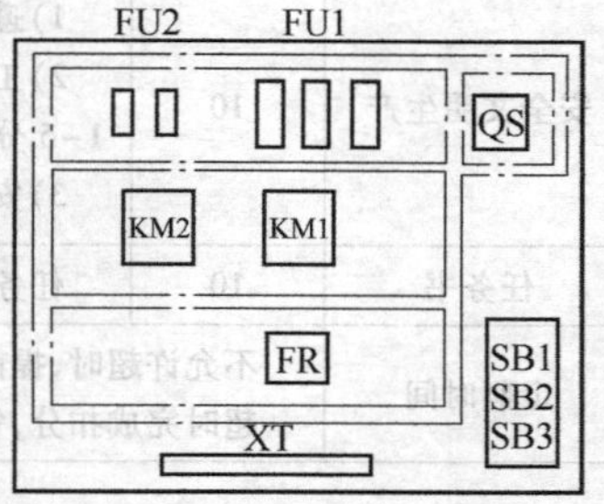

图 9-2 接触器互锁正反转控制电路的电器元件布置图

9.3.3 接触器互锁正反转控制电路安装步骤

1. 安装前准备工作

工具：验电笔、螺钉旋具、尖嘴钳、剥线钳、电工刀等。

仪表：万用表。

器材：电器元件、相应规格的导线、螺钉、接线端子、针形及叉形轧头、线槽、编码套管等。

2. 安装步骤及工艺要求

1）按要求列出所用电器元件清单，配齐电器元件，并检验元件质量。

2）在控制板上按所设计的电器元件布置图安装走线槽和所有电器元件，并标上与电气原理图中一致的文字符号。安装走线槽时，应做到横平竖直、排列整齐匀称、安装牢固和便于走线。

3）按所设计的电气控制电路图进行线槽配线，并在导线端部套编码套管和冷压接线头。

4）根据电路图检验控制板内部布线的正确性。

5）安装电动机。

6）可靠连接电动机和各电器元件金属外壳的保护地线。

7）通过接线端子连接电源、电动机等控制板外部的导线。

8）学生互检，教师测评。

9）检查无误后通电，检测电路安装是否完好。

9.4 项目评价

1. 学生自评、教师评价

项目内容	配分	评分标准	学生自评	教师评价
安装元件	10	1)元件布置不合理、不整齐、不均匀,每个扣 3 分 2)元件安装不牢固,每个扣 2 分 3)损坏元件扣 5~10 分		
安装过程	40	1)不按电路图接线,扣 20 分 2)布线不符合要求,主电路每处扣 2 分,控制电路每处扣 1 分 3)接点松动、露铜过长、反圈、压绝缘皮等,每处扣 1 分 4)损伤导线绝缘或线芯,每根扣 2 分		
线路检测	10	要求检测方法正确、熟练,不正确不熟练扣 1~10 分		
通电试车	20	1)通电操作步骤正确,步骤错误每处扣 2 分 2)通电试车一次不成功扣 5 分,二次不成功扣 10 分,三次不成功不得分		

（续）

项目内容	配分	评分标准	学生自评	教师评价
安全文明生产	10	1)遵守用电操作规范,违规扣1~10分 2)工具器材摆放整齐,安装完毕保持良好,工具使用不当扣1~5分 3)安装完毕整理器材、场地,不整理扣3分		
任务书	10	任务书填写不及时或者不齐全的扣5分		
定额时间	不允许超时,提前完成加5分; 超时完成扣分,每超过10分钟,扣5分			
总　分				
班　级		组别		签字

2. 小组互评

组别		姓名			
序号	考核标准	配分	得分	得分	得分
1	喜欢合作学习,积极参加小组活动	10			
2	敢于发表自己的见解,同时也尊重同学意见	10			
3	积极帮助小组其他成员,友好相处	10			
4	学习目的明确,组织有序	10			
5	帮助协调,推动整个小组的工作	10			
6	表现积极,主动完成各项学习任务	10			
7	会网上检索资料,有科学信息、资料的摘记	10			
8	口头交流叙述流畅,图示表达简单明了	10			
9	具有自我学习的能力	10			
10	具有自我认知及自我评估的能力	10			
总　分					

项目 10　双重互锁正反转控制电路安装

10.1　项目分析

接触器互锁虽然比按钮互锁在 KM 发生冷焊时安全，但是操作不方便，且存在安全隐患。为了提高实际应用能力，电动机正反转控制电路往往采用按钮和接触器双重互锁电动机正反转电路，即在按钮互锁的基础上增加了接触器互锁后构成双重互锁控制电路。由于采用接触器互锁，因此保证了两个接触器线圈不能同时通电，使电路的可靠性和安全性增加，同时又保留了正反向直接操作的优点。

本项目的主要任务是完成双重互锁正反转控制电路的设计安装并进行调试。

10.2　相关知识

10.2.1　双重互锁正反转控制电路的控制要求

主电路能换向，并且换向操作方便，排除按钮互锁正反转控制电路和接触器互锁正反转控制电路的缺点。

10.2.2　双重互锁正反转控制电路的工作原理

图 10-1 为双重互锁正反转控制电路工作原理，设 KM1 是正转接触器 ，KM2 是反转接触器。

读者可联系按钮互锁正反转控制电路和接触器互锁正反转控制电路的原理自行分析双重

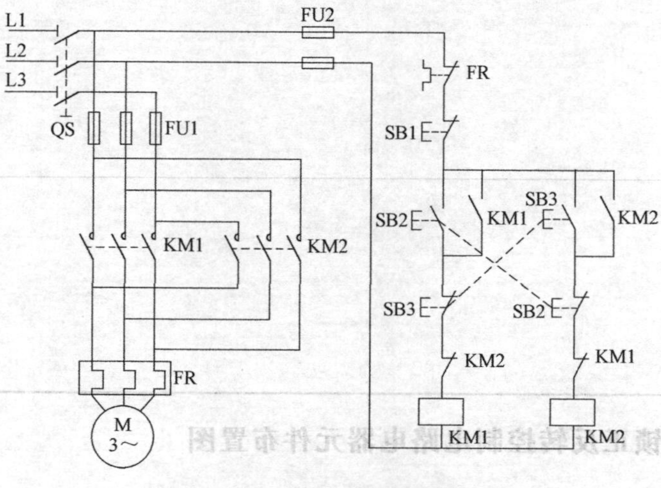

图 10-1　双重互锁正反转控制电路

互锁正反转控制电路的工作原理。归纳出双重互锁正反转控制电路如何集成了前两个电路的优点，摒弃了前两个电路的缺点。原理简述如下。

正反转起动：按下 SB2，KM1 线圈得电，电动机正转起动；按下 SB3，KM1 线圈先断电，KM2 线圈后得电，电动机反转。

停止运行：按下 SB1，KM1 或 KM2 支路均断电，电动机停止运行。

10.3　项目实施

10.3.1　双重互锁正反转控制电路安装项目书

教学目的	明确电路工作原理、接线原则，能够准确、熟练地进行接线
主要设备	塑铜线、万用表、尖嘴钳、剥线钳、螺钉旋具等
预习内容	电动机与电气控制、电工基础
任务描述	明确工作原理，正确合理配线
原理说明	
过程描述	原理讲授、接线方案研讨、接线、检查、评价
相应图表	
收获与体会	

10.3.2　双重互锁正反转控制电路电器元件布置图

图 10-2 所示为双重互锁正反转控制电路电器元件布置图。

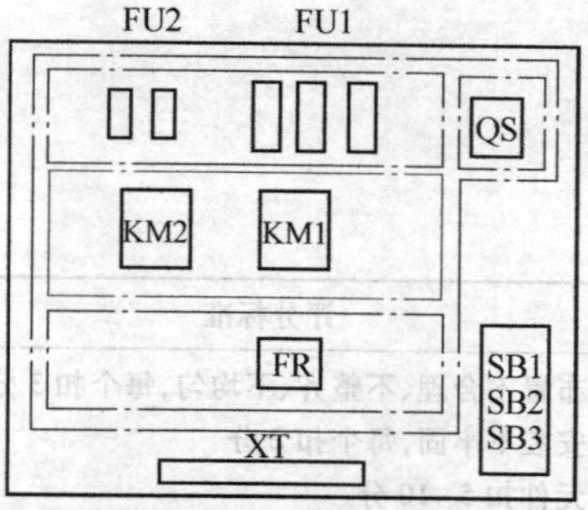

图 10-2 双重互锁正反转控制电路电器元件布置图

10.3.3 双重互锁正反转控制电路安装步骤

1. 安装前准备工作

工具：验电笔、螺钉旋具、尖嘴钳、剥线钳、电工刀等。

仪表：万用表。

器材：电器元件、相应规格的导线、螺钉、接线端子、针形及叉形轧头、线槽、编码套管等。

1）按图 10-1 将需要的元器件准备好，检查元器件数量、规格是否符合控制电路的要求，检查元器件外观是否完好，用外用表电阻档测元器件，不符合条件则更换元器件。

2）按照前面步骤进行元器件的安装和配线。

3）安装完毕后，经指导教师和学生检查无误后进行通电操作，三组控制电动机正反转控制电路分别通电并观察其运转情况。

4）通电检测完毕，断开 QS 切断电源。

2. 安装步骤及工艺要求

1）按要求列出所用电器元件清单，配齐电器元件，并检验元件质量。

2）在控制板上按所设计的电器元件布置图安装走线槽和所有电器元件，并标上与电气原理图中一致的文字符号。安装走线槽时，应做到横平竖直、排列整齐匀称、安装牢固和便于走线。

3）按所设计的电气控制电路图进行线槽配线，并在导线端部套编码套管和冷压接线头。

4）根据电路图检验控制板内部布线的正确性。

5）安装电动机。

6）可靠连接电动机和各电器元件金属外壳的保护地线。

7）通过接线端子连接电源、电动机等控制板外部的导线。

8）学生互检，教师测评。

9）检查无误后进行通电操作，将三组控制电动机正反转控制电路分别通电，观察其运转情况。

10）通电检测完毕，断开 QS 切断电源。

注意：主电路可有多种接线形式，应该按电气原理图接线；电路图中的虚线并不是指实际接线，而是表示这是同一器件；接线过程中，应始终记准元件并按顺序接线，以免接错。

10.4 项目评价

1. 学生自评、教师评价

项目内容	配分	评分标准	学生自评	教师评价
安装元件	10	1)元件布置不合理、不整齐、不均匀,每个扣3分 2)元件安装不牢固,每个扣2分 3)损坏元件扣5~10分		
安装过程	40	1)不按电路图接线,扣20分 2)布线不符合要求,主电路每处扣2分,控制电路每处扣1分 3)接点松动、露铜过长、反圈、压绝缘皮等,每处扣1分 4)损伤导线绝缘或线芯,每根扣2分		
线路检测	10	要求检测方法正确、熟练,不正确不熟练扣1~10分		
通电试车	20	1)通电操作步骤正确,步骤错误每处扣2分 2)通电试车一次不成功扣5分,二次不成功扣10分,三次不成功不得分		
安全文明生产	10	1)遵守用电操作规范,违规扣1~10分 2)工具器材摆放整齐,安装完毕保持良好,工具使用不当扣1~5分 3)安装完毕整理器材、场地,不整理扣3分		
任务书	10	任务书填写不及时或者不齐全的扣5分		
定额时间	不允许超时,提前完成加5分; 超时完成扣分,每超过10分钟,扣5分			
		总　分		

班　级		组别		签字	

2. 小组互评

组别		姓名			
序号	考核标准	配分	得分	得分	得分
1	喜欢合作学习,积极参加小组活动	10			
2	敢于发表自己的见解,同时也尊重同学意见	10			
3	积极帮助小组其他成员,友好相处	10			
4	学习目的明确,组织有序	10			
5	帮助协调,推动整个小组的工作	10			
6	表现积极,主动完成各项学习任务	10			
7	会网上检索资料,有科学信息、资料的摘记	10			
8	口头交流叙述流畅,图示表达简单明了	10			
9	具有自我学习的能力	10			
10	具有自我认知及自我评估的能力	10			
	总　分				

项目 11　X5032 型立式铣床电气控制电路安装与调试

11.1　项目分析

本项目主要完成 X5032 型立式铣床电气控制电路的安装并进行调试。具体内容为：根据任务要求搜集资料设计符合要求的控制方案；选择最佳的控制电路方案，选择合适的电器元件；进行 X5032 型立式铣床电气控制电路的安装与调试，同时进行实训报告等文件的归档整理，并进行评价。

11.2　相关知识

11.2.1　X5032 型立式铣床的用途

X5032 型立式铣床是一种使用范围很广的机床，它适用于用各种棒状铣刀、圆柱铣刀、角度铣刀及端面铣刀来铣切平面、斜面、沟槽、齿轮等，其实物如图 11-1 所示。

在本机床上装置分度头时，可以铣切直齿齿轮和铰刀等零件，此时每当零件被加工完一个齿后，利用手动操作使零件绕自己的中心转动一定的角度，便可以加工下一个齿。

如果在装上分度头的同时，把分度头的传动轴与工作台的纵向丝杠用挂轮架连接起来，可以铣切螺旋面（如钻头的螺旋槽、螺旋齿轮、鼓轮等）。

该机床还可以装上圆工作台，用以铣切凸轮及弧形槽。因此，X5032 型立式铣床适用于各种企业，从小规模的机械修理站到大型汽车制造厂都可以使用。

图 11-1　X5032 型立式铣床实物

11.2.2　X5032 型立式铣床的特点

1）机床结构本身具有足够的刚性，能够承受高负荷的切削工作。

2）机床具有足够的功率和很广的变速范围，能充分发挥刀具的效能，并能使用硬质合金刀具进行高速切削。

3）在机床的前面和左面，各有一套功能相同的按钮和操作手柄（即复式操纵装置），使工作者能选择最方便的位置进行工作。

4）主轴变速和进给变速机构装有变速装置，便于变速。

5）主轴的起动、停止和快速行程的开动，都有明显的按钮；工作台的进给由手柄来操作，其进给方向和操作手柄所指的方向一致；主轴的转速和进给量通过变速盘来选择。

6）机床的重要传动零件均用合金钢制成，容易磨损的部分零件均用耐磨材料制成，机床导轨有防屑装置，这些都保证机床有足够长的使用寿命。

7）容易磨损的部分零件都有消除间隙的调整装置，保证机床的精度和工作平稳。

8）机床有良好的安全装置，手动进给和机动进给间有互锁机构，在进给量大或因故障而超负荷时电磁离合器的摩擦片能自动打滑，使机床零件不致受损坏，同时又保证了操作者的安全。

9）机床能迅速、有效地进行制动，当因加工完毕或其他原因而需停止机床时，只要按一下“停止”按钮，机床的全部运动立即停止。

10）机床能进行顺铣和逆铣工作。

11）工作台在三个方向（纵向、横向和垂直）上都能进行快速移动，减少辅助时间，提高生产率。

12）工作台横向和垂直方向的移动，集中地由一个手柄操纵，操纵者用该手柄可以控制工作台两个方向的进给运动。

13）机床有完善的润滑系统、重要的传动零件和轴承，由机动油泵进行自动润滑，同时设有指示器进行经常检查；需要手动润滑的部位，其加油点均设在明显地方。

14）各重要传动轴和主轴均安装在滚动轴承上，提高传动效率，主轴上的滚动轴承还能进行调整，保证主轴精度。

11.2.3　X5032型立式铣床传动系统

1. 主轴传动系统

主轴由功率为7.5kW的法兰盘式电动机拖动，电动机通过弹性联轴器与1轴相连（见图11-2），移动Ⅱ轴和Ⅳ轴上的滑动齿轮（两个三联齿轮和一个双联齿轮），可使主轴获得18种转速，其范围是30~1500r/min。

2. 进给传动系统

进给传动是由功率为2.2kW的法兰盘式电动机单独驱动，该电动机装在升降台内，齿轮18直接装在电动机轴上，移动Ⅲ轴和Ⅴ轴上的两个三联齿轮就可以获得9种转速，当齿轮36向左推时，它就脱离离合器35，由于齿轮39是宽齿，因此齿轮36和39仍然啮合，此时传动路线是Ⅴ轴—37—40—38—36—39，当齿轮36在右边位置时（即图11-2上所示位置），Ⅴ轴即直接通过齿轮36和38传动到Ⅵ轴，此时齿轮36脱离齿轮38而与离合器35啮合，齿轮39可以获得18种转速。当左边离合器吸合时，齿轮39即带动了Ⅵ轴并通过齿轮42、43、44、45、46、47等向Ⅶ、Ⅷ、Ⅸ、Ⅹ等轴传动，工作台操纵手柄控制着离合器48、49、60，手柄的不同位置可以使其中一个离合器接通，从而使相应的丝杠转动，便获得纵向、横向或升降的进给运动。三个方向的进给是互锁的，不能同时接通。纵向进给量范围是23.5~1180mm/min；由于齿轮56、57、58、59的降速作用，垂直进给量范围相当于纵向的1/3，即8~394mm/min。又由于横向丝杠的螺距只相当于纵向丝杠螺距的2/3，因此横向进给量范围只等于纵向的2/3，即15~786mm/min。

当工作台要求快速移动时，只需按一下“快速”按钮，此时电动机直接经过齿轮18、19、20、21而带动Ⅵ轴，使工作台快速移动，纵向的快进移动速度是2300mm/min，横向的快速移动速度是1540mm/min，而垂直的快速移动速度是770mm/min。

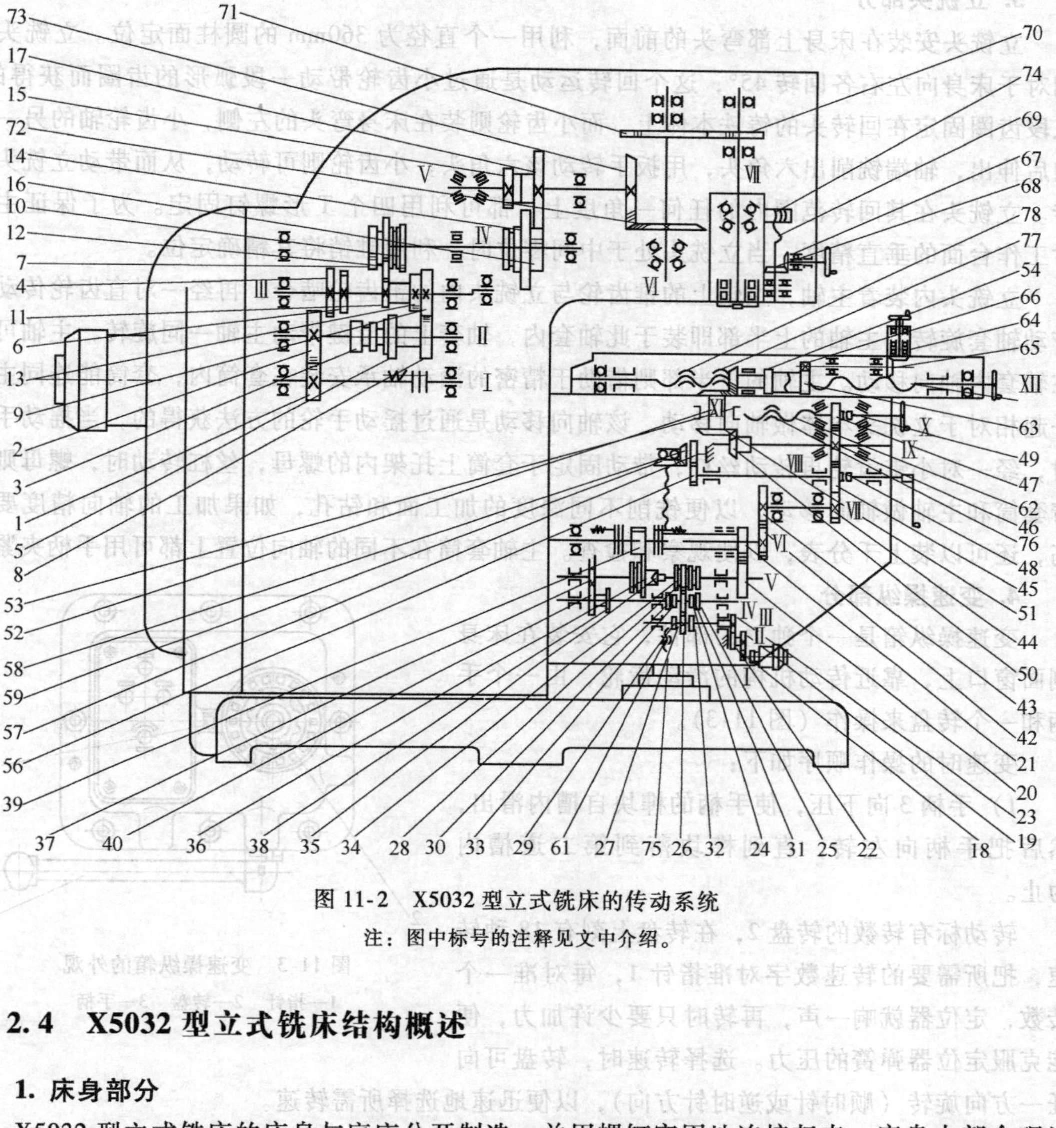

图 11-2　X5032 型立式铣床的传动系统

注：图中标号的注释见文中介绍。

11.2.4　X5032 型立式铣床结构概述

1. 床身部分

X5032 型立式铣床的床身与底座分开制造，并用螺钉牢固地连接起来。床身内部合理地布置了许多加强筋，保证床身在承受各种载荷时，具有良好的刚性。床身上部的弯头部分，用四个螺栓紧固立铣头；床身下部左右两侧各有一壁龛，大部分电器都安装在里面，外面装有小门，小门上有良好的密封装置，当关上后可防止机油及尘土落在电器上。机床底座的内部是切削液箱。

2. 主轴传动部分

主轴传动机构直接装在床身内部，整个传动机构由五根轴组成，最后一根轴（输出轴）通过锥齿轮将运动传到立铣头上的主轴。所有的传动轴都是利用滚动轴承直接装在床身上镗制的孔内，主传动的电动机装在床身后面。床身两侧的中部各有一窗口，打开右边窗口上的铸铁盖，即可看到传动机构的全貌，并可进行检查和调整；左边窗口则安装着变速操纵箱，利用拨叉来移动各个三联或二联的滑动齿轮，使其组成不同的啮合情况，即可变换主轴转速。

3. 立铣头部分

立铣头安装在床身上部弯头的前面，利用一个直径为360mm的圆柱面定位。立铣头能相对于床身向左右各回转45°，这个回转运动是通过小齿轮带动一段弧形的齿圈而获得的，该段齿圈固定在回转头的铸铁本体上，而小齿轮则装在床身弯头的左侧，小齿轮轴的另一端向后伸出，轴端铣削出六角头，用扳手转动该六角头，小齿轮则可转动，从而带动立铣头回转。立铣头在其回转范围内的任何一角度上，都可利用四个T形螺钉固定。为了保证主轴对工作台面的垂直精度，当立铣头处于中间零位时，利用锥销将其精确定位。

立铣头内装着主轴，主轴上的锥齿轮与立铣头内的锥齿轮啮合，再经一对直齿轮传动而带动轴套旋转，主轴的上半部即装于此轴套内，轴套上的滑键带动主轴一同旋转，主轴可以在轴套内轴向移动。主轴的下半部则借助于精密的滚动轴承安装在套筒内，套筒能连同主轴一起相对于立铣头本体做轴向移动。该轴向移动是通过摇动手轮的方法获得的，当摇动手轮时，经一对小锥齿轮再转动丝杠，带动固定于套筒上托架内的螺母，丝杠转动时，螺母则带着套筒和主轴做轴向移动，以便铣削不同深度的加工面和钻孔，如果加工的轴向精度要求高，还可以装上千分表，以便观察和检查。主轴套筒在不同的轴向位置上都可用手柄夹紧。

4. 变速操纵部分

变速操纵箱是一个独立的部件，它安装在床身侧面窗口上，靠近传动机构的滑动齿轮，由一个手柄和一个转盘来操作（图11-3）。

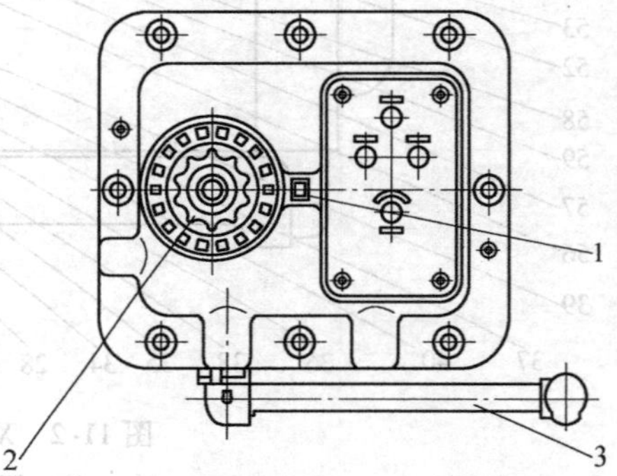

图11-3 变速操纵箱的外观

1—指针 2—转盘 3—手柄

变速时的操作顺序如下：

1）手柄3向下压，使手柄的榫块自槽内滑出，然后把手柄向左转，直到榫块落到第二道槽内为止。

转动标有转数的转盘2，在转盘上刻有18种转速，把所需要的转速数字对准指针1，每对准一个转数，定位器就响一声，再转时只要少许加力，便能克服定位器弹簧的压力。选择转速时，转盘可向任一方向旋转（顺时针或逆时针方向），以便迅速地选择所需转速。

2）手柄3以较快的速度均匀地推回原来的位置，务必使榫块落进槽内。为了使齿轮的齿端不受另一齿轮齿端的碰撞，在变换手柄3时，变速操纵箱能使主传动电动机短暂冲动，使滑动齿轮顺利地推移和啮合，变速时应按下“停止”按钮，使主轴停止转动以后再进行变速。如果需要在机床运转中变速，也是允许的，因为在变速操纵箱中设有使机床停止的电气联锁装置。但是必须注意的是，如果在主轴以较高的速度运转时进行变速，则在转动转盘2选择好速度后，须等主轴的转速充分缓慢下来，才可把手柄3推回原位，以避免齿轮间轮齿的猛烈撞击。

5. 进给变速部分

进给变速是变换工作台的进给速度以及使工作台做快速移动用的。进给变速箱是一个独立的部件，安装在升降台的左边，并由升降台内的进给电动机带动，变速箱本身包括五根传动轴，利用传动轴上的两个三联齿轮和一套背轮的各种啮合情况，组成18种进给速度，而这些滑动齿轮的各个工作位置，则由进给变速箱来控制。操纵箱在变速箱的前部，两者用螺钉结成一体，操纵箱的转盘上刻有18种进给速度，蘑菇形手柄是操纵用的（见图11-4）。

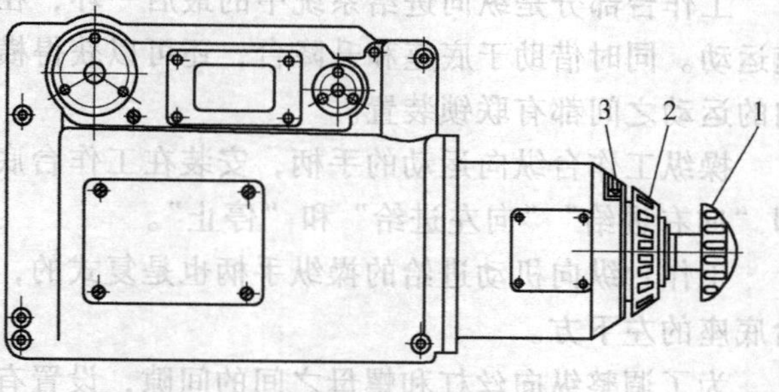

图11-4 进给变速箱的外观
1—蘑菇形手柄1 2—转盘 3—指示箭头

变换进给速度时，按下列顺序进行：

1）把蘑菇形手柄1向前拉出。

2）转动手柄，此时转盘2也跟着转动，把所需的进给速度的数字对准箭头3，但必须注意转盘上的数字等于工作台纵向的进给速度，横向的进给速度只相当于纵向的2/3，而垂直的进给速度则等于纵向的1/3。

3）把手柄1向前拉至极端位置再退回原始位置。

在操纵箱内与手柄同轴的位置装有一个圆盘，该圆盘在各个回转角度上钻有一定组合的大小孔，圆盘在跟随手柄轴向移动时，操纵着三对齿条轴向位移，而固定在齿条轴上的拨叉，即按照所选择的进给速度，相应地移动滑移齿轮。为了保证变速顺利，进给电动机也装有冲动装置，当蘑菇形手柄轴向移动时，进给电动机发生冲动，带动齿轮传动部分，可使齿轮顺利地啮合。

进给速度的变换允许在机床运行的情况下进行，因为在进给变速操纵箱内有使进给电动机停止的电器联锁装置，同时也是因为进给变速箱内齿轮的转速较低。

6. 升降台部分

升降台位于床身的前方，把工作台和床身联系起来，并传递纵向、横向和升降台的进给运动。升降台的后部有燕尾形导轨与床身相连，用镶铁调整导轨的配合间隙；升降台右后方有夹紧用的手柄，将升降台夹紧在床身上。

升降台顶部有矩形导轨，用以安装底座。升降台的前下部装有2.2kW的法兰盘式进给电动机，左侧是进给变速箱。升降台的前端有使工作台横向及升降进给用的操作手轮及手柄，当工作台进行自动的工作进给或快速进给时，由于互锁机构的作用，手柄及手轮即与传动轴脱离联系，并不跟着转动，保证了操作者的安全。

横向和升降的机动进给操作手柄是复式的，也就是有两个作用完全相同的手柄，分别安装于升降台左侧的前后方，手柄有五个位置：

① 工作台向上进给或快速向上（手柄向上）；

② 工作台向下进给或快速向下（手柄向下）；

③ 工作台向前进给或快速向前（手柄向前）；

④ 工作台向后进给或快速向后（手柄向后）；

⑤ 横向或升降进给的停止（手柄在中间零位）。

五个位置是互锁的，各向的进给不能同时接通。床身导轨旁边的撞板和工作台底座上的撞板，都能通过杠杆和拉杆的作用，在要求的位置上停止升降或横向移动。

7. 工作台部分

工作台底座的下部是矩形导轨，与升降台上的矩形导轨相接，其顶面有燕尾导轨，工作台就借助于燕尾导轨与工作台底座配合。

工作台部分是纵向进给系统中的最后一环，在这部分上可以操纵纵向的手动、机动和快速运动。同时借助于底座和升降台，还可以获得横向和升降的手动、机动和快速运动，三方向的运动之间都有联锁装置。

操纵工作台纵向运动的手柄，安装在工作台底座的顶面中央部分，该手柄有三个位置，即“向右进给”“向左进给”和“停止”。

工作台纵向机动进给的操纵手柄也是复式的，有另外一个作用完全相同的手柄装在工作台底座的左下方。

为了调整纵向丝杠和螺母之间的间隙，设置有补偿装置，使机床能用于顺铣加工。

工作台纵向燕尾导轨和横向矩形导轨的配合间隙，都由锲铁来调整。

在工作台底座左右两侧设有两个夹紧手柄，用以将工作台底座夹紧于升降台上。当此手柄处于夹紧位置时，不能摇动横向进给的手轮，更不可开动横向的机动进给或快速移动，否则可能会损坏横向丝杠挂脚或相关件。

工作台也可以利用工作台底座前端的两个螺钉夹紧于燕尾导轨上。

8. 冷却部分

切削液装在机床底座内，打开机床后罩可以看到冷却泵及其电动机，冷却泵将切削液沿着管子输送到喷嘴，为了使液体准确地喷向切削部分，冷却管采用不锈钢软管，它能按任何角度回转和按高度调整，同时能做靠近刀具或离开刀具移动。切削液的输送量能通过软管头部的开关旋转来调节。冷却泵电动机的开关装在机床左边的电器门上。

11.2.5 机床的电器设备

1. 主轴运动的电气控制

图 11-5 为 X5032 型立式铣床电气原理图。

起动主轴时，先将引入开关 QS1 闭合，将换向开关 QS2 转到主轴上所需要的旋转方向，然后按起动按钮 SB1 或 SB2，接通接触器 KM1，主轴电动机起动。

停止主轴时，按停止按钮 SB3 或 SB4，切断接触器 KM1 的供电线路，把主轴电动机的电源切断，并同时接通主轴制动离合器 1DL，在离合器的作用下，主轴立即停止转动。

为了变速时齿轮易于啮合，需使主轴电动机瞬时转动一下，当变速手柄推回原来位置时，压下行程开关 SQ7，使接触器 KM1 瞬时接通，主轴电动机作瞬时转动，应以连续的较快速度推回变速手柄，以免电动机转速过高打坏齿轮。

2. 进给运动的电气控制

升降台的上下运动和工作台的前后运动完全由操纵手柄来控制，手柄的联动机构与行程开关相连接。该行程开关装在升降台的左侧，后面一个是 SQ3，控制工作台向前及向下运动；前面一个是 SQ4，控制工作台向后及向上运动。

工作台的左右运动也由操纵手柄来控制，其联动机构控制着行程开关 SQ1 和 SQ2，分别控制工作台向右及向左运动。

只有在主轴起动后，进给运动才能起动，但在未起动主轴时，可进行工作台的快速移动。

改变进给速度时，当蘑菇形手柄（见图 11-4）向前拉到极端位置而再反向推回之前，借孔盘推动行程开关 SQ6，瞬时接通接触器 KM2，则进给电动机做瞬时的转动，使齿轮容易啮合。

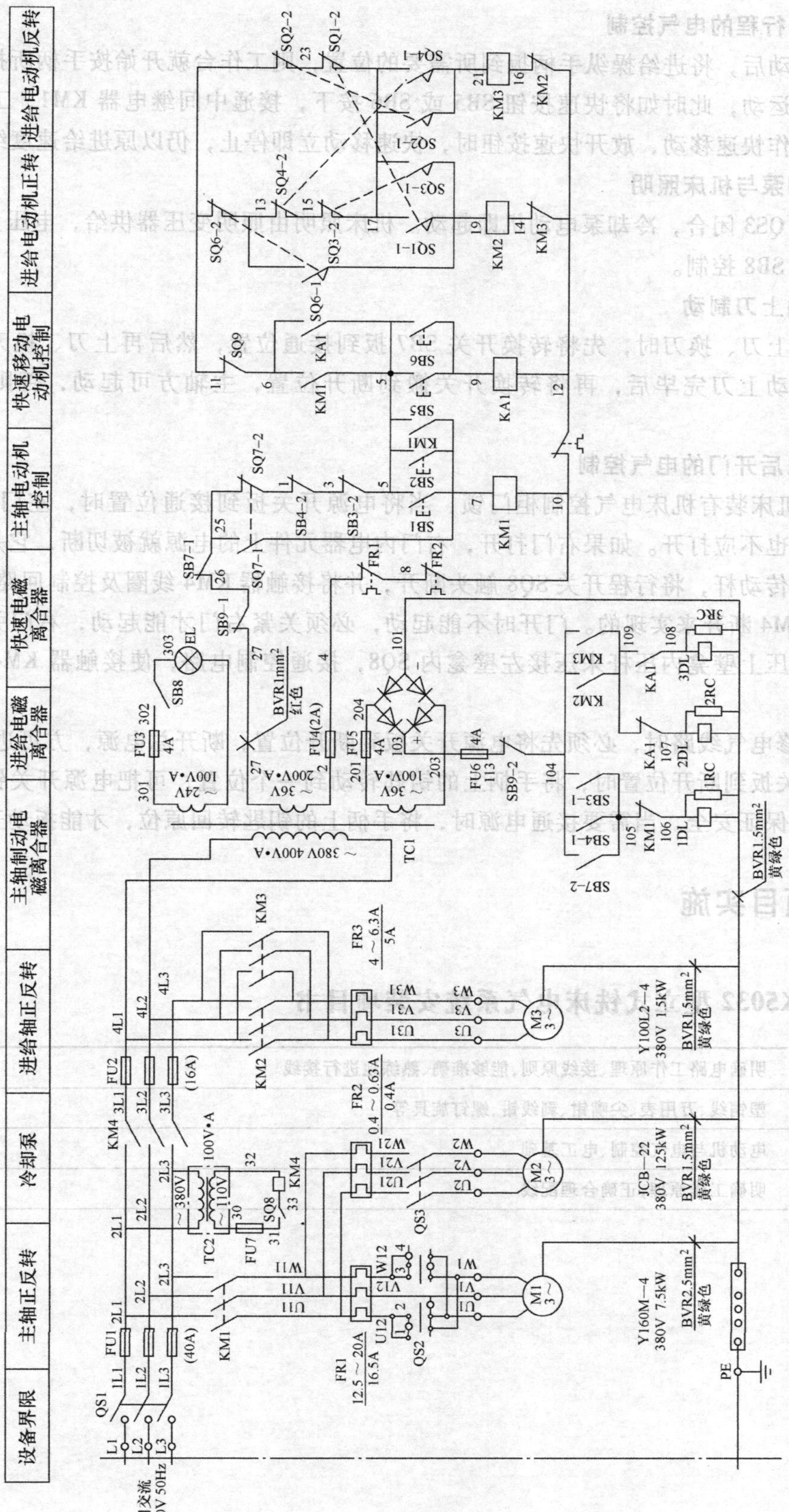

图 11-5　X5032 型立式铣床电气原理图

3. 快速行程的电气控制

主轴开动后，将进给操纵手柄扳到所需要的位置，则工作台就开始按手柄所指的方向以选定的速度运动，此时如将快速按钮 SB5 或 SB6 按下，接通中间继电器 KM1，工作台即按原运动方向作快速移动，放开快速按钮时，快速移动立即停止，仍以原进给速度继续运动。

4. 冷却泵与机床照明

将开关 QS3 闭合，冷却泵电动机即起动。机床照明由照明变压器供给，电压为 24V，照明灯本身由 SB8 控制。

5. 主轴上刀制动

当主轴上刀、换刀时，先将转换开关 SB7 扳到接通位置，然后再上刀、换刀，主轴不能旋转；制动上刀完毕后，再将转换开关搬到断开位置，主轴方可起动，否则主轴起动不了。

6. 断电后开门的电气控制

1）本机床装有机床电气控制柜门锁，当将电源开关扳到接通位置时，左门无法打开，工作时右门也不应打开。如果右门打开，右门内电器元件上的电源就被切断，它是通过右门上挡块脱开传动杆，将行程开关 SQ8 触头断开，并将接触器 KM4 线圈及控制回路电源断开，使接触器 KM4 断开来实现的。门开时不能起动，必须关紧右门才能起动，右门关紧后，右门上的挡块压上壁龛内压杆来压接左壁龛内 SQ8，接通控制电路，使接触器 KM4 吸合，接通电源。

2）检修电气线路时，必须先将电源开关扳到断开位置，断开总电源，方可进行检修。

3）开关扳到断开位置时，将手柄上的钥匙转动到一个位置，可把电源开关锁上，保持机床断电，保证安全。当需要接通电源时，将手柄上的钥匙转回原位，才能扳动开关手柄。

11.3 项目实施

11.3.1 X5032 型立式铣床电气系统安装项目书

教学目的	明确电路工作原理、接线原则，能够准确、熟练地进行接线
主要设备	塑铜线、万用表、尖嘴钳、剥线钳、螺钉旋具等
预习内容	电动机与电气控制、电工基础
任务描述	明确工作原理，正确合理配线
原理说明	

（续）

过程描述	原理讲授、接线方案研讨、接线、检查、评价
相应图表	
收获与体会	

11.3.2　普通铣床电气系统安装步骤

1. 安装前准备工作

工具：验电笔、螺钉旋具、尖嘴钳、剥线钳、电工刀等。

仪表：万用表。

器材：各种规格的紧固体、针形及叉形轧头、金属软管、编码套管等，以及线路所需电器元件。

图 11-6 所示为 X5032 型立式铣床的电气安装接线图。

2. 安装步骤及工艺要求

1）按要求列出所用电器元件清单，配齐电器元件，并检验元件质量。

2）参照图 11-6 中安装走线槽和所有电器元件，并标上醒目的文字符号。安装走线槽时，应做到横平竖直、排列整齐匀称、安装牢固和便于走线。

3）按所设计电路的电气控制电路图进行前线槽配线，并在导线端部套编码套管和冷压接线头。

板前线槽配线的具体工艺要求可参考 8.3.3 节。

4）根据电路图检验控制板内部布线的正确性。

5）安装电动机。

6）可靠连接电动机和各电器元件金属外壳的保护地线。

7）连接电源、电动机等控制板外部的导线。

8）自检。

9）检查无误后通电试运行。

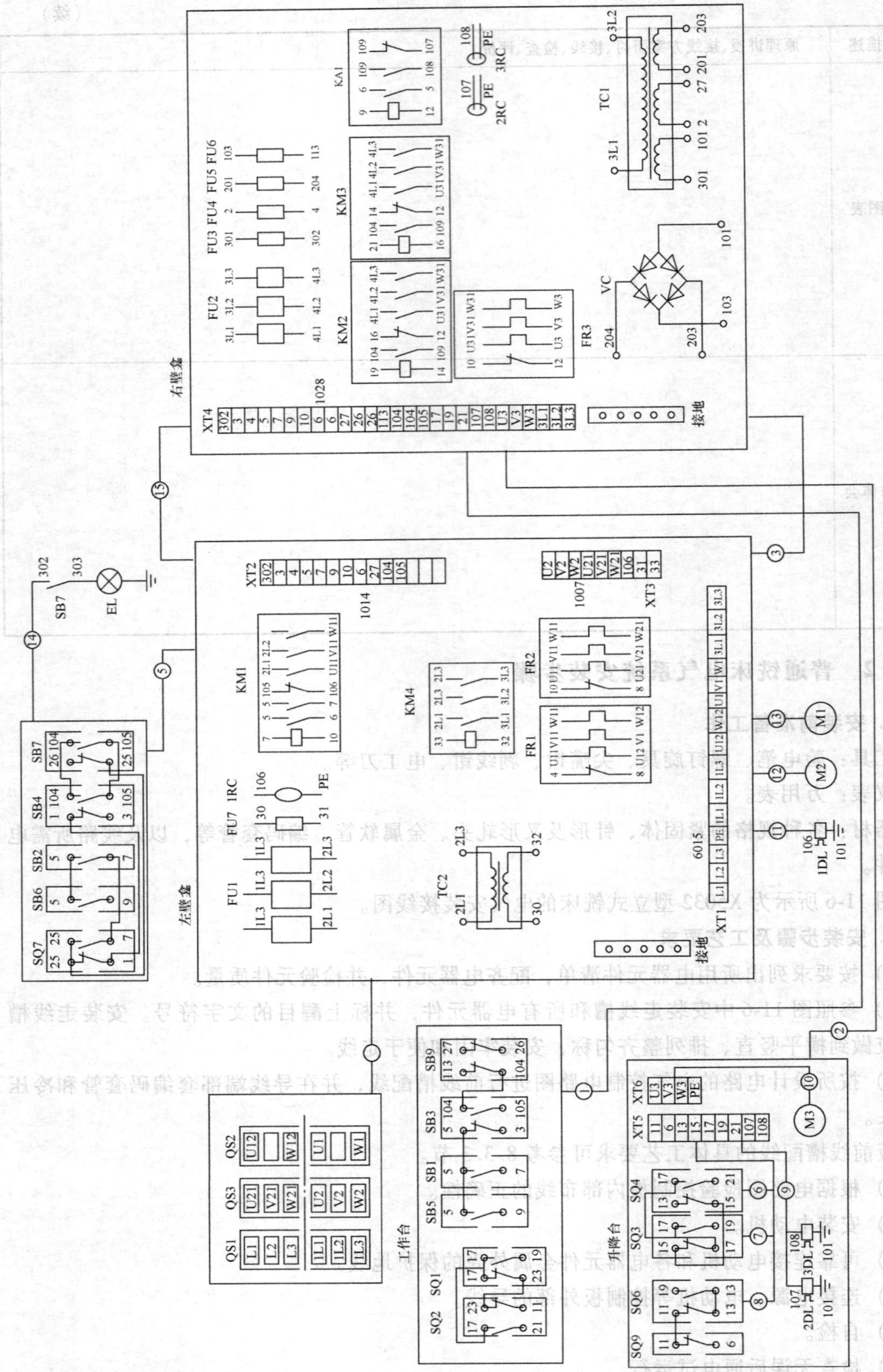

图 11-6　X5032 型立式铣床的电气安装接线图

11.4　项目评价

1. 学生自评、教师评价

项目内容	配分	评分标准	学生自评	教师评价
安装元件	10	1)元件布置不合理、不整齐、不均匀,每个扣3分 2)元件安装不牢固,每个扣2分 3)损坏元件扣5~10分		
安装过程	40	1)不按电路图接线,扣20分 2)布线不符合要求,主电路每处扣2分,控制电路每处扣1分 3)接点松动、露铜过长、反圈、压绝缘皮等,每处扣1分 4)损伤导线绝缘或线芯,每根扣2分		
线路检测	10	要求检测方法正确、熟练,不正确不熟练扣1~10分		
通电试车	20	1)通电操作步骤正确,步骤错误每处扣2分 2)通电试车一次不成功扣5分,二次不成功扣10分,三次不成功不得分		
安全文明生产	10	1)遵守用电操作规范,违规扣1~10分 2)工具器材摆放整齐,安装完毕保持良好,工具使用不当扣1~5分 3)安装完毕整理器材、场地,不整理扣3分		
任务书	10	任务书填写不及时或者不齐全的扣5分		
定额时间	不允许超时,提前完成加5分; 超时完成扣分,每超过10分钟,扣5分			
总分				
班级		组别		签字

2. 小组互评

组别		姓名			
序号	考核标准	配分	得分	得分	得分
1	喜欢合作学习,积极参加小组活动	10			
2	敢于发表自己的见解,同时也尊重同学意见	10			
3	积极帮助小组其他成员,友好相处	10			
4	学习目的明确,组织有序	10			
5	帮助协调,推动整个小组的工作	10			
6	表现积极,主动完成各项学习任务	10			
7	会网上检索资料,有科学信息、资料的摘记	10			
8	口头交流叙述流畅,图示表达简单明了	10			
9	具有自我学习的能力	10			
10	具有自我认知及自我评估的能力	10			
总分					

项目12　X5032型立式铣床电气控制电路测绘

12.1　项目分析

能对X5032型立式铣床进行测绘，并且将测绘图转化为电气原理图；明确测绘的过程，能看懂测绘的车床线路。

12.2　相关知识

X5032型立式铣床电气原理图如图11-5所示。相关知识见11.2节。

12.3　项目实施

12.3.1　X5032型立式铣床电气系统测绘项目书

教学目的	明确X5032型立式铣床的结构、功能；明确测绘图转换为电气原理图的方法；能够看懂实际电路，明确X5032型立式铣床的电气组成
主要设备	万用表、尖嘴钳、螺钉旋具等
任务描述	通过测绘，看懂实际线路并明确X5032型立式铣床的电气组成
过程描述	原理讲授、测绘方案制定、测绘、检查、评价
原理说明	
相应图表	
收获与体会	

12.3.2 X5032铣床电气系统测绘

1. 步骤

1）阅读X5032型立式铣床资料，明确X5032型立式铣床的主要结构和运动形式。

2）现场认知X5032型立式铣床，明确各电器元件的位置。

3）观看X5032型立式铣床的操作，了解铣床的各种工作状态及开关的作用。

4）测绘主电路并绘出电气原理图。

5）测绘控制电路并绘出电气原理图。

6）学生总结，写明主令电器和接触器及电动机间的控制关系。

2. 要求

1）做好元件型号、线径、电动机型号等的标注。

2）根据测绘图确认每一根线。

注意：测绘过程中，不得硬拉硬拽线路以免产生故障，也不得损坏电器元件或设备；测绘前要认真阅读电路图，熟练掌握各个控制环节的工作原理及其作用。

12.4 项目评价

1. 学生自评、教师评价

项目内容	配分	评分标准			学生自评	教师评价
任务分析方案制定	20	1)不认真阅读被测绘机床文件,扣5分 2)测绘方案不合理,扣5分				
测绘过程	15	1)不正确拆装盖板,错误一处扣2分 2)不正确判断器件常开、常闭状态,判断错误一处扣2分 3)团队之间不协作扣5分				
成果质量	40	1)元件位置关系、走线方向标注不正确,错误一处扣2分 2)线号、走线颜色标注不正确,错误一处扣2分 3)测绘图不正确,错误一处扣5分 4)测绘图转换为原理图不正确,错误一处扣5分				
安全文明生产	15	1)遵守测绘操作规范,违规扣1~10分 2)工具器材摆放整齐,测绘完毕保持良好,工具使用不当扣1~5分 3)测绘完毕整理器材、场地,不整理扣3分				
任务书	10	任务书填写不及时或者不齐全的扣5分				
定额时间	不允许超时,提前完成加5分; 超时完成扣分,每超过10分钟,扣5分					
总分						
班级		组别		签字		

2. 小组互评

组别		姓名			
序号	考核标准	配分	得分	得分	得分
1	喜欢合作学习,积极参加小组活动	10			
2	敢于发表自己的见解,同时也尊重同学意见	10			
3	积极帮助小组其他成员,友好相处	10			
4	学习目的明确,组织有序	10			
5	帮助协调,推动整个小组的工作	10			
6	表现积极,主动完成各项学习任务	10			
7	会网上检索资料,有科学信息、资料的摘记	10			
8	口头交流叙述流畅,图示表达简单明了	10			
9	具有自我学习的能力	10			
10	具有自我认知及自我评估的能力	10			
总分					

项目 13　X5032 型立式铣床电气控制电路维修

13.1　项目分析

已知故障现象，通过对 X5032 型立式铣床电气系统的原理分析，制定检修步骤和方法，根据所制定的步骤和方法进行故障诊断并进行排除，完成维修记录的填写。

13.2　相关知识

13.2.1　X5032 型立式铣床常见故障

X5032 型立式铣床常见故障现象归纳起来主要有主轴电动机起动、停止、换向、制动故障，工作台进给部分故障以及电源、照明、配电柜门电气联锁等故障。下面列举几例故障现象及排除故障的方法。X5032 型立式铣床电气原理图参见图 11-5。

1. 主轴电动机方面的故障

1）故障现象：主轴电动机不转动，伴有很响的“嗡嗡”声。

故障原因：主轴电动机缺相。

故障分析：主轴电动机路径为：QS1—KM1—FR1—QS2—M1。由于有“嗡嗡”声，怀疑主轴电动机 M1 缺相，首先检测主轴电动机主回路有无断路。

故障排除方法：查主轴电动机 M1 的主电路。

用电压档测量主轴电动机 M1 的主电路，即从 QS1 到电动机 M1 的接线盒，查得 KM1 主触头没有同时接通，修复或更换接触器，故障排除。

2）故障现象：主轴电动机不能起动（以正向运行情况为例说明）。

故障原因：主电路部分的熔断器 FU1 熔断或电源变压器 TC 损坏，或是 M1 控制回路断开。

故障分析：主电路部分包括熔断器 FU1、KM1 主触头和热继电器 FR1，所以一般原因为主电路中熔断器 FU1 熔断，KM1 主触头卡阻无法吸合，热继电器 FR1 断相等。

如果是控制电路出现故障，使 KM1 线圈无法吸合，则是因为 KM1 线圈所在的回路以及连接导线和元件出现问题。

故障排除方法：将传动链打到空档位置。

在判断没有短路的情况下，按下 KM1，如 M1 运行，则主电路正常。检查控制电路，按下 SB1，KM1 无法吸合，检查 KM1 线圈所在的回路以及连接导线，查寻按钮连线是否断开，如断开，按原位紧固即可（一定要断电进行）。

2. 控制电路方面故障

1）故障现象：工作台常速进给正常，但不能快速进给。

故障原因：电器元件 SB5、SB6 和 KA1 及相关电路出现故障，或快速进给电磁离合器 3DL 出现故障。

故障排除方法：首先逐个检查 SB5、SB6 和 KA1，如果均无故障，则检查电磁离合器 3DL 所在电路，若也无问题，则故障可能发生在快速进给电磁离合器 3DL 本身。电磁离合器 3DL 控制回路常见的故障有线圈损坏或机械卡死，离合器动、静摩擦片间隙调整不当等。

2）故障现象：有制动，其他控制电路都不工作。

故障原因：FU4 熔断，接触器 KM1 损坏，热继电器 FR1、FR2 过载保护动作等。

故障排除方法：首先检查变压器 TC1 的一、二次绕组电压，如果变压器二次绕组 2-27 电压正常，则检查热继电器 FR1、FR2 过载保护是否动作，如果动作，进行复位即可。若变压器、热继电器都正常，可检查接触器 KM1 及其控制电路。

3. 照明电路方面故障

故障现象：无工作照明。

故障原因：灯泡损坏，FU3 熔断，开关 SB8 或变压器 TC1 损坏。

故障排除方法：首先检查灯泡灯丝是否断；然后再逐个检查熔断器 FU3 是否完好；检查变压器二次绕组电压是否为正常的 24V；最后再检查钮子开关 SB8 是否损坏，如果损坏，更换钮子开关，如元件正常，依次检查线路，直至故障排除。

13.2.2　查找 X5032 型立式铣床故障点常用的方法和步骤

1）根据故障现象，先从电气原理图上分析故障原因。

在不损伤电气和机械设备的前提下，可直接通电试验，以区分故障属于电气部分还是非电气部分。如果在电气部分，则应判断是电动机本身的故障还是电气控制电路故障，是主电路故障还是控制电路故障。

2）对于比较简单的控制电路，根据故障的范围，可先进行一般性外观检查。

如果是控制电路部分的故障，可逐个检查各电器元件的外观是否有破裂、变色、烧痕，其接头有无脱落等。对于比较复杂的电路，可采用逻辑分析方法，通过通电试验仔细观察各电器元件的动作情况，再根据原理图展示的控制原理，逐一排除故障回路中公共支路上的故障，逐步缩小故障范围。

3）对一般外观检查效果不明显的故障点，可采用测量法。

注意：在使用万用表、验电笔等进行测量时，要防止感应电、回路电及其他并联支路的影响，避免发生误判断。

4）找出故障点后，要找到产生故障的真正原因，针对具体情况采取正确的排除方法。电器元件损坏时，要查找其损坏的原因，不要轻易地去更换电器元件和增补接线，以免扩大故障或产生新的故障。

13.2.3　设置 X5032 型立式铣床故障的主要原则

1）不能设置电源短路故障、机床床身带电故障，以免实验时造成人身伤亡事故。

2）不能设置电动机直接起动故障，否则一接通总电源开关，电动机立即起动，可能造成人身和设备事故。

3）设置故障不能损坏电气设备和电器元件。

4）不可随意更换电器元件及连接导线的型号和规格。

13.3　项目实施

13.3.1　X5032型立式铣床电气系统维修项目书

教学目的	根据给定的故障现象进行现场调查,依据任务书及参考技术资料自主完成维修方案的制定,对元件及线路进行确认,分析线路,按照现象准备工具,对故障线路进行分析、修复。同时进行实训报告等文件的归档整理,并进行评价
主要设备	塑铜线、万用表、尖嘴钳、剥线钳、螺钉旋具等
预习内容	电动机与电气控制、电工基础
任务描述	明确工作原理,正确合理使用工具仪表进行线路检测
过程描述	原理讲授、故障原因分析、故障点查找、故障点排除、检查、评价
原理说明	
维修过程记录	
收获与体会	

13.3.2　X5032型立式铣床电气系统维修步骤

认真阅读电气原理图，掌握线路的构成、工作原理及接线方式，X5032型立式铣床电气系统的维修步骤及工艺要求如下。

1. 维修前准备工作

工具：验电笔、螺钉旋具、尖嘴钳、剥线钳等。

仪表：万用表、转速表。

2. 维修步骤及工艺要求

1）根据故障现象，先分析电气原理图，找到可能的故障点。

2）根据所列出的故障点，制定故障诊断方案。

3）根据故障方案，选用正确的工具和方法进行检修。

3. 检修时的要求

1）检修过程中，故障分析、排除故障的思路要正确，不得采用更换电器元件、借用触头或改动线路的方法修复故障。排除故障时，必须查出真正故障点，不得轻易采用元件代换法。

2）检修时，严禁扩大故障范围或产生新的故障，不得损坏电器元件或设备。

4. 注意事项

1）熟悉 X5032 型立式铣床电气控制电路的基本环节及控制要求，认真观摩教师的示范检修。

2）检修前，要认真阅读电气原理图和电气安装接线图，弄清有关电器元件的位置、作用及走线情况。

3）检修所用工具、仪表应符合使用要求。

4）停电要验电，带电检修时，必须有指导教师监护，以确保安全。

5）工具和仪表的使用要正确，检修时要认真核对导线的线号，以免出错。

13.4　项目评价

1. 学生自评、教师评价

项目内容	配分	评分标准	学生自评	教师评价
故障分析	25	1)标出故障线段不正确的,错误一处扣 5 分 2)标出最小故障范围不正确的,错误一处扣 5 分		
故障排除	50	1)测量仪器和工具使用不正确的,扣 5 分 2)排除故障方法不正确的扣 10 分 3)电气元件损坏,损坏一处扣 2 分 4)排除故障点不准确的,错误一处扣 5 分 5)扩大故障范围或产生新故障,扣 5 分		
安全文明生产	15	1)遵守检修操作规范,违规扣 1~10 分 2)工具器材摆放整齐,检修完毕保持良好,工具使用不当扣 1~5 分 3)检修完毕整理器材、场地,不整理扣 3 分		
任务书	10	任务书填写不及时或者不齐全的扣 5 分		
定额时间	不允许超时,提前完成加 5 分; 超时完成扣分,每超过 10 分钟,扣 5 分			
总分				
班级		组别		签字

2. 小组互评

组别		姓名			
序号	考核标准	配分	得分	得分	得分
1	喜欢合作学习，积极参加小组活动	10			
2	敢于发表自己的见解，同时也尊重同学意见	10			
3	积极帮助小组其他成员，友好相处	10			
4	学习目的明确，组织有序	10			
5	帮助协调，推动整个小组的工作	10			
6	表现积极，主动完成各项学习任务	10			
7	会网上检索资料，有科学信息、资料的摘记	10			
8	口头交流叙述流畅，图示表达简单明了	10			
9	具有自我学习的能力	10			
10	具有自我认知及自我评估的能力	10			
总分					

项目 14　自动往返控制电路安装与故障检修

14.1　项目分析

在生产过程中，有许多生产机械要求工作台或拖板等在一定范围内运动，有的要求能进行自动往返运动，如磨床的工作台，以便实现对工件的连续加工，提高生产效率。这就要求控制电路能自动转换对电动机的正反转控制。

14.2　相关知识

14.2.1　位置开关

在生产过程中，常要求一些生产机械运动部件在一定范围内运动，或完成自动往返循环控制等，如在摇臂钻床、万能铣床、镗床、桥式起重机及各种自动或半自动控制机床设备中就经常遇到这种控制要求。实现这种控制要求时常用的就是位置开关。

位置开关是其操动机构在生产机械的运动部件到达一个预定的位置时操作的一种指示开关，包括行程开关（或称限位开关）、接近开关等。

行程开关是一种很重要的小电流主令电器，其功能是将机械信号转换为电气信号，用来控制运动部件的行程。

各种系列的行程开关其基本结构大体相同，都是由操作头、触头系统和外壳组成。操作头接受机械移动部件发出的动作指令或信号，并将其传递到触头系统，触头再将操作头传来的指令或信号变为电信号，输出到有关控制电路，使之做出相应的反应。

行程开关的结构形式种类很多，但基本是以某种行程开关元件为基础，装置不同的操作头，得到各种不同的形式。

1. 位置开关的分类

1）位置开关按其动作及结构可分为按钮式（直动式）、旋转式（滚轮式）和微动式三种，其外形如图 14-1 所示。

2）行程开关按其触头动作方式可分为蠕动型和瞬动型，两种类型的触头动作速度不同。

蠕动型行程开关（见图 14-2）的触头分合速度取决于生产机械移动部件所装挡块碰撞触头的移动速度，其缺点是

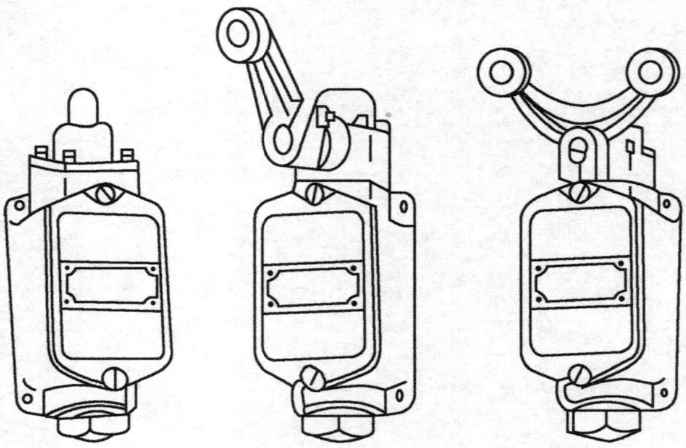

a)　　b)　　c)

图 14-1　位置开关

a）按钮式　b）旋转式　c）双轮旋转式

当移动速度低于0.4mm/min时，触头分合速度太慢，触头容易受电弧烧灼，从而减少触头使用寿命。

为了使行程开关触头在生产机械缓慢运动时仍能快速分合，故将触头动作设计成跳跃式瞬动结构，这样不但可以保证动作的可靠性及行程控制的位置精度，同时还可减少电弧对触头的灼伤。图14-3所示为瞬动型行程开关的结构。

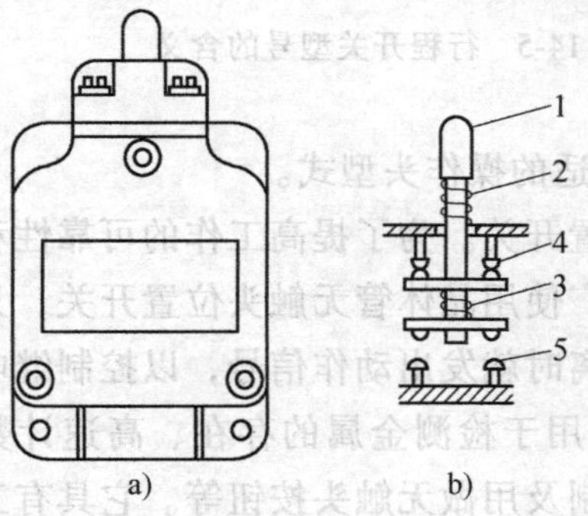

图14-2　蠕动型行程开关

a）外形　b）结构

1—顶杆　2—恢复弹簧　3—常开静触桥　4—常闭触头　5—常开触头

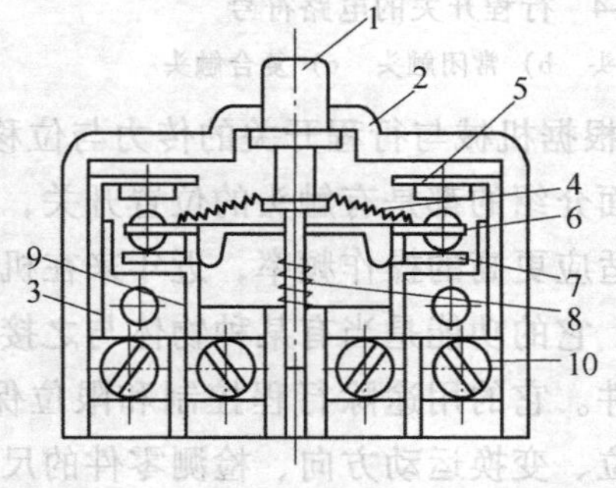

图14-3　LX19K型瞬动型行程开关结构

1—顶杆　2—外壳　3—常开静触桥　4—触头弹簧　5、7—触头　6—接触桥　8—恢复弹簧　9—常闭静触桥　10—螺钉和压板

瞬动型行程开关的工作原理：当运动机械挡块碰压顶杆1时，使它向下移动，压迫弹簧4使其储存一定能量，此时触头不动作，当到达一定的位置时，弹簧的弹力改变方向，同时储存的能量也得以释放，使接触桥6向上急弹与常闭触头7分断，而与常开触头5接通，完成了跳跃快速换接动作。当挡块离开顶杆时，顶杆在恢复弹簧8的作用下上移，接触桥6又瞬时进行快速换接，触头恢复到原来状态。

瞬动型行程开关的触头动作速度与操作速度无关，性能显然优于蠕动型。

3）行程开关按其动作后的复位方式分，有自动复位式和非自动复位式。自动复位式行程开关是依靠本身的恢复弹簧实现复位；非自动复位式行程开关是开关动作后不能自动复位。例如，JLXK1—211型双轮旋转式行程开关的外形如图14-1c所示，其工作过程是：当机械运动挡块碰压其中一个滚轮时，杠杆便转动一定角度，使触头瞬时动作，挡块继续移动离开滚轮后，杠杆及触头不会自动复位；只有当运动机械反向移动，挡块从相反方向碰压另一个滚轮时，触头才能恢复原始位置。

常用行程开关除LX19系列、JLXK1系列外，还有JW系列及引进德国西门子公司的3SE3系列。这些行程开关主要用于机床、自动生产线和其他生产机械的限位及程序控制。除此之外，还有专门用于起重的行程开关，主要用于限制起重设备及各种冶金辅助机械的行程控制，如LX22系列，共有五种规格，每种规格能控制1~2条回路。

行程开关在电气原理图中的符号如图14-4所示，其型号的含义如图14-5所示。

行程开关可按下列要求进行选用：

① 根据应用场合及控制对象选择类别；

② 根据安装环境选择防护型式；

③ 根据控制电路的额定电压和电流选择系列；

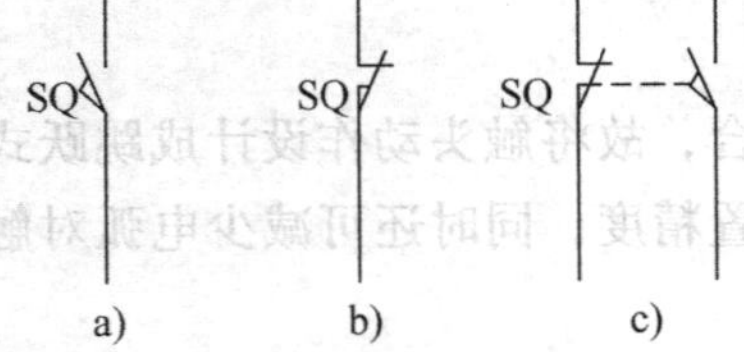

图 14-4　行程开关的电路符号

a）常开触头　b）常闭触头　c）复合触头

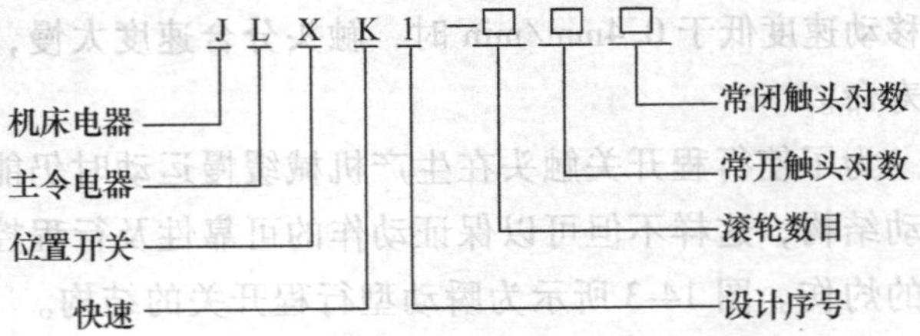

图 14-5　行程开关型号的含义

④ 根据机械与行程开关的传力与位移关系选择合适的操作头型式。

前面介绍的都是有触头的位置开关，一般称为位置开关。为了提高工作的可靠性和使用寿命，适应更高的操作频率，近年来在机床上逐步推广使用晶体管无触头位置开关，又称接近开关。它的功能是当有某种物体与之接近到一定距离时就发出动作信号，以控制继电器或逻辑器件。它的用途除行程控制和限位保护外，还可用于检测金属的存在、高速计数、测速、定位、变换运动方向、检测零件的尺寸、液面控制及用做无触头按钮等。它具有工作可靠、寿命长、操作频率高以及能适应恶劣的工作环境等特点。

接近开关按工作原理可分为：

① 高频振荡型（检测各种金属）；

② 电磁感应型（检测导磁或非导磁性金属）；

③ 电容型（检测各种导电或不导电的液体或固体）；

④ 永磁型及磁敏元件型（检测磁场或磁性金属）；

⑤ 光电型（检测不透光的所有物质）；

⑥ 超声波型（检测不透过超声波的物质）。

接近开关以高频振荡型最常用，它占全部接近开关产量的 80% 以上。高频振荡型接近开关的电路多种多样，但电路结构不外乎是由振荡、检测及晶体管输出等部分组成，它是以高频振荡电路状态变化为工作基础的。高频振荡型接近开关的原理框图如图 14-6 所示。

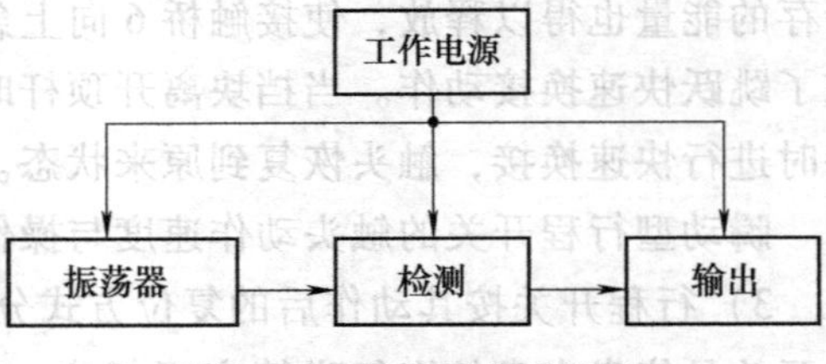

图 14-6　高频振荡型接近开关的原理框图

工作原理为：当有金属物体进入一个以一定频率稳定振荡的高频振荡器的线圈磁场时，由于该物体内部产生涡流损耗，对于铁磁性金属物体有磁滞损耗，使振荡回路电阻增大，能量损耗增加，以致振荡减弱直至终止。因此，在振荡电路后面接上检测电路与输出电路，就能检测出金属物体存在与否，并能给出相应的控制信号去控制继电器或其他电器，以达到控制目的。

目前应用较多的接近开关有 LJ 系列、LXJ 系列及 LXU 系列。

接近开关可按下列要求选用：

① 接近开关较一般位置开关价格高，因此仅用于工作频率高、可靠性及精度要求均较高的场合；

② 按应答距离要求选择型号、规格；

③ 按输出要求选择输出形式。

接近开关在电气原理图中的符号如图 14-7 所示。

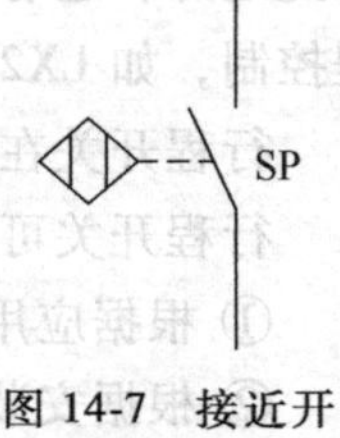

图 14-7　接近开关的电路符号

14.2.2　位置控制电路

图 14-8a 为行车运动示意图，行车的两头终点处各安装一个位置开关 SQ1 和 SQ2，这两个位置开关的常闭触头分别串接在正、反转控制电路中。行车前后装有挡铁 1 和挡铁 2，行车的行程和移动位置可通过移动位置开关的安装位置来调节。

根据控制要求设计电气原理图，如图 14-8b 所示。

该控制电路的原理如下（合上开关 QS 后）。

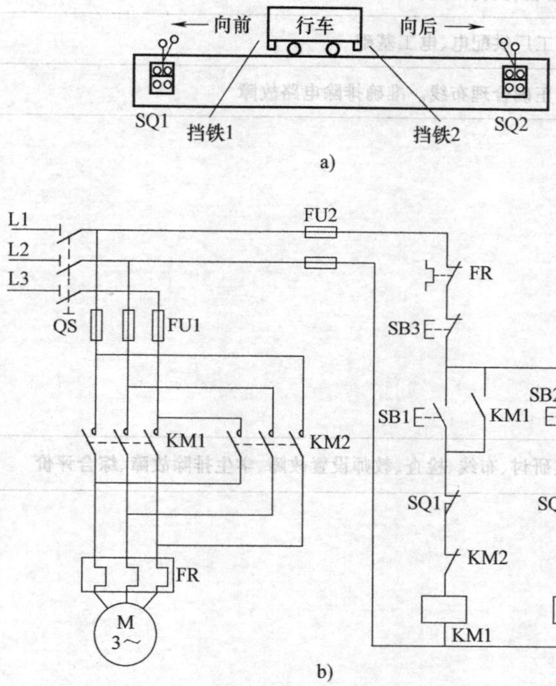

图 14-8　位置控制

a）行车移动示意图　b）电气原理图

1. 行车向前运动

按下 SB1→KM1 线圈得电，KM1 自锁触头闭合，KM1 进行自锁，KM1 联锁触头分断，对 KM2 联锁→电动机起动，连续正转→行车向前运动，移至限定位置时，挡铁 1 碰撞位置开关 SQ1，SQ1 常闭触头分断→KM1 线圈失电，KM1 自锁触头分断解除自锁，KM1 联锁触头恢复闭合解除联锁，KM1 主触头分断→电动机失电→行车停止前移。

此时，即使再按下 SB1，由于 SQ1 常闭触头已分断，接触器 KM1 线圈也不会得电，保证了行车不会超过 SQ1 所在的位置。

2. 行车向后运动

按下 SB2→KM2 线圈得电，KM2 自锁触头闭合，KM2 进行自锁，KM2 主触头闭合，KM2 联锁触头分断，对 KM1 联锁→电动机反转起动→行车后移→移至限定位置时，挡铁 2 碰撞位置开关 SQ2 ，SQ2 常闭触头分断，KM2 线圈失电→KM2 自锁触头分断解除自锁，KM2 主触头分断，KM2 联锁触头恢复闭合解除联锁→电动机失电→行车停止后移。

停止运行时只需按下 SB3 即可。

14.3 项目实施

14.3.1 自动往返控制电路安装与故障检修项目书

教学目的	明确电路工作原理、接线原则，能够准确、熟练地进行接线，能够对电路故障进行正确排除
主要设备	接地线、塑铜线、万用表、尖嘴钳、剥线钳、螺钉旋具等
预习内容	电动机与电气控制、工厂供配电、电工基础
任务描述	明确电路工作原理，正确合理布线。准确排除电路故障
原理说明	
过程描述	原理讲授、接线方案研讨、布线、检查、教师设置故障、学生排除故障、综合评价
相应图表	
收获与体会	

14.3.2 自动往返控制电路安装步骤

操作步骤（1）~（4）由学生来完成，此处只是给出参考。

（1）自动往返控制电路的控制要求 要求工作台在一定的行程内能完成自动往返运动，以便实现对工件的连续加工，工作台自动往返运动的示意图如图 14-9 所示。

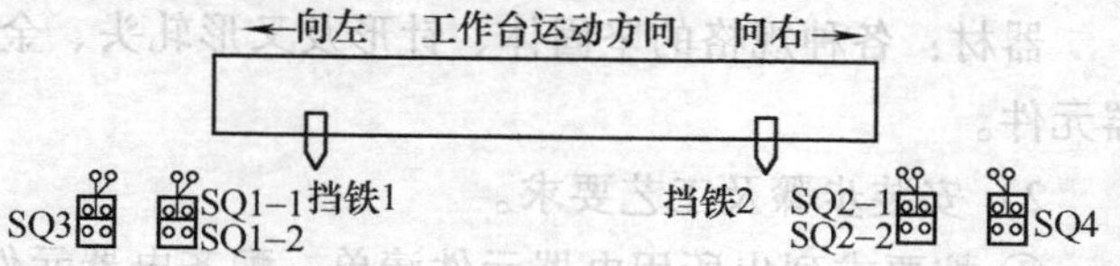

图 14-9 工作台自动往返示意图

（2）分析控制要求 为了使电动机的正反转控制与工作台的左右运动相配合，控制电路中设置了四个行程开关 SQ1、SQ2、SQ3、SQ4，并把它们安装在工作台需限位的地方。其中，SQ1、SQ2 被用来自动换接电动机正反转控制电路，实现工作台的自动往返行程控制；SQ3、SQ4 被用来作终端保护，以防止 SQ1、SQ2 失灵，工作台越过限定位置而造成事故。在工作台边的 T 形槽中装有两块挡铁，挡铁 1 只能和 SQ1、SQ3 相碰撞，挡铁 2 只能和 SQ2、SQ4 相碰撞。当工作台运动到所限位置时，挡铁碰撞行程开关，使其触头动作，自动换接电动机正反转控制电路，通过机械传动机构使工作台自动往返运动。工作台行程通过移动挡铁位置来调节，拉开两块挡铁间的距离行程就短，反之则长。

（3）设计电气原理图及电器元件布置图 电气原理图及电器元件布置图如图 14-10 所示。

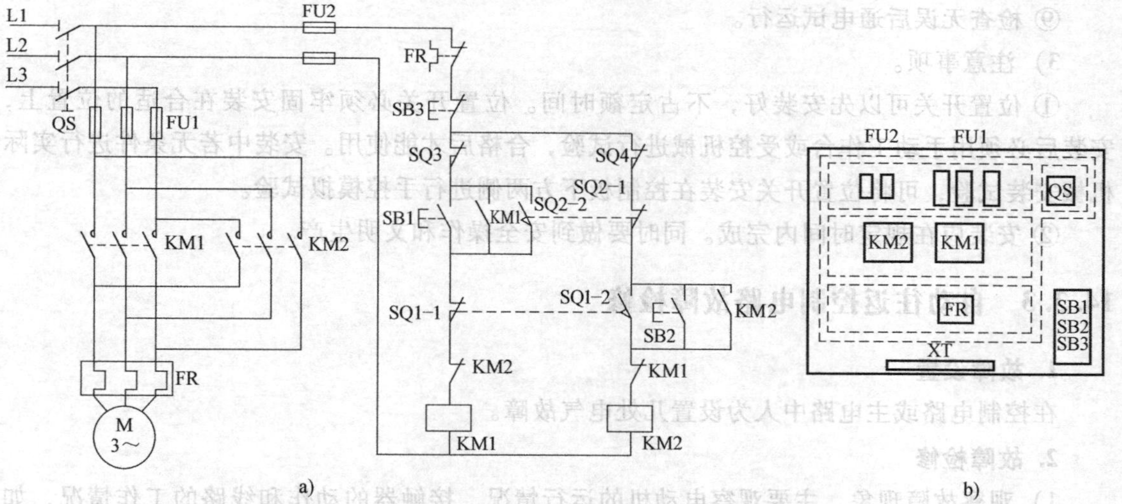

图 14-10 工作台自动往返行程控制电气原理图及电器元件布置图

a）电气原理图 b）电器元件布置图

线路的工作原理如下：

按下 SB1，KM1 线圈得电，KM1 自锁触头闭合，KM1 进行自锁，KM1 主触头闭合，电动机 M 正转，KM1 联锁触头分断，对 KM1 联锁，工作台左移。移至限定位置后，挡铁 1 碰撞行程开关 SQ1，SQ1-1 常闭触头先分断，KM1 线圈失电，KM1 自锁触头分断解除自锁，KM1 主触头分断，电动机失电停止运行，KM1 联锁触头恢复闭合解除联锁；SQ1-2 后闭合，KM2 线圈得电，KM2 自锁触头闭合，进行自锁，KM2 主触头闭合，电动机反转工作台右移，KM2 联锁触头分断对 KM1 联锁。

（4）自动往返控制电路的安装及调试

1）安装前准备工作。

工具：测电笔、螺钉旋具、尖嘴钳、剥线钳、电工刀等。

仪表：万用表。

器材：各种规格的坚固体、针形及叉形轧头、金属软管、编码套管等，以及线路所需电器元件。

2）安装步骤及工艺要求。

① 按要求列出所用电器元件清单，配齐电器元件，并检验元件质量。

② 在控制板上按所设计的电器元件布置图安装走线槽和所有电器元件，并标上醒目的文字符号。安装走线槽时，应做到横平竖直、排列整齐匀称、安装牢固和便于走线。

③ 按所设计的电气控制电路图进行前线槽配线，并在导线端部套编码套管和冷压接线头。板前线槽的配线的具体工艺要求可参考 8.3.3 节。

④ 根据电路图检验控制板内部布线的正确性。

⑤ 安装电动机。

⑥ 可靠连接电动机和各电器元件金属外壳的保护地线。

⑦ 连接电源、电动机等控制板外部的导线。

⑧ 自检。

⑨ 检查无误后通电试运行。

3）注意事项。

① 位置开关可以先安装好，不占定额时间。位置开关必须牢固安装在合适的位置上，安装后必须用手动工作台或受控机械进行试验，合格后才能使用。安装中若无条件进行实际机械安装试验，可将位置开关安装在控制板下方两侧进行手控模拟试验。

② 安装应在规定时间内完成。同时要做到安全操作和文明生产。

14.3.3　自动往返控制电路故障检修

1. 故障设置

在控制电路或主电路中人为设置几处电气故障。

2. 故障检修

1）观察故障现象。主要观察电动机的运行情况、接触器的动作和线路的工作情况，如发现异常情况，应马上断电检查。

2）分析并缩小故障范围，并在电路图上用虚线标出故障部位的最小范围。

3）正确、迅速地找出故障点。

4）采取正确的修复方法，排除故障。

5）排除故障后通电试运行。

3. 注意事项

1）要认真听取教师讲解和仔细观察故障部位。

2）要熟练掌握电路图中的各个环节的作用。

3）在排除故障过程中，故障分析的思路和方法要正确。

4）工具和仪表的使用要正确。

5）带电检修故障时，必须有指导教师在现场监护，并要确保用电安全。

14.4 项目评价

1. 学生自评、教师评价（自动往返控制电路安装）

项目内容	配分	评分标准	学生自评	教师评价
安装元件	10	1)元件布置不合理、不整齐、不均匀,每个扣3分 2)元件安装不牢固,每个扣2分 3)损坏元件扣5~10分		
安装过程	40	1)不按电路图接线,扣20分 2)布线不符合要求,主电路每处扣2分,控制电路每处扣1分 3)接点松动、露铜过长、反圈、压绝缘皮等,每处扣1分 4)损伤导线绝缘或线芯,每根扣2分		
线路检测	10	要求检测方法正确、熟练,不正确不熟练扣1~10分		
通电试车	20	1)通电操作步骤正确,步骤错误每处扣2分 2)通电试车一次不成功扣5分,二次不成功扣10分,三次不成功不得分		
安全文明生产	10	1)遵守用电操作规范,违规扣1~10分 2)工具器材摆放整齐,安装完毕保持良好,工具使用不当扣1~5分 3)安装完毕整理器材、场地,不整理扣3分		
任务书	10	任务书填写不及时或者不齐全的扣5分		
定额时间	不允许超时,提前完成加5分; 超时完成扣分,每超过10分钟,扣5分			
总分				
班级		组别		签字

2. 学生自评、教师评价（自动往返控制电路故障检修）

项目内容	配分	评分标准	学生自评	教师评价
故障分析	25	1)标出故障线段不正确的,错误一处扣5分 2)标出最小故障范围不正确的,错误一处扣5分		
故障排除	50	1)测量仪器和工具使用不正确的,扣5分 2)排除故障方法不正确的,扣10分 3)电气元件损坏,损坏一处扣2分 4)排除故障点不准确的,错误一处扣5分 5)扩大故障范围或产生新故障扣5分		
安全文明生产	15	1)遵守检修操作规范,违规扣1~10分 2)工具器材摆放整齐,检修完毕保持良好,工具使用不当扣1~5分 3)检修完毕整理器材、场地,不整理扣3分		
任务书	10	任务书填写不及时或者不齐全的扣5分		
定额时间	不允许超时,提前完成加5分; 超时完成扣分,每超过10分钟,扣5分			
总分				
班级		组别		签字

3. 小组互评

组别		姓名			
序号	考核标准	配分	得分	得分	得分
1	喜欢合作学习，积极参加小组活动	10			
2	敢于发表自己的见解，同时也尊重同学意见	10			
3	积极帮助小组其他成员，友好相处	10			
4	学习目的明确，组织有序	10			
5	帮助协调，推动整个小组的工作	10			
6	表现积极，主动完成各项学习任务	10			
7	会网上检索资料，有科学信息、资料的摘记	10			
8	口头交流叙述流畅，图示表达简单明了	10			
9	具有自我学习的能力	10			
10	具有自我认知及自我评估的能力	10			
	总分				

项目15　双速异步电动机控制电路安装与故障检修

15.1　项目分析

本项目要完成双速异步电动机控制电路的安装、调试与维修。根据任务要求搜集资料设计符合要求的控制方案，选择最佳的控制电路方案，并选择合适的电器元件；进行双速异步电动机控制电路的安装与调试。根据故障现象，分析故障可能产生的原因并确定产生的范围，从而进行故障维修。最后进行项目书的填写。

15.2　相关知识

由三相异步电动机的转速公式 $n=(1-s)60f/p$ 可知，改变异步电动机转速可通过三种方法来实现：一是改变电源频率 f；二是改变转差率 s；三是改变磁极对数 p。通过改变异步电动机的磁极对数的方式来进行调速称为变极调速。变极调速是通过改变定子绕组的联结方式来实现的，它是有级调速，且只适用于笼型异步电动机。凡磁极对数可改变的电动机均称多速电动机。常见的多速电动机有双速、三速、四速等几种形式。接下来以双速异步电动机为例来说明变极调速的原理及控制过程。

图15-1为双速异步电动机定子绕组的△/Y联结接线图。图中，三相定子绕组为△联结，由三个连接点接出三个出线端U1、V1、W1，从每相绕组的中点各接出一个出线端U2、V2、W2，这样定子绕组共有六个出线端，通过改变这六个出线端与电源的连接方式，就可以得到两种不同的转速。要使电动机在低速运行时，就把三相电源分别接至定子绕组的△联结顶点的出线端U1、V1、W1上，另外三个出线端U2、V2、W2空着不接，如图15-1a所示，此时电动机定子绕组为△联结，设磁极为4极，则同步转速为1500r/min；若要使电动机在高速运行，就把三个出线端U1、V1、W1接在一起，另外三个出线端U2、V2、W2分别接到三相电源上，如图15-1b所示，这时电动机定子绕组为Y联结，磁极为2极，同步转速为3000r/min。可见，双速电动机高速运行时的转速是低速运行时转速的两倍。

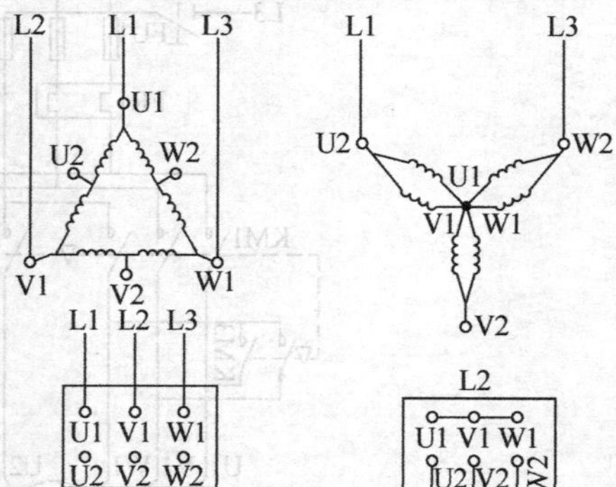

图15-1　双速电动机三相定子绕组△/Y联结接线图

a）低速-△联结（4极）　b）高速-Y联结（2极）

1. 接触器控制双速电动机的控制电路

图15-2为用按钮和接触器控制的双速电动

机的控制电路。其中，SB1、KM1 控制电动机低速运行；SB2、KM2、KM3 控制电动机高速运行。

该控制电路的工作原理如下（合上电源开关 QS 后）。

（1）△联结低速起动运行　按下 SB1，SB1 常闭触头先分断，对 KM2、KM3 联锁，SB1 常开触头后闭合，KM1 线圈得电，KM1 自锁触头闭合自锁，KM1 主触头闭合，KM1 联锁触头分断对 KM2、KM3 联锁，电动机以△联结低速起动运行。

（2）Y联结高速起动运行　按下 SB2，SB2 常闭触头先分断，SB2 常开触头后闭合，KM1 线圈失电，KM1 自锁触头分断，KM1 主触头断开，KM1 联锁触头闭合，KM2、KM3 线圈同时得电，电动机以Y联结高速起动运行。

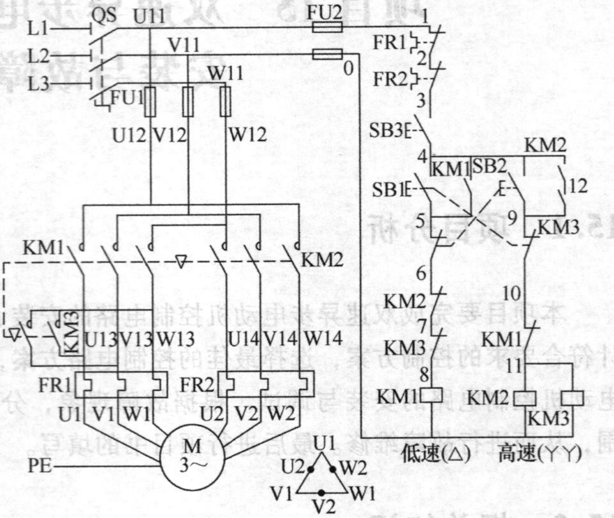

图 15-2　按钮和接触器控制的双速电动机的控制电路

需要停止运行时，按下 SB3 即可实现。

2. 时间继电器自动控制双速电动机的控制电路

用转换开关和时间继电器控制双速电动机低速/高速运行的电路如图 15-3 所示。其中，SA 是具有三个触头的位置开关；接触器 KM1 控制电动机定子绕组以△联结低速运行；KM2、KM3 控制电动机以Y联结高速运行；时间继电器 KT 控制电动机的起动时间和△-Y自动换接运行。

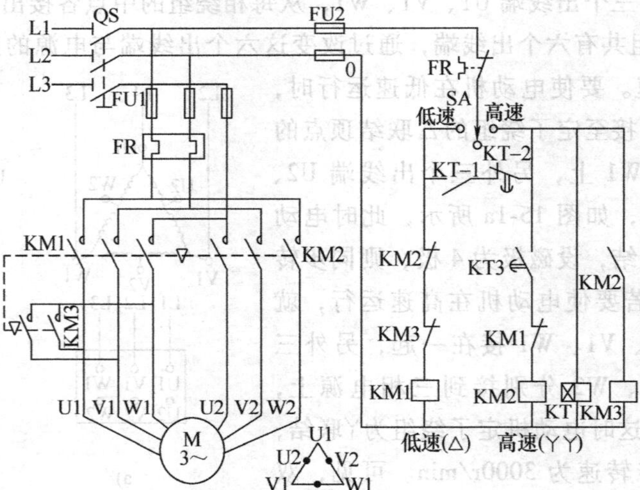

图 15-3　时间继电器自动控制双速电动机

该控制电路的工作原理如下（合上电源开关 QS 后）。

（1）△联结低速起动运行　将 SA 扳到低速，KM1 线圈得电，KM1 主触头闭合，常闭触头分断对 KM2 联锁，电动机以△联结低速起动运行。

（2）Y联结低速起动、高速运行 将 SA 扳到高速，KT 得电，瞬动触头 KT-1 闭合，KM1 线圈得电，KM1 主触头闭合，电动机以△联结低速起动；KT-2、KT-3 延时触头开始延时，延时时间到后 KT-2 断开，KM1 线圈失电，KM1 主触头分断，KT-3 闭合，KM2 线圈得电，KM2 常开触头闭合，KM3 线圈得电，电动机以Y联结高速运行。

需要停止运行时，将 SA 扳到中间停止位置即可实现。

15.3 项目实施

15.3.1 双速异步电动机控制电路安装与故障检修项目书

教学目的	明确电路工作原理、接线原则，能够准确、熟练地进行接线，能够对电路故障进行正确排除
主要设备	接地线、塑铜线、万用表、尖嘴钳、剥线钳、螺钉旋具等
预习内容	电动机与电气控制、工厂供配电、电工基础
任务描述	明确电路工作原理，正确合理布线。准确排除电路故障
原理说明	
过程描述	原理讲授、接线方案研讨、布线、检查、教师设置故障、学生排除故障、综合评价
相应图表	
收获与体会	

15.3.2 双速异步电动机控制电路安装步骤

1. 双速异步电动机控制电路的控制要求

要求用转换开关来控制双速异步电动机低速和高速之间的切换，并且在高速时是由低速向高速转换的。

2. 分析控制要求及控制原理

为了使双速异步电动机完成低速和高速起动控制，按要求选用转换开关。要求高速起动时要由低速向高速转换，因此选用时间继电器来实现低速向高速的转换。

3. 学生设计电气原理图及电气元件布置图（参考电路图如图 15-3 所示）

4. 双速异步电动机控制电路的安装及调试（参考）

（1）安装前准备工作

工具：测电笔、螺钉旋具、尖嘴钳、剥线钳、电工刀等。

仪表：万用表、转速表。

器材：各种规格的针形及叉形轧头、金属软管、编码套管等，以及线路所需电器元件。

（2）安装步骤及工艺要求

1）按要求列出所用电器元件清单，配齐电器元件，并检验元件质量。

2）在控制板上按所设计的电器元件布置图安装走线槽和所有电器元件，并贴上醒目的文字符号。

3）按所设计的电气控制电路图进行前线槽配线，并在导线端部套编码套管和冷压接线头。板前线槽配线的具体工艺要求参照项目 8。

4）根据电路图检验控制板内部布线的正确性。

5）安装电动机。

6）可靠连接电动机和各电器元件金属外壳的保护地线。

7）连接电源、电动机等控制板外部的导线。

8）自检。

9）检查无误后通电试运行，并用转速表测量电动机转速。

（3）注意事项

1）接线时注意主电路中控制两种速度的接触器在两种转速下电源相序的改变，不能接错；否则，两种转速下电动机的转向相反，换向时会产生很大冲击电流。

2）控制双速电动机△联结的接触器和Y联结的主触头不能对换，否则不但无法实现双速控制要求。而且会在以Y联结运行时造成电源短路事故。

3）热继电器的整定电流调整及其在主电路中的接线位置。

4）通电试运行前，要复验一下电动机的接线是否正确，并测试绝缘电阻是否符合要求。

5）通电试运行时，必须有指导教师在现场监护，同时做到安全文明生产。

15.3.3 双速异步电动机控制电路检修训练

1. 故障设置

在控制电路和主电路中人为设置电气故障各一处。

2. 故障检修

由学生自编检修步骤，经教师审阅合格后，进行检修（可参考前面的项目）。

3. 注意事项

1）检修前要认真阅读电路图，掌握线路的构成、工作原理及接线方式。

2）检修过程中，故障分析、排除故障的思路和方法要正确，严禁扩大和产生新的故障。

3）工具、仪表使用要正确，带电检修故障时必须有指导教师在现场监护，以确保用电安全。

15.4 项目评价

1. 学生自评、教师评价（双速异步电动机控制电路安装）

项目内容	配分	评分标准	学生自评	教师评价
安装元件	10	1)元件布置不合理、不整齐、不均匀,每个扣3分 2)元件安装不牢固,每个扣2分 3)损坏元件扣5~10分		
安装过程	40	1)不按电路图接线,扣20分 2)布线不符合要求,主电路每处扣2分,控制电路每处扣1分 3)接点松动、露铜过长、反圈、压绝缘皮等,每处扣1分 4)损伤导线绝缘或线芯,每根扣2分		
线路检测	10	要求检测方法正确、熟练,不正确不熟练扣1~10分		
通电试车	20	1)通电操作步骤正确,步骤错误每处扣2分 2)通电试车一次不成功扣5分,二次不成功扣10分,三次不成功不得分		
安全文明生产	10	1)遵守用电操作规范,违规扣1~10分 2)工具器材摆放整齐,安装完毕保持良好,工具使用不当扣1~5分 3)安装完毕整理器材、场地,不整理扣3分		
任务书	10	任务书填写不及时或者不齐全的扣5分		
定额时间	不允许超时,提前完成加5分; 超时完成扣分,每超过10分钟,扣5分			
总分				

班级		组别		签字		

2. 学生自评、教师评价（双速异步电动机控制电路故障检修）

项目内容	配分	评分标准	学生自评	教师评价
故障分析	25	1)标出故障线段不正确的,错误一处扣5分 2)标出最小故障范围不正确的,错误一处扣5分		
故障排除	50	1)测量仪器和工具使用不正确的,扣5分 2)排除故障方法不正确的,扣10分 3)电气元件损坏,损坏一处扣2分 4)排除故障点不准确的,错误一处扣5分 5)扩大故障范围或产生新故障扣5分		
安全文明生产	15	1)遵守检修操作规范,违规扣1~10分 2)工具器材摆放整齐,检修完毕保持良好,工具使用不当扣1~5分 3)检修完毕整理器材、场地,不整理扣3分		
任务书	10	任务书填写不及时或者不齐全的扣5分		
定额时间	不允许超时,提前完成加5分; 超时完成扣分,每超过10分钟,扣5分			
总分				
班级		组别		签字

3. 小组互评

组别		姓名			
序号	考核标准	配分	得分	得分	得分
1	喜欢合作学习,积极参加小组活动	10			
2	敢于发表自己的见解,同时也尊重同学意见	10			
3	积极帮助小组其他成员,友好相处	10			
4	学习目的明确,组织有序	10			
5	帮助协调,推动整个小组的工作	10			
6	表现积极,主动完成各项学习任务	10			
7	会网上检索资料,有科学信息、资料的摘记	10			
8	口头交流叙述流畅,图示表达简单明了	10			
9	具有自我学习的能力	10			
10	具有自我认知及自我评估的能力	10			
总分					

项目 16　M1432A 型万能外圆磨床电气控制电路安装

16.1　项目分析

通过对 M1432A 型万能外圆磨床电气系统的原理分析制定合理的电气系统连接方案，并进行安装、调试；能完成调试记录的填写。

16.2　相关知识

16.2.1　M1432A 型万能外圆磨床基本结构

磨床是用磨具或磨料加工工件各种表面的精密加工机床，使用砂轮的机床称为普通磨床，使用油石、研磨料的机床称为精磨机床。

根据磨床的加工范围可将普通磨床分为外圆磨床、内圆磨床和平面磨床。外圆磨床又分为普通外圆磨床和万能外圆磨床。普通外圆磨床可磨削工件的外圆柱面和外圆锥面，万能外圆磨床不仅能磨削外圆柱和外圆锥面，还能磨削内圆柱面及锥度较大的内外圆锥面。其主要参数为最大磨削外圆直径。

M1432A 型万能外圆磨床的最大磨削外圆直径为 320mm，主要由床身、头架、内圆磨具、砂轮架、尾座、砂轮架、滑鞍、手动进给轮、工作台及液压系统等组成，其结构如图 16-1 所示。

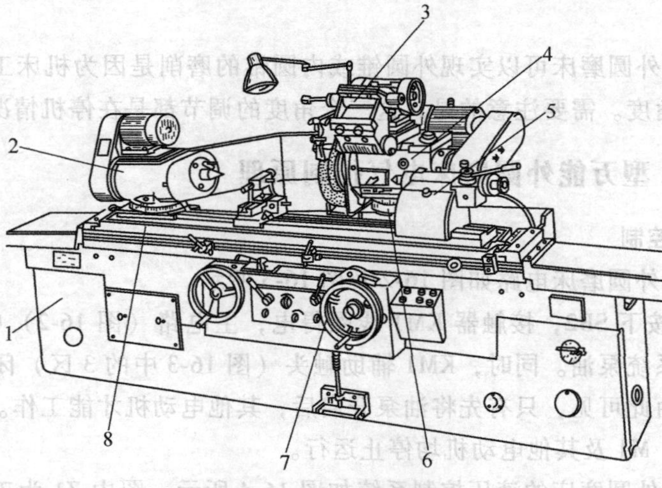

图 16-1　M1432A 型万能外圆磨床的外形结构
1—床身　2—头架　3—内圆磨具　4—砂轮架　5—尾座　6—滑鞍
7—手动进给轮　8—工作台

M1432A 型万能外圆磨床共有 5 台电动机实现电力拖动控制，主要的运动形式有主运动、圆周进给运动、纵向进给运动、横向进给运动和辅助运动。

1. 主运动

外圆和内圆砂轮的高速旋转运动为主运动。外圆砂轮电动机的功率为 4kW，转速为 1500r/min；内圆砂轮电动机的功率为 1.1kW，转速为 3000r/min。两砂轮主轴均通过三角带传动与电动机连接，其最大的特点是两砂轮主轴都不能变速。

2. 圆周进给运动

工件绕自身轴线的转动为圆周进给运动，也就是头架电动机带动工件主轴的转动。工件的转速较低，由一台双速异步电动机经两级皮带变速机构传动，通过双速异步电动机及皮带变速机构的组合，可得到六级转速以满足圆周进给变速的要求。采用双速异步电动机的主要目的是为了使头架结构尽量简单，从而减小头架的体积。头架电动机的功率为 0.55/1.1kW，转速为 $750/1500\mathrm{r \cdot min^{-1}}$。

3. 纵向进给运动

工作台带动头架和工件的轴向往复运动为纵向进给运动。工作台的往复运动是由液压系统控制液压油缸的往复运动来实现的，通过调节手轮可实现工作台的无级变速，通过改变工作挡块的位置可以实现工作台工作距离的调节。

4. 横向进给运动

砂轮架带动砂轮沿工件的径向移动为横向进给运动。转动横向进给手轮，与手轮连接的横向进给变速机构带动丝杠转动，从而使砂轮架沿工件的径向移动，从而实现了横向进给。

5. 辅助运动

M1432A 型万能外圆磨床的辅助运动有两种：一是砂轮架的快进快退运动，由液压系统中的液压电动机直接带动横向进给丝杠转动，带动砂轮架快速地沿工件径向移动；二是尾座套筒的伸缩运动，由液压系统控制尾座液压油缸做活塞运动，从而实现对工件的快速夹紧与放松。以上两种辅助运动的目的是方便装卸和测量工件，从而节省辅助时间，提高工作效率。

M1432A 型万能外圆磨床可以实现外圆锥或内圆锥的磨削是因为机床工作台、头架、砂轮架均能回转一定角度。需要注意的是，这三个角度的调节都是在停机情况下手动调节的。

16.2.2　M1432A 型万能外圆磨床电气控制原理

1. 油泵电动机控制

M1432A 型万能外圆磨床电路如图 16-2 及图 16-3 所示。

在图 16-3 中，按下 SB2，接触器 KM1 线圈得电，主电路（图 16-2）中油泵电动机 M1 起动运行，为液压系统泵油。同时，KM1 辅助触头（图 16-3 中的 3 区）闭合自锁后，其他接触器才能得电。由此可见，只有先将油泵开启后，其他电动机才能工作。当按下按钮 SB1 后，KM1 线圈失电，M1 及其他电动机均停止运行。

M1432A 型万能外圆磨床的液压控制系统如图 16-4 所示，图中 Z1 为工作台油缸，K 为工作台液压与手动进给互锁缸，H1 与 H2 为工作台往复行程调节挡块；C 为先导阀；D 为换向阀，用来改变工作台的运动方向；E 为手动阀，控制起停；L 为尾架顶尖夹紧油缸，P

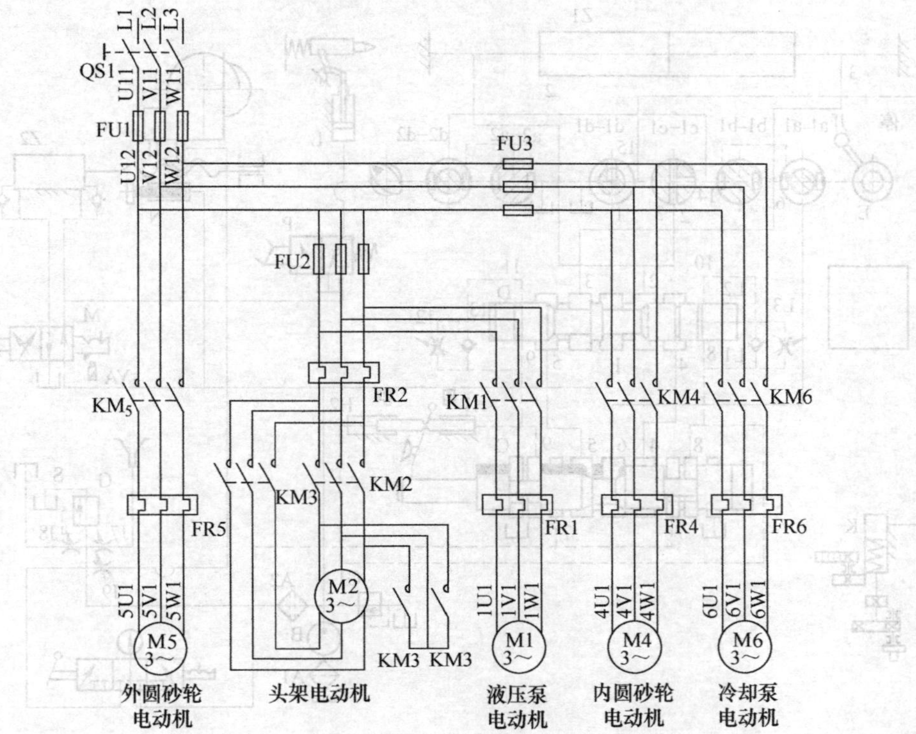

图 16-2 M1432A 型万能外圆磨床主电路

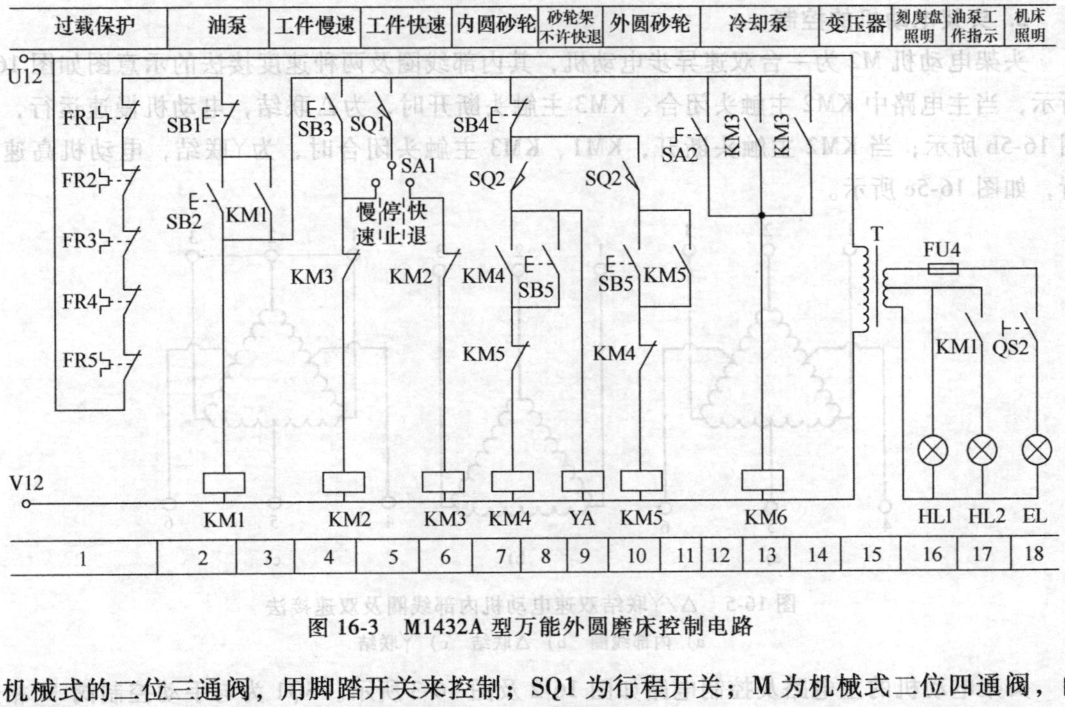

图 16-3 M1432A 型万能外圆磨床控制电路

为机械式的二位三通阀，用脚踏开关来控制；SQ1 为行程开关；M 为机械式二位四通阀，由手动操纵手柄控制；Z2 为与砂轮架丝杠相连的液压泵电动机。扳动阀 M 的操纵手柄用以改变阀位置，进而改变液压泵电动机 Z2 的进出油方向，从而实现砂轮架的快进与快退，但当内圆砂轮工作时，M 的中左位电磁铁线圈 YA 得电，将 M 紧锁在“快进”位置，为了避免

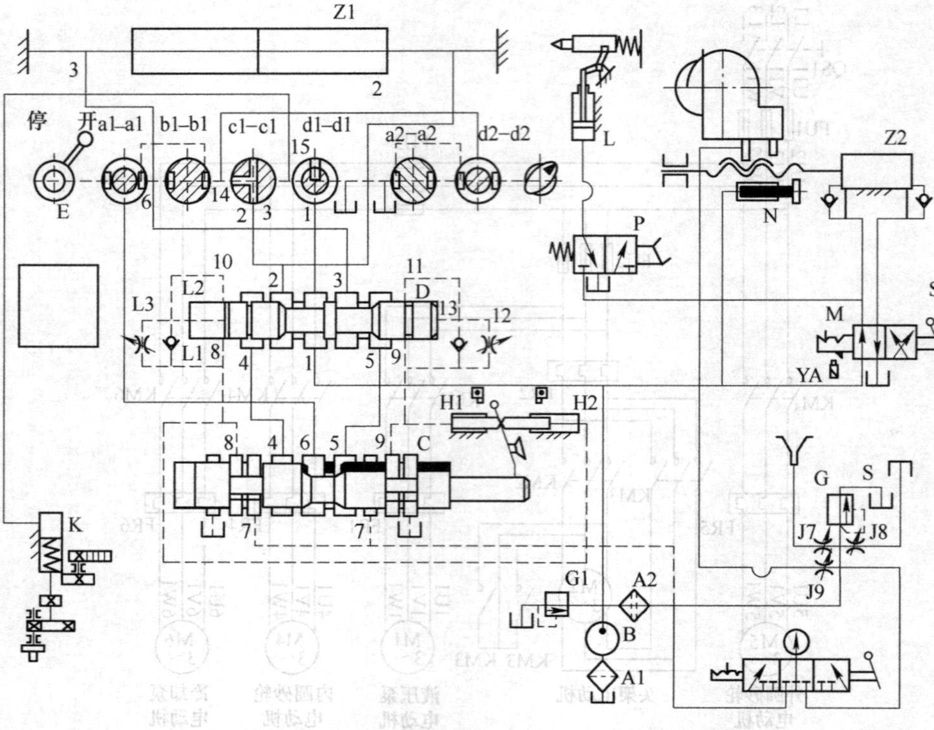

图 16-4 M1432A 型万能外圆磨床液压控制系统

内圆磨削时砂轮架快退造成模具与工件碰撞，工作人员不可以扳动操纵手柄。

2. 头架电动机的控制

头架电动机 M2 为一台双速异步电动机，其内部线圈及两种速度接法的示意图如图 16-5 所示，当主电路中 KM2 主触头闭合、KM3 主触头断开时，为△联结，电动机慢速运行，如图 16-5b 所示；当 KM2 主触头断开，KM1、KM3 主触头闭合时，为丫联结，电动机高速运行，如图 16-5c 所示。

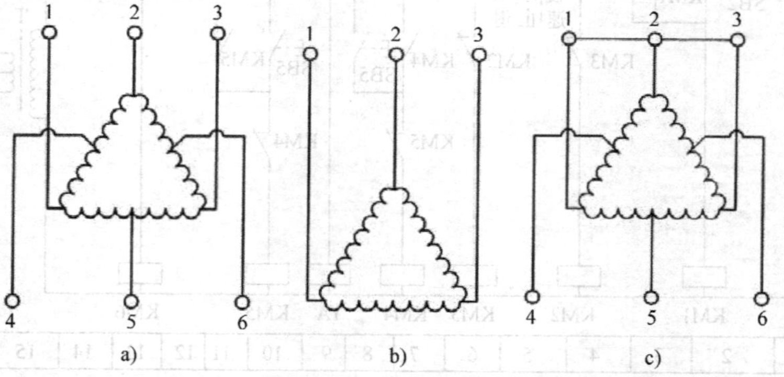

图 16-5 △/丫联结双速电动机内部线圈及双速接法

a）内部线圈 b）△联结 c）丫联结

头架电动机的主电路及控制电路如图 16-2 及图 16-3 所示。SQ1 为与手动控制阀 M 相连的行程开关。开启油泵后，当将手动控制阀 M 的操纵手柄置于“快进”（左位）位置时，由液压系统控制砂轮架将快进移动。同时处于“快进”位置的操纵手柄压下行程开关 SQ1，使其常开触头闭合。

此时当速度选择开关SA1置于“慢速”档时，接触器KM2线圈得电，电动机M2为△联结，带动工件低速运行；当SA1置于“快速”档时，接触器KM线圈得电，电动机M2为Y联结，带动工件高速运行；当SA1置于“停止”挡时，M2停止运行。

当外圆磨削结束后，将操纵手柄扳回到“快退”位置，此时行程开关SQ1又复位，常开触头恢复断开，使KM2和KM3线圈失电，电动机M2停止运行。

SB3为点动按钮，按下SB3可使KM2得电，头架电动机低速试运行，可对装夹具与工件的同轴度进行检测。由于KM2与KM3之间设置了接触器联锁，所以当头架电动机高速运行时，按下SB3将不起作用。

3. 外圆砂轮与内圆砂轮控制

外圆砂轮与内圆砂轮控制电路如图16-3所示。SB4为停止按钮，SB5为带有两个常开触头的起动按钮，SQ2为内、外砂轮互锁行程开关。当进行外圆磨削时，把内圆磨具往上翻，它的后侧压下SQ2，SQ2常开触头闭合，常闭触头断开，按下SB5后KM5得电，主电路中电动机M5工作，带动外圆砂轮旋转；当翻下砂轮架使用内圆砂轮磨削时，SQ2复位，其常闭触头恢复闭合，此时电磁铁线圈YA得电，使手动控制阀M被限制在“快进”位置，而不能被扳动到“快退”位置，液压泵电动机到达活塞的极限位置而不再动作，此时砂轮架的进与退只能靠转动手轮带动丝杠完成，从而保证了工作安全，防止了内圆磨削时因砂轮架快进及快退引起的磨具与工件碰撞的事故。按下SB5后KM4得电，内圆砂轮电动机M4得电，带动内圆砂轮旋转。内、外圆砂轮控制设有接触器联锁。

16.3 项目实施

16.3.1 M1432A型万能外圆磨床电气系统的安装项目书

教学目的	明确线路工作原理、接线原则，能够准确、熟练地进行接线
主要设备	接地线、塑铜线、万用表、尖嘴钳、剥线钳、螺钉旋具等
预习内容	电动机与电气控制、工厂供配电、电工基础
任务描述	明确工作原理，正确合理配线
原理说明	

（续）

过程描述	原理讲授、接线方案研讨、接线、检查、评价
相应图表	
收获与体会	

16.3.2 M1432A型万能外圆磨床电气系统安装步骤

识读电路图，明确线路所用电器元件及其作用，熟悉线路工作原理。

控制电路的安装及调试过程（参考）如下。

1. 安装前准备工作

1）工具：测电笔、螺钉旋具、尖嘴钳、剥线钳、电工刀、活扳手等。

2）仪表：万用表、转速表。

3）器材：控制板、各种规格的针形及叉形轧头、金属软管、编码套管等，以及线路所需电器元件。

2. 安装步骤及工艺要求

1）熟悉M1432A型万能外圆磨床的主要结构及运动形式，了解该磨床的各种工作状态及各操作手柄、按钮、接插器的作用。

2）结合所给的电气安装接线图，观察熟悉磨床各电器元件的安装位置、走线布线情况。

3）按电器元件明细表配齐所有的电气设备和电器元件，并逐一检验其规格是否符合要求和质量是否合格。

4）根据电动机容量、线路走向及要求、各元件的安装尺寸正确选配导线规格、导线通道类型和数量、接线端子板型号及节数、控制板尺寸、编码套管、管夹、束节及紧固体等。

5）在控制板上划线，做好紧固元件的准备工作。安装电器元件，并在各电器元件附近标好醒目的、与电路图一致的文字符号。

6）按控制板内布线的工艺要求布线，并在各电器元件及接线端子板接点的线头上，套上与电路图相同的编码套管。

7）选择合理的导线走向，做好导线通道的支持准备，安装控制板以外的所有电器元件。

8）进行控制箱外布线，在导线线头上套装与电路图相同的编码套管。对于可移动的导线应放适当的余量，使金属软管运动时不承受拉力，并在所有导线通道内按规定放好备用导线。

9）根据电路图检查电路接线的正确性，各接点连接是否牢固可靠。

10）检查电动机和所有电器元件不带电的金属外壳的保护接地是否牢靠。

11）检查电动机的安装是否牢固，连接生产机械的传动装置是否符合安装要求。

12）检查热继电器和欠电流继电器的整定值、熔断器的熔体是否符合要求。

13）用万用表检测电动机及线路的绝缘电阻，做好通电试运行的准备。

14）清理安装现场。

15）通电试运行时，若有异常，应立即切断电源进行检查，待调整后或修复后方能再次通电试运行。

3. 注意事项

1）严禁用金属软管作为接地通道。

2）进行控制箱外部接线时，必须穿在导线通道内或敷设在机床底座内的导线通道内。所有两接线端子（或接线桩）之间的导线必须连续，中间无接头。接线时，必须认真细心，做到查出一根导线，立即在两线头上装编码套管，连接后再进行复验，以免接错线。通道内导线每超过10根，应加1根备用线。

3）在安装调试过程中，工具、仪表的使用要正确。

4）通电试运行时，必须有指导教师在现场监护，并遵守安全操作规程，做到安全文明生产。

16.4　项目评价

1. 学生自评、教师评价

项目内容	配分	评分标准	学生自评	教师评价
安装元件	10	1)元件布置不合理、不整齐、不均匀，每个扣3分 2)元件安装不牢固，每个扣2分 3)损坏元件扣5~10分		
安装过程	40	1)不按电路图接线，扣20分 2)布线不符合要求，主电路每处扣2分，控制电路每处扣1分 3)接点松动、露铜过长、反圈、压绝缘皮等，每处扣1分 4)损伤导线绝缘或线芯，每根扣2分		
线路检测	10	要求检测方法正确、熟练，不正确不熟练扣1~10分		

（续）

项目内容	配分	评分标准	学生自评	教师评价
通电试车	20	1)通电操作步骤正确,步骤错误每处扣2分 2)通电试车一次不成功扣5分,二次不成功扣10分,三次不成功不得分		
安全文明生产	10	1)遵守用电操作规范,违规扣1~10分 2)工具器材摆放整齐,安装完毕保持良好,工具使用不当扣1~5分 3)安装完毕整理器材、场地,不整理扣3分		
任务书	10	任务书填写不及时或者不齐全的扣5分		
定额时间	不允许超时,提前完成加5分; 超时完成扣分,每超过10分钟,扣5分			
总分				

班级		组别		签字	

2. 小组互评

组别		姓名			
序号	考核标准	配分	得分	得分	得分
1	喜欢合作学习,积极参加小组活动	10			
2	敢于发表自己的见解,同时也尊重同学意见	10			
3	积极帮助小组其他成员,友好相处	10			
4	学习目的明确,组织有序	10			
5	帮助协调,推动整个小组的工作	10			
6	表现积极,主动完成各项学习任务	10			
7	会网上检索资料,有科学信息、资料的摘记	10			
8	口头交流叙述流畅,图示表达简单明了	10			
9	具有自我学习的能力	10			
10	具有自我认知及自我评估的能力	10			
总分					

项目 17　M1432A 型万能外圆磨床电气控制电路测绘

17.1　项目分析

根据控制要求，通过对现场进行测绘，完成对 M1432A 万能外圆磨床电气控制电路的测绘，并且将测绘图转化为电气原理图，明确测绘的过程。

17.2　相关知识

M1432A 型万能外圆磨床电气原理图如图 16-2 和图 16-3 所示。

M1432A 型万能外圆磨床电器安装参考位置图及电器元件位置图如图 17-1、图 17-2 所示。

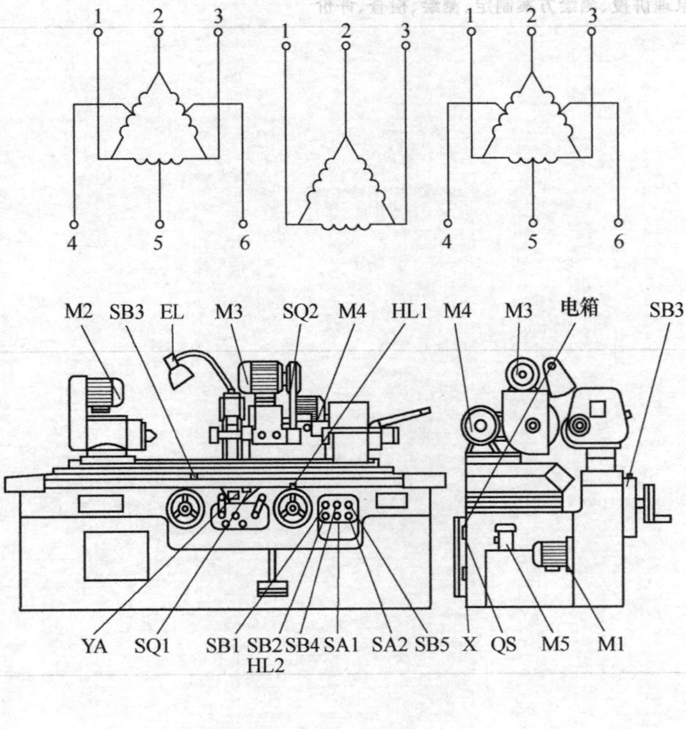

图 17-1　M1432A 型万能外圆磨床电器安装参考位置图

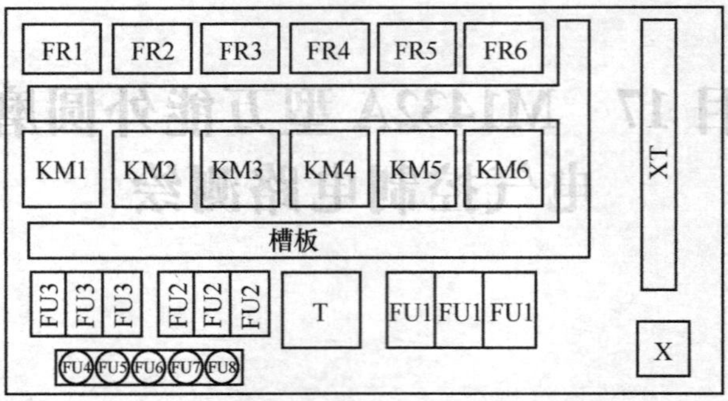

图 17-2 M1432A 型万能外圆磨床电器元件位置图

17.3 项目实施

17.3.1 M1432A 型万能外圆磨床电气系统测绘项目书

教学目的	明确 M1432A 型万能外圆磨床的结构、功能；明确测绘图转换为电气原理图的方法；能够看懂实际电路，明确检测方法
主要设备	万用表、尖嘴钳、螺钉旋具等
任务描述	通过测绘，看懂实际线路并明确检测方法
过程描述	原理讲授、测绘方案制定、测绘、检查、评价
原理说明	
相应图表	
收获与体会	

17.3.2　M1432A 型万能外圆磨床电气系统测绘步骤

1）熟悉平面磨床的主要结构和运动形式，对磨床进行实际操作，了解磨床的各种工作状态及开关的作用。

2）熟悉磨床电器元件的安装位置、配线等情况，了解开关的工作状态及工作台的运动情况。

17.3.3　测绘要求及注意事项

1）测绘前要认真阅读电路图，熟练掌握各个控制环节的工作原理及其作用。

2）由于该类型磨床的电气控制是与液压系统配合工作，因此测绘时应注意液压和电机控制的关系。

3）测绘过程中，不得硬拉、硬拽线路以免产生故障，也不得损坏电器元件或设备。

17.4　项目评价

1. 学生自评、教师评价

项目内容	配分	评分标准			学生自评	教师评价
任务分析方案制定	20	1)不认真阅读被测绘机床文件,扣5分 2)测绘方案不合理,扣5分				
测绘过程	15	1)不正确拆装盖板,错误一处扣2分 2)不正确判断器件常开、常闭状态,判断错误一处扣2分 3)团队之间不协作扣5分				
成果质量	40	1)元件位置关系、走线方向标注不正确,错误一处扣2分 2)线号、走线颜色标注不正确,错误一处扣2分 3)测绘图不正确,错误一处扣5分 4)测绘图转换为原理图不正确,错误一处扣5分				
安全文明生产	15	1)遵守测绘操作规范,违规扣1~10分 2)工具器材摆放整齐,测绘完毕保持良好,工具使用不当扣1~5分 3)测绘完毕整理器材、场地,不整理扣3分				
任务书	10	任务书填写不及时或者不齐全的扣5分				
定额时间	不允许超时,提前完成加5分; 超时完成扣分,每超过10分钟,扣5分					
总分						
班级		组别		签字		

2. 小组互评

组别		姓名			
序号	考核标准	配分	得分	得分	得分
1	喜欢合作学习，积极参加小组活动	10			
2	敢于发表自己的见解，同时也尊重同学意见	10			
3	积极帮助小组其他成员，友好相处	10			
4	学习目的明确，组织有序	10			
5	帮助协调，推动整个小组的工作	10			
6	表现积极，主动完成各项学习任务	10			
7	会网上检索资料，有科学信息、资料的摘记	10			
8	口头交流叙述流畅，图示表达简单明了	10			
9	具有自我学习的能力	10			
10	具有自我认知及自我评估的能力	10			
总分					

项目 18　M1432A 型万能外圆磨床电气控制电路维修

18.1　项目分析

根据控制要求，对现场进行测绘并进行故障现象分析，通过对 M1432A 型万能外圆磨床控制电路的原理分析，制定检修步骤和方法，根据所制定的步骤和方法进行故障诊断并进行排除，完成维修记录的填写。

18.2　相关知识

本节简单介绍 M1432A 型万能外圆磨床电路的常见故障及检修方法。

1. 机床不起动

（1）故障可能原因

1）油泵没有开启或油泵接触器联锁触头接触不良。

2）短路、过载保护装置容量配备不当。

3）控制电压与接触器线圈电压不一致。

（2）检修方法

1）先检查油泵接触器通电动作情况，再检查油泵电动机三相电压是否正常。

2）检查熔断器是否熔断，热继电器有无跳扣或容量配备是否恰当，如有不符应进行调换。

3）检查控制电压与接触器线圈电压是否相符，应配备一致。

2. 五台电动机均不能起动

（1）故障可能原因

1）熔断器 FU1 熔断数相。

2）五台电动机其中一台电流超载或热继电器 FR1、FR2、FR3、FR4、FR5 中的常闭触头有接触不良处。

3）接触器 KM1 线圈断线或烧断。

4）停止按钮常闭触头接触不良或起动按钮 SB1 在按下后接不通电路。

5）控制电路某线头松脱。

（2）检修方法

1）用低压验电笔在磨床通入电源的情况下测量熔断器 FU1 下桩头三相是否均带有同等的电压，若测得某相熔断器熔断，要用同规格的熔体或熔断器替换。

2）检查五台电动机负载是否超载，或用电动万用表电阻档在断开外圆磨床电源的情况下分别测热继电器 FR1、FR2、FR3、FR4、FR5 的动作状况。如果某热继电器动作，应对应检查该电动机是否超载，并加以解决；如该电动机不属于超载问题，应检查是否为主接线接触点接触不良，从而引起该继电器动作；或是该继电器常闭触头本身接触不良。查出原因后用同型号同规格的热继电器替换。

3）用万用表在断开电源的情况下测接触器 KM1 线圈是否断线烧坏或匝间短路，查出 KM1 线圈损坏要更换线圈或更换整个接触器。

4）在断开电源的情况下，用万用表电阻档测量停止按钮 SB2 常闭触头能否可靠闭合接通线路，若不能，应更换停止按钮 SB2。如果 SB2 正常，还需进一步检查按钮 SB1 在按下时是否能接通线路，如不能，则需要更换按钮 SB1。

5）断开电源，细心检查外圆磨床各控制线头，如有松动、脱落或烧断处，要重新连接好线路。

3. 内圆砂轮电动机不起动

（1）故障可能原因

1）内、外圆砂轮电动机联锁装置不好。

2）内圆砂轮电动机本身质量有问题。

3）内圆砂轮电动机保护装置有问题。

（2）检修方法

1）行程开关和电磁铁的联锁动作检查是否正常。

2）检测电动机三相绕组绝缘电阻是否正常，并校验动平衡。

3）检查继电器容量是否正确，若有跳扣应复位。

4. 砂轮能转但头架与冷却泵不能转

（1）故障可能原因

1）行程开关 SQ1 位置不当。

2）行程开关 SQ1 触头接触不良。

（2）检修方法

1）检查调整行程开关位置。

2）修磨行程开关触头或更换行程开关。

5. 油泵电动机声音异常或有间断撞击声

（1）故障可能原因

1）使用场地潮湿、具有腐蚀性，致使铁屑、污物进入内部，引起阻塞。

2）三相电压不均匀。

3）轴承内润滑油硬化或渗入金属屑等污物。

4）定子与转子发生摩擦。

5）风扇碰罩壳。

（2）检修方法

1）清除铁屑污物，若潮湿应进行烘干。

2）三相绕组电阻应均匀，三相电压均匀并正常，三相空载电流应小于额定电流的 50%。

3）清洗或更换轴承。

4）检查转子是否同心，保证定子与转子间隙为 0.3mm 左右。

5）调整风扇与罩壳的间隙。

6. 机床带电

（1）故障可能原因

1）没有使用网络中性线。

2）接地线径太小或接触不牢。

3）使用场地过分潮湿，有腐蚀气体影响。

（2）检修方法

1）要装接接地线。

2）按规定线径进行接地并确保牢固。

3）机床周围要保持清洁、干燥、尘污少。

18.3　项目实施

18.3.1　M1432A型万能外圆磨床电气系统检修项目书

教学目的	根据给定的故障现象进行现场调查，依据项目书及参考技术资料自主完成维修方案的制定，对元件及线路进行确认，分析线路，按照现象准备工具，对故障线路进行分析、修复。同时进行实训报告等文件的归档整理，并进行评价
主要设备	接地线、塑铜线、万用表、尖嘴钳、剥线钳、螺钉旋具等
预习内容	电动机与电气控制、工厂供配电、电工基础
任务描述	明确工作原理，正确合理配线
过程描述	原理讲授、故障原因分析、故障点查找、故障点排除、检查、评价
原理说明	
维修过程记录	
收获与体会	

18.3.2 M1432A 型万能外圆磨床电气系统检修步骤

认真阅读电路图，掌握线路的构成、工作原理及接线方式，具体检修步骤及工艺要求如下。

1. 安装前准备工作

1）工具：测电笔、螺钉旋具、尖嘴钳、剥线钳、电工刀、活扳手等。

2）仪表：万用表、转速表。

2. 安装步骤及工艺要求

1）根据故障现象，先分析电路图，找到可能的故障点。

2）根据所列出的故障点，制定故障诊断方案。

3）根据故障方案，选用正确的工具和方法进行检修。

3. 检修时的要求

1）检修过程中，故障分析、排除故障的思路要正确，不得采用更换电器元件、借用触头或改动线路的方法修复故障。

2）检修时，严禁扩大故障范围或产生新的故障，不得损坏电器元件或设备。

4. 注意事项

1）检修前，要认真阅读电路图和接线图，弄清有关电器元件的位置、作用及走线情况。

2）停电后验电，带电检查时，必须有指导教师在现场监护，以确保用电安全。

3）工具和仪表的使用要正确，检修时要认真核对导线的线号，以免出错。

18.4 项目评价

1. 学生自评、教师评价

项目内容	配分	评分标准	学生自评	教师评价
故障分析	25	1)标出故障线段不正确的,错误一处扣5分 2)标出最小故障范围不正确的,错误一处扣5分		
故障排除	50	1)测量仪器和工具使用不正确的,扣5分 2)排除故障方法不正确的,扣10分 3)电气元件损坏,损坏一处扣2分 4)排除故障点不准确的,错误一处扣5分 5)扩大故障范围或产生新故障,扣5分		
安全文明生产	15	1)遵守检修操作规范,违规扣1~10分 2)工具器材摆放整齐,检修完毕保持良好,工具使用不当扣1~5分 3)检修完毕整理器材、场地,不整理扣3分		
任务书	10	任务书填写不及时或者不齐全的扣5分		
定额时间	不允许超时,提前完成加5分; 超时完成扣分,每超过10分钟,扣5分			
总分				
班级		组别		签字

2. 小组互评

组别		姓名			
序号	考核标准	配分	得分	得分	得分
1	喜欢合作学习,积极参加小组活动	10			
2	敢于发表自己的见解,同时也尊重同学意见	10			
3	积极帮助小组其他成员,友好相处	10			
4	学习目的明确,组织有序	10			
5	帮助协调,推动整个小组的工作	10			
6	表现积极,主动完成各项学习任务	10			
7	会网上检索资料,有科学信息、资料的摘记	10			
8	口头交流叙述流畅,图示表达简单明了	10			
9	具有自我学习的能力	10			
10	具有自我认知及自我评估的能力	10			
总分					

附　　录

附录 A　维修电工（中级）模拟试题 1

注意事项：

1. 请首先按要求在试卷的标封处填写您的姓名、考号和所在单位的名称。
2. 请仔细阅读各种题目的回答要求，在规定的位置填写您的答案。
3. 不要在试卷上乱写乱画，不要在标封区填写无关内容。

	第一部分	第二部分	总分
得分			

得　分	
评分人	

一、选择题（第 1~80 题。选择一个正确的答案，将相应的字母填入题内的括号中。每题 1 分，满分 80 分。）

1. 已知正弦交流电流 $i=10t^2\sin(314t+25°)$，则其频率为（　　）。

A. 50Hz　　B. 220Hz　　C. 314Hz　　D. 100πHz

2. 在正弦交流电的波形图上，若两个正弦量正交，说明这两个正弦量的相位差是(　　)。

A. 180°　　B. 60°　　C. 90°　　D. 0°

3. 额定容量为 100kV · A 的变压器，其额定视在功率应（　　）。

A. 等于 100kV · A　　B. 大于 100kV · A　　C. 小于 100kV · A　　D. 不确定

4. 有功功率主要是（　　）元件消耗的功率。

A. 电感　　B. 电容　　C. 电阻　　D. 感抗

5. 纯电容电路的功率是（　　）。

A. 视在功率　　B. 无功功率　　C. 有功功率　　D. 不确定

6. 电能的计算公式是（　　）。

A. $W=UIt$　　B. $W=I^2R$　　C. $W=UI$　　D. $W=U^2/R$

7. 由电引起的火灾是电流的（　　）效应引起的。

A. 物理　　B. 化学　　C. 热　　D. 涡流

8. 为提高功率因数常在感性负载两端（　　）。

A. 串联一个电感　B. 并联一个电感　C. 并联适当电容器　D. 串联一个电容器

9. 相电压是（　　）间的电压。

A. 相线与相线　B. 相线与零线　C. 零线与地　D. 相线与相线

10. 三相四线制供电系统中，线电压指的是（　　）。

A. 两相线间的电压　B. 零线对地的电压

C. 相线与零线的电压　D. 相线对地的电压

11. 三相对称电路中相电流超前相应线电流（　　）。

A. 90°　B. 180°　C. 45°　D. 30°

12. 三相四线制供电系统中，中线电流等于（　　）。

A. 零　B. 各相电流的代数和

C. 三倍相电流　D. 各相电流的相量和

13. 用电设备的输出功率与输入功率之比的百分数是设备的（　　）。

A. 功率因数　B. 效率　C. 视在功率　D. 有功功率

14. 保护接地用于中性点（　　）供电运行方式。

A. 直接接地　B. 不接地　C. 经电阻接地　D. 经电感线圈接地

15. 电路的视在功率等于总电压与（　　）的乘积。

A. 总电流　B. 总电阻　C. 总阻抗　D. 总功率

16. 单相交流电路的有功功率计算公式 P=（　　）。

A. $UI\cos\phi$　B. $UI\sin\phi$　C. UI　D. $UI+UI\cos\phi$

17. 交流电路中，无功功率是（　　）。

A. 电路消耗的功率　B. 瞬时功率的平均值

C. 电路与电源能量交换的最大功率　D. 电路的视在功率

18. 电能的单位“度”与“J（焦）”的换算关系是1度等于（　　）。

A. 360J　B. 3600J　C. 3.6×10J　D. 3.6J

19. 星形联结，电压为220V的三相对称电路中，其各相电压为（　　）。

A. 220V　B. 380V　C. 127V　D. 110V

20. 某电源开路电压为220V，短路电流为2A，则负载从电源获得的最大功率为（　　）。

A. 120W　B. 240W　C. 60W　D. 30W

21. 在纯电感交流电路中，电压有效值不变，增加电源频率时，电路中电流会（　　）。

A. 增大　B. 减小　C. 不变　D. 增大或减小

22. 某导体电阻为1Ω，通过它的电流为1A，则通电1min产生的热量是（　　）。

A. 1J　B. 60J　C. 10J　D. 5J

23. 用交流电压表测得交流电压的数值是（　　）。

A. 平均值　B. 有效值　C. 最大值　D. 瞬时值

24. 安装式直流电压表通常采用（　　）测量机构。

A. 磁电系　B. 电磁系　C. 静电系　D. 电动系

25. 安装式交流电流表通常采用（　　）测量机构。

A. 静电系　B. 感应系　C. 磁电系　D. 电磁系

26. 直流电流表的工作原理是（　）。

A. 整流系仪表原理　B. 磁电系仪表原理

C. 电磁系仪表原理　D. 感应系仪表原理

27. MF30型万用表采用的是（　）测量机构。

A. 电磁系　B. 感应系　C. 磁电系　D. 电动系

28. 绝缘电阻表表头可动部分的偏转角只随被测（　）而改变。

A. 电流　B. 电压　C. 电阻　D. 功率

29. 交、直流两用钳形电流表采用（　）测量机构。

A. 电动系　B. 电磁系　C. 感应系　D. 静电系

30. 关于钳形电流表的使用，下列（　）说法是正确的。

A. 导线在钳口中时，可由大到小切换量程

B. 导线在钳口中时，可由小到大切换量程

C. 导线在钳口中时，可任意切换量程

D. 导线在钳口中时，不能切换量程

31. 用单相有功功率表测量三相有功功率时，其接法有（　）。

A. 一表法　B. 二表法

C. 三表法　D. 一表法，二表法，三表法

32. 三相无功功率表可进行（　）测量。

A. 单相无功功率　B. 三相无功功率　C. 三相有功功率　D. 三相视在功率

33. 用感应系单相电能表，不能测量下列电能中的（　）。

A. 单相交流电能　B. 两相电能　C. 直流电能　D. 三相电能

34. 容性负载电路中电流相位（　）电压相位。

A. 超前于　B. 滞后于　C. 等于　D. 不能确定

35. 应用相序表可核对三相电源的（　）。

A. 相序　B. 相位　C. 频率　D. 周波

36. 惠斯顿电桥可以测量（　）。

A. 变压器变比　B. 电压表减压电阻　C. 干电池内阻　D. 开关接触电阻

37. 仪器仪表的维护存放，不应采取（　）措施。

A. 保持干燥　B. 放在强磁场周围

C. 轻拿轻放　D. 棉纱擦拭

38. 用万用表测电阻时，（　）情况下换档后需要重新校准调零。

A. 由高档位到低档位　B. 由低档位到高档位

C. 任何情况下都需要　D. 在使用前将所有档位检验后

39. 晶体管要处于截止状态必须满足（　）。

A. 发射结、集电结均正偏　B. 发射结、集电结均反偏

C. 发射结正偏、集电结反偏　D. 发射结反偏、集电结正偏

40. 放大电路放大的实质就是（　）。

A. 用输入信号控制输出信号　B. 直接将输入信号的能量增大

C. 输出信号控制输入信号　　D. 直接将输出信号的能量增大

41. 乙类功率放大器所存在的一个主要问题是（　　）。

A. 截止失真　　B. 饱和失真　　C. 交越失真　　D. 零点漂移

42. 关于单向晶闸管的构成下述说法正确的是（　　）。

A. 可以等效地看成是由三个晶体管构成

B. 可以等效地看成是由一个 NPN、一个 PNP 晶体管构成

C. 可以等效地看成是由两个 NPN 晶体管构成

D. 可以等效地看成是由两个 PNP 晶体管构成

43. 用万用表测试好的单向晶闸管时，G、K 极间正反向电阻应该（　　）。

A. 都不大　　B. 都很大　　C. 都很小　　D. 一小一大

44. 单向晶闸管由导通变为截止要满足（　　）条件。

A. 升高阳极电压　　B. 降低阴极电压　　C. 断开阳极电源　　D. 断开控制电路

45. 三相半波可控整流电路的最大移相范围是（　　）。

A. 90°　　B. 120°　　C. 150°　　D. 180°

46. 单相半波可控整流电路，有（　　）组触发电压。

A. 1　　B. 2　　C. 3　　D. 4

47. 对于 1600kV · A 以上的变压器，各相绕组间电阻的差值，不应大于三相平均值的（　　）。

A. 1%　　B. 2%　　C. 3%　　D. 4%

48. 对于使用交流电压表测定变压器电压比，除规定仪表精度和测读方法外，还有(　　) 的规定。

A. 用 220V 电源　　B. 三相平衡

C. 施加电压小于输入侧额定电压的 25%　　D. 低压侧额定电压的 1%~25%

49. 下列不属于鉴别电流互感器极性的方法是（　　）。

A. 差接法　　B. 比较法　　C. 直流法　　D. 电桥法

50. 35kV 断路器大修后的绝缘电阻标准是（　　）MΩ。

A. 300　　B. 1000　　C. 2500　　D. 5000

51. 对于无分路电阻的 FS 型避雷器，测绝缘电阻的主要目的是检查（　）。

A. 绝缘电阻是否击穿　　B. 是否因密封不严使内部受潮

C. 绝缘电阻是否损坏　　D. 绝缘电阻是否有裂纹

52. 规定有分路电阻的 6kV 避雷器，测量电导电流的试验电压是（　　）kV。

A. 4　　B. 6　　C. 10　　D. 20

53. 目前使用最广泛的接地绝缘电阻表如 ZC—8 型，属于（　　）类型的仪表。

A. 电位计型　　B. 流比计型　　C. 电桥型　　D. 电压电流表型

54. 45 号绝缘油的凝固点为（　　）。

A. -25℃　　B. -35℃　　C. -40℃　　D. -45℃

55. 避雷器用于电气设备的（　　）保护。

A. 大气过电压　　B. 操作过电压　　C. 谐振过电压　　D. 工频电压升高

56. 避雷器的非线性元件是（　　）。

A. 火花间隙　　B. 分路电阻　　C. 阀片　　D. 垫片

57. 排气式避雷器正确的安装方法是将其闭口端固定，并使开口端位置（　　）。

A. 向上垂直　　B. 向上倾斜　　C. 向下垂直或倾斜　　D. 水平

58. 为了降低因绝缘损坏而造成触电事故的危害，将电气设备的金属外壳和接地装置作可靠的电气连接，称为（　　）。

A. 工作接地　　B. 重复接地　　C. 保护接地　　D. 中性点接地

59. 同根电杆上，架设双回路或多回路时，各层横担间的垂直距离（高压与高压直线杆）不应（　　）mm。

A. 小于 600　　B. 大于 600　　C. 小于 800　　D. 大于 800

60. 高压与高压同杆架设时，转角或分支横担距上横担应为（　　）mm。

A. 300　　B. 450　　C. 600　　D. 800

61. 立杆时，当电杆离地面高度为（　　）时，应停止立杆，观察立杆工具和绳索吃力情况。

A. 0.5m　　B. 1.5m　　C. 1m　　D. 2m

62. 低压架空线路的耐张杆需要打（　　）拉线。

A. 1 条　　B. 2 条　　C. 3 条　　D. 4 条

63. 敷设电缆时，路径的选择原则是（　　）。

A. 造价经济　　B. 方便施工　　C. 安全运行　　D. 前三种说法都对

64. 6kV 干包式终端头安装时，包屏蔽层的长度自应力堆最大直径处开始至与铅（铝）包搭接（　　）左右处为止。

A. 8mm　　B. 10mm　　C. 12mm　　D. 14mm

65. 35kV 以下的安全用电所使用的变压器必须为（　　）结构。

A. 自耦变压器　　B. 一次、二次绕组分开的双绕组变压器

C. 整流变压器　　D. 一次、二次绕组分开的三绕组变压器

66. 变压器的一、二次电动势 E_1、E_2 和一、二次线圈匝数 N_1、N_2 之间的关系为（　　）。

A. $E_1/E_2=N_1/N_2$　　B. $E_1/E_2=N_2/N_1$　　C. $E_1/E_2=3N_1/N_2$　　D. 无明显规律

67. 变压器铁心压紧的工作必须以（　　）进行。

A. 从左边到右边　　B. 从右边到左边　　C. 从两边到中部　　D. 从中部到两边

68. 电力系统的电力负荷指的是（　　）。

A. 有功负荷　　B. 无功负荷

C. 有功负荷和无功负荷的总和　　D. 都不是

69. 供电部门供到 10kV 及以下高压和低压电力用户受电端的电压允许偏差为额定电压的（　　）。

A. ±5%　　B. ±5%~10%　　C. ±10%　　D. ±7%

70. 变压器并联运行的短路电压允许偏差为（　　）。

A. ±5%　　B. ±8%　　C. ±10%　　D. ±15%

71. 电力变压器并联运行是将满足条件的两台或多台电力变压器一次侧和二次侧（　　）端子之间通过同一母线分别互相连接。

A. 同极性　B. 异极性　C. 同极性或异极性　D. 无规定

72. 变压器过电流保护是（　　）保护。

A. 变压器匝间短路保护

B. 变压器一相接地保护

C. 变压器内部短路保护

D. 由于变压器外部短路引起的变压器过电流保护

73. 过负荷保护装置的动作电流按照变压器的（　　）整定。

A. 额定电流　B. 最大负荷电流　C. 平均负荷电流　D. 负荷电流的峰值

74. 零序电流保护的最大特点是只对（　　）起保护作用。

A. 单相接地故障　B. 闪烁故障　C. 过热故障　D. 过电流故障

75. 带有瓦斯继电器的变压器，安装时其顶盖沿瓦斯继电器方向升高的坡度为（　　）。

A. 1%~5%　B. 1%~15%　C. 1%~25%　D. 1%~30%

76. 调整高压开关的触头时，常用（　　）的塞尺检查触头接触面的压力。

A. 0.04mm×10mm　B. 0.05mm×10mm　C. 0.06mm×10mm　D. 随意

77. 对绕线转子异步电动机而言，一般利用（　　）的方法对其调速。

A. 改变电源频率　B. 改变磁极对数

C. 改变转子电路中的电阻　D. 改变转差率

78. 直流电机在运行中是（　　）。

A. 可逆的　B. 不可逆的　C. 无火花产生　D. 很少产生火花

79. 下列不属于电力拖动优点的是（　　）。

A. 电能的输送简便经济且分配方便　B. 便于自动控制，且动作速度快

C. 具有良好的起动、制动和调速性能　D. 电力拖动系统效率高，不易连接

80. 下列数据中，属于用电特性指标的资料数据是（　　）。

A. 月平均负荷　B. 最大负荷利用小时数

C. 日负荷率　D. 负荷逐月变化曲线

得　分	
评分人	

二、判断题（第 81~100 题。将判断结果填入括号中。正确的填“√”，错误的填“×”。每题 1 分，满分 20 分。）

（　　）81. 正弦交流电的解析式可以表明最大值与瞬时值之间的关系。

（　　）82. 波形图可完整地描述正弦交流电随时间的变化规律。

（　　）83. 测量仪表的指针需经常做零位调整，使指针保持在起始位置上。

（　　）84. 任何单位和个人不准在工作岗位上使用无检定合格印证，或者超过检查周期以及经检定不合格的计量器具。

（　　）85. 交流耐压试验能有效地发现电气设备存在的较危险的集中性缺陷。

（　　）86. 交流耐压试验的关键设备有试验变压器和调压设备。

（　　）87. 做交流耐压试验时，试验变压器高压输出端应接保护电阻，以限制被试品短路时出现的短路电流。

（　　）88. 直流耐压试验变压器输出的电压，经高压整流器整流后变成直流电压加在被试品上。

（　　）89. 使用交直流耐压设备前，应熟悉其基本结构、工作原理和使用方法。

（　　）90. 25#绝缘油表示凝固点为-25℃。

（　　）91. 绝缘油的闪点越低越好。

（　　）92. 运行中的绝缘油，用目测检查油样时，不应发现有炭微粒和机械杂质。

（　　）93. 转角杆的拉线位于转角二等分线的垂直线上。

（　　）94. 10kV（6kV）高压配电线路双回线杆顶排列方式有三角和垂直两种。

（　　）95. 心式电力变压器的绕组采用的是同心结构形式的绕组。

（　　）96. 电力变压器是根据电磁感应原理工作的。

（　　）97. 可以利用分合 10kV 跌落式熔断器熔断管的方法来分合空载线路或空载变压器。

（　　）98. 可以通过改变笼型异步电动机定子绕组的磁极对数来调整此类电动机的同步转速。

（　　）99. 三相异步电动机的转差率 s 是衡量异步电动机性能的一个重要参数。

（　　）100. 要将设备抬高到一定高度，使用液压千斤顶能省力但不省功。

附录 B　维修电工（中级）模拟试题 2

一、选择题（第 1~60 题。选择正确的答案，将相应的字母填入题内的括号中。每题1 分。满分 60 分。）

1. 三相对称负载星形联结的电路中，$I_{线}$ 与 $I_{相}$ 之间的关系是（　　）。

A. $I_{线}=I_{相}$　　B. $I_{线}=3I_{相}$　　C. $I_{线}=\sqrt{3}I_{相}$　　D. $I_{线}=\sqrt{2}I_{相}$

2. 低频信号发生器输出信号的频率范围一般为（　　）。

A. 0~20Hz　　B. 20Hz~200kHz　　C. 50~100Hz　　D. 100~200Hz

3. 用普通示波器观测频率为 1000Hz 的被测信号，若需在荧光屏上显示出 5 个完整的周期波形，则扫描频率应为（　　）Hz。

A. 200　　B. 2000　　C. 1000　　D. 5000

4. 用惠斯顿直流电桥测量电阻时，若发现检流计指针向“+”方向偏转，则需要（　　）。

A. 增加比率臂电阻　　B. 增加比较臂电阻

C. 减小比率臂电阻　　D. 减小比较臂电阻

5. 用惠斯顿直流电桥测电阻时，电桥与被测电阻的连接应用（　　）的导线。

A. 较细较短　　B. 较粗较长　　C. 较细较长　　D. 较粗较短

6. 调节普通示波器“X 轴位移”旋钮可以改变光点在（　　）。

A. 垂直方向的幅度　　B. 水平方向的幅度

C. 垂直方向的位置　　D. 水平方向的位置

7. 惠斯顿直流电桥电池电压不足将造成电桥的（　　）。

A. 灵敏度下降　　B. 灵敏度上升　　C. 准确度下降　　D. 准确度上升

8. 变压器负载运行时，原边电源电压的相位超前于铁心中主磁通的相位，且略大于（　　）。

A. 180°　　B. 90°　　C. 60°　　D. 30°

9. 提高企业用电负荷的功率因数，变压器的电压调整率将（　　）。

A. 不变　　B. 减小　　C. 增大　　D. 基本不变

10. 三相变压器并联运行时，要求并联运行的三相变压器电压比（　　），否则不能并联运行。

A. 必须绝对相等　　B. 误差不超过±0.5%

C. 误差不超过±5%　　D. 误差不超过±10%

11. 直流电焊机具有（　　）的外特性。

A. 平直　　B. 陡降　　C. 上升　　D. 稍有下降

12. 整流式电焊机是由（　　）构成的。

A. 原动机和去磁式直流发电机　　B. 原动机和去磁式交流发电机

C. 四只二极管　　D. 整流装置和调节装置

13. 中、小型电力变压器控制盘上的仪表，指示着变压器的运行情况和电压质量，因此必须经常监察，在正常运行时应每（　　）抄表一次。

A. 0.5h　　B. 1h　　C. 2h　　D. 4h

14. 进行变压器耐压试验时，若试验中无击穿现象，要把变压器试验电压均匀降低，大约在 5s 内降低到试验电压的（　）或更小，再切断电源。

A. 15%　　B. 25%　　C. 45%　　D. 55%

15. 在三相交流异步电动机定子上布置结构完全相同，在空间位置上互差（　）电角度的三相绕组，分别通入三相对称交流电，则在定子与转子的空气隙间将会产生旋转磁场。

A. 60°　　B. 90°　　C. 120°　　D. 180°

16. 三相异步电动机同一相绕组的各个有效边在同性磁极下的电流方向应（　）。

A. 相同　　B. 相反

C. 一半相同，一半相反　　D. 随意

17. 同步电动机转子的励磁绕组作用是通电后产生一个（　）磁场。

A. 脉动　　B. 交变

C. 极性不变但大小变化的　　D. 大小和极性都不变化的恒定

18. 复励发电机的两个励磁绕组产生的磁通方向相反时，称为（　）发电机。

A. 平复励　　B. 过复励　　C. 积复励　　D. 差复励

19. 大、中型直流电机的主极绕组一般用（　）制造。

A. 漆包铜线　　B. 绝缘铝线　　C. 扁铜线　　D. 扁铝线

20. 在直流积复励发电机中，并励绕组起（　）的作用。

A. 产生主磁场　　B. 使发电机建立电压

C. 补偿负载时电枢回路的电阻压降　　D. 电枢反应的去磁

21. 直流并励电动机的机械特性是（　）。

A. 陡降的直线　　B. 水平一条直线　　C. 软特性　　D. 硬特性

22. 测速发电机在自动控制系统中常作为（　）元件使用。

A 电源　　B. 负载　　C. 测速　　D. 放大

23. 交流测速发电机的定子上装有（　）。

A. 一个绕组　　B. 两个串联的绕组

C. 两个并联的绕组　　D. 两个在空间相差 90°电角度的绕组

24. 交流测速发电机输出电压的频率（　）。

A. 为零　　B. 大于电源频率　　C. 等于电源频率　　D. 小于电源频率

25. 交流伺服电动机电磁转矩的大小与控制电压的（　）有关。

A. 大小　　B. 相位　　C. 大小和相位　　D. 大小和频率

26. 要使交磁电机扩大机能够正常带负载工作，应使其外特性为（　）。

A. 全补偿　　B. 欠补偿　　C. 过补偿　　D. 无补偿

27. 交流电动机在耐压试验中绝缘被击穿的原因可能是（　）。

A. 试验电压偏低　　B. 试验电压偏高

C. 试验电压为交流　　D. 电机没经过烘干处理

28. 检测各种金属，应选用（　）型的接近开关。

A. 超声波　　B. 永磁型及磁敏元件

C. 高频振荡　　D. 光电

29. 接近开关与普通位置开关相比在工作可靠性、寿命长短、适应工作环境性三方面性能（　　）。

A. 优　　B. 差　　C. 相同　　D. 不规律

30. 对 SN3—10G 型户内少油断路器进行交流耐压试验时，在刚加试验电压 15kV 时，却出现绝缘拉杆有放电闪烁造成击穿，其原因是（　　）。

A. 绝缘油不合格　　B. 支柱绝缘子有脏污

C. 绝缘拉杆受潮　　D. 周围湿度过大

31. 交流接触器在检修时，发现短路环损坏，该接触器（　）使用。

A. 能继续　　B. 不能继续

C. 在额定电流下可以　　D. 不影响

32. 笼型三相异步电动机直接起动时起动电流较大，一般可达额定电流的（　）倍。

A. 2~3　　B. 3~4　　C. 4~7　　D. 10

33. 三相异步电动机反接制动时，采用对称制电阻接法，可以在限制制动转矩的同时，也限制了（　　）。

A. 制动电流　　B. 起动电流　　C. 制动电压　　D. 启动电压

34. 反接制动时，旋转磁场反向转动，与电动机的转动方向（　）。

A. 相反　　B. 相同　　C. 不变　　D. 垂直

35. 改变直流电动机励磁电流反向的实质是改变（　　）。

A. 电压的大小　　B. 磁通的方向　　C. 转速的大小　　D. 电枢电流的大小

36. 串励直流电动机不能直接实现（　）。

A. 回馈制动　　B. 反接制动　　C. 能耗制动　　D. 机械制动

37. 并励电动机电枢回路串电阻调速，其机械特性（　）。

A. 变硬　　B. 不变　　C. 变软　　D. 更接近自然特性

38. 串励电动机的反转宜采用励磁绕组反接法。因为串励电动机的电枢两端电压很高，励磁绕组两端的（　），反接较容易。

A. 电压很低　　B. 电流很低　　C. 电压很高　　D. 电流很高

39. M7120 型磨床的控制电路，当具备可靠的（　　）后，才允许起动砂轮和液压系统，以保证安全。

A. 交流电压　　B. 直流电压　　C. 冷却泵获电　　D. 交流电流

40. C5225 型车床的工作台电动机制动原理为（　　）。

A. 反接制动　　B. 能耗制动　　C. 电磁离合器　　D. 电磁抱闸

41. 交磁扩大机在工作时，一般将其补偿程度调节为（　）。

A. 欠补偿　　B. 全补偿　　C. 过补偿　　D. 无补偿

42. 直流发电机-直流电动机自动调速系统采用变电枢电压调速时，实际转速（　　）额定转速。

A. 等于　　B. 大于　　C. 小于　　D. 不小于

43. 天车在工作过程中，如（　）台电动机的电流超过允许值时，所有电动机都会脱离电源而停止运行。

A. 一　　B. 二　　C. 三　　D. 任何一

44. T610 型镗床工作台回转有（　）种方式。

A. 1　　B. 2　　C. 3　　D. 4

45. Z37型摇臂钻床的摇臂回转是靠（　　）实现的。

A. 电机拖动　　B. 人工拉转　　C. 机械传动　　D. 自动控制

46. 在遥测系统中，需要通过（　　）把非电量的变化转变为电信号。

A. 电阻器　　B. 电容器　　C. 传感器　　D. 晶体管

47. 欲改善放大电路的性能，常采用的反馈类型是（　　）。

A. 电流反馈　　B. 电压反馈　　C. 正反馈　　D. 负反馈

48. 阻容耦合多级放大电路的输入电阻等于（　　）。

A. 第一级输入电阻　　B. 各级输入电阻之和

C. 各级输入电阻之积　　D. 末级输入电阻

49. 乙类推挽功率放大器，易产生的失真是（　　）。

A. 饱和失真　　B. 截止失真　　C. 交越失真　　D. 线性失真

50. 二极管两端加上正向电压时（　　）。

A. 一定导通　　B. 超过死区电压才导通

C. 超过0.3V才导通　　D. 超过0.7V才导通

51. 晶闸管具有（　　）性。

A. 单向导电　　B. 可控单向导电性

C. 电流放大　　D. 负阻效应

52. 单结晶体管触发电路产生的输出电压波形是（　　）。

A. 正弦波　　B. 直流电　　C. 尖脉冲　　D. 锯齿波

53. 同步电压为锯齿波的晶体管触发电路（　　）。

A. 产生的触发功率最大　　B. 适用于大容量晶闸管

C. 产生的锯齿波线性度最好　　D. 适用于较小容量晶闸管

54. 单向半波可控整流电路，若负载平均电流为10mA，则实际通过整流二极管的平均电流为（　　）。

A. 5A　　B. 0　　C. 10mA　　D. 20mA

55. 三相全波可控整流电路的变压器二次侧中心抽头，将二次电压分为（　　）的两部分。

A. 大小相等，相位相反　　B. 大小相等，相位相同

C. 大小不等，相位相反　　D. 大小不等，相位相同

56. 焊缝表面缺陷的检查，可用表面探伤的方法来进行，常用的表面探伤方法有（　　）种。

A. 2　　B. 3　　C. 4　　D. 5

57. 部件的装配略图是（　　）的依据。

A. 画零件图　　B. 画装配图　　C. 总装图　　D. 设备安装图

58. 在检查电气设备故障时，（　　）只适用于压降极小的导线及触头之类的电气故障。

A. 短接法　　B. 电阻测量法　　C. 电压测量法　　D. 外表检查法

59. 检修后的机床电器装置其操纵、复位机构必须（　　）。

A. 无卡阻现象　　B. 灵活可靠　　C. 接触良好　　D. 外观整洁

60. 为了提高设备的功率因数，常在感性负载的两端（　　）。

A. 串联适当的电容　　B. 并联适当的电容

C. 串联适当的电感　　D. 并联适当的电感

二、判断题（第 61~100 题。将判断结果填入括号中。正确的填“√”，错误的填“×”。每题 1 分，满分 40 分。）

（　　）61. 变压器负载运行时的效率特性在直角坐标系中的图像是第一象限内以原点为始点的一条射线。

（　　）62. 电源电压过低会使整流式直流弧焊机的二次电压太低。

（　　）63. 绘制三相异步电动机定子绕组展开图时，应顺着电流方向把同相线圈连接起来。

（　　）64. 同步补偿机实际上就是一台满载运行的同步电动机。

（　　）65. 同步电动机与异步电动机一样，主要是由定子和转子两部分组成。

（　　）66. 电磁转差离合器中，磁极的励磁绕组通入的是正弦交流电流。

（　　）67. 晶体管时间继电器也称半导体时间继电器或电子式时间继电器，是自动控制系统的重要元件。

（　　）68. 利用隔离开关断口的可靠绝缘能力，使需要检修的高压设备或高压线路与带电的设备或带电线路隔开，造成一个明显的断开点，以保证工作人员安全地检修。

（　　）69. 互感器是电力系统中变换电压或电流的重要元件，其工作可靠性对整个电力系统具有重要意义。

（　　）70. 型号为 FW4-10/200 的户外柱上负荷开关，额定电压 10kV，额定电流 200A，主要用于 10kV 电力系统，在规定负荷电流下接通和切断线路。

（　　）71. 隔离开关做交流耐压试验前应先进行基本试验，如合格再进行交流耐压试验。

（　　）72. 对于重载起动的同步电动机，起动时应将励磁绕组电压调到额定值。

（　　）73. 电容容量在 180kV·A 以上，电动机容量在 7kV 以下的三相异步电动机可直接起动。

（　　）74. 三相异步电动机正反转控制电路，采用接触器联锁最可靠。

（　　）75. 三相异步电动机的变极调速属于无级调速。

（　　）76. 串励直流电动机起动时，常用减小电枢电压的方法来限制起动电流。

（　　）77. 同步电动机能耗制动停止运行时，不需另外的直流电源设备。

（　　）78. 测绘较复杂机床电气设备电气控制电路图时，应按实际位置画出电气原理图。

（　　）79. 差动放大电路既可以双端输入，又可以单端输入。

（　　）80. 在机械驱动的起重机械中严禁使用麻绳。

（　　）81. 直流双臂电桥工作电流较大，故在测量时要迅速以免损坏电桥。

（　　）82. 对用电器来说提高功率因数，就是提高用电器的效率。

（　　）83. 如果变压器绕组绝缘受潮，在耐压试验时会使绝缘击穿。

（　　）84. 高压断路器做交流耐压试验时，升至试验电压标准后，持续时间越长，越容易发现缺陷。

(　　) 85. 要使显示波形在示波器荧光屏上左右移动，可以调节示波器的“X 轴位移”旋钮。

(　　) 86. 采用替代法可以消除系统误差。

(　　) 87. 三相对称负载做星形联结，若每相阻抗为 10Ω，接在线电压为 380V 的三相交流电路中，则电路的线电流为 38A。

(　　) 88. 直流电动机改变励磁磁通调速法是通过改变励磁电流的大小来实现的。

(　　) 89. 直流电动机起动时，必须限制起动电流。

(　　) 90. 永磁式测速发电机的转子是用永久磁铁制成的。

(　　) 91. 同步电动机能耗制动停止运行时，不需要另外的直流电源设备。

(　　) 92. 耐压试验时的交流电动机必须处于静止状态。

(　　) 93. 磁吹式灭弧装置是交流电器最有效的灭弧方法。

(　　) 94. 由晶闸管整流器和晶闸管逆变器组成的变频调速装置，可使笼型异步电动机无级调速。

(　　) 95. Z3050 型摇臂钻床的液压油泵电动机起夹紧和放松作用，二者需采用双重联锁。

(　　) 96. 共集电极放大电路，输入信号与输出信号相位相同。

(　　) 97. 晶闸管无论加多大正向阳极电压，均不导通。

(　　) 98. 同步电压为锯齿波的触发电路，其产生的锯齿波线性度最好。

(　　) 99. 根据现有部件（或机器）画出其装配图和零件图的过程，称为部件测绘。

(　　) 100. 采用电弧焊时，焊条直径主要取决于焊接工件的厚度。

附录C 中级维修电工操作技能考核评分记录表

考生姓名： 准考证号： 工作单位：

题号	一	二	三	四	合计

题1：用硬线进行较复杂继电器-接触器式基本控制电路的安装与调试。

序号	主要内容	考核要求	评分标准	配分	扣分	得分
1	安装元器件	1. 按图样的要求，正确利用工具和仪表，熟悉元器件的安装 2. 元器件在配线上布置要合理，安装要准确、紧固 3. 按钮盒不固定在板上	1. 元器件布置不整齐、不匀称、不合理，每处扣1分 2. 元器件安装不牢固、安装元器件时漏装螺钉，每处扣1分 3. 损坏元器件，每次扣2分	5		
2	布线	1. 布接线要求横平竖直，接线紧固美观 2. 电源和电动机配线、按钮接线要接到端子排上，要注明引出端子标号 3. 导线不能乱线敷设	1. 电动机运行正常，但未按电路图接线，扣1分 2. 主电路、控制电路布线不横平竖直，每根扣0.5分 3. 接点松动、接头露铜过长、反圈、压绝缘层，标记线号不清楚、遗漏或误标，每处扣0.5分 4. 损伤导线绝缘层或线芯，每根扣0.5分 5. 导线乱线敷设，扣10分	15		
3	通电试验	在保证人身和设备安全的前提下，通电试验一次成功	1. 时间继电器或热继电器整定值调整错误各扣2分 2. 主电路、控制电路配错熔体，每个扣1分 3. 一次试运行不成功，扣5分；二次试运行不成功，扣10分；三次试运行不成功，扣15分	20		
备注			合计			
			考评员签字	年 月 日		

题2：检修较复杂机床的电气控制电路。

序号	主要内容	考核要求	评分标准	配分	扣分	得分
1	调查研究	对每个故障现象进行调查研究	排除故障前不进行调查研究，扣1分	1		
2	故障分析	在电气控制电路上分析故障可能的原因，思路正确	错标或标不出故障范围，每个故障点扣1分	6		
			不能标出最小的故障范围，每个故障点扣1分	3		
3	故障排除	正确使用工具和仪表，找出故障点并排除故障	实际排除故障中思路不清楚，每个故障点扣2分	6		
			每少查出1处故障点扣2分	6		
			每少排除1处故障点扣3分	9		
			排除故障方法不正确，每处扣3分	9		
4	其他	操作有误，要从此项总分中扣分	1. 排除故障时产生新的故障后，不能自行修复，每个扣10分；已经修复，每处扣5分 2. 损坏电动机，扣10分	20		
备注			合计			
			考评员签字	年 月 日		

附录D　中级维修电工操作技能考核准备通知单

一、试卷说明

1. 本试卷命题以可行性、技术性、通用性为原则编制。

2. 本试卷所考核的内容无地域限制。

3. 本试卷中各项技能考试时间均不包括准备时间。在具体的考试时中，各鉴定所（站）应该把每一试题考试准备的时间考虑进去。

4. 本试卷中每一道试题必须在规定的时间内完成，不得延时。某一试题考核中节余的时间不能在另一试题考核中使用。

二、工具、材料和设备的准备

工具、材料和设备的准备仅针对一名考生而言，鉴定所（站）应根据考生人数确定具体数量。下面列出完整的国家职业技能鉴定中级维修电工操作技能考核工具、材料和设备准备通知单。

题1：用硬线进行较复杂继电-接触器式基本控制电路的安装与调试。

序号	名称	型号与规格	单位	数量	备注
1	三相四线电源	3×380/220V、20A	处	1	
2	单项交流电源	220V 和 36V、5A	处	1	
3	三相电动机	Y112M—4,4kM、380V、三角形联结;或自定	台	1	
4	配线板	500mm×600mm×20mm	块	1	
5	组合开关	HZ10—25/3	个	1	
6	交流接触器	CJ10—10(线圈电压为 380V)或 CJ10—20(线圈电压 380V)	只	4	
7	热继电器	JR16—20/3(整定电流 10~16A)	只	1	
8	时间继电器	JS7—4A(线圈电压 380V)	只	1	
9	整流二极管	2CZ30(15A、600V)	只	4	
10	控制变压器	BK—500(380/36V、500W)	只	1	
11	熔断器及熔体配套	RL1—60/20	套	3	
12	熔断器及熔体配套	RL1—15/4	套	2	
13	三联按钮	LA10—3H 或 LA4—3H	个	2	
14	接线端子排	JX2—1015(500V、10A)15 节或配套自定	条	1	
15	木螺钉	ϕ3mm×20mm;ϕ3mm×15mm	个	30	
16	平垫圈	ϕ4mm	个	30	
17	圆珠笔	自定	支	1	
18	塑料硬铜线	BV—2.5mm,颜色自定	米	20	
19	塑料硬铜线	BV—1.5mm,颜色自定	米	20	
20	塑料软铜线	BVR—0.75mm,颜色自定	米	5	
21	别径压端子	UT2.5—4,UT1—4	个	20	
22	异型塑料管	ϕ3mm	米	0.2	

（续）

序号	名称	型号与规格	单位	数量	备注
23	电工通用工具	验电笔、钢丝钳、螺钉旋具（一字形和十字形）、电工刀、尖嘴钳、活扳手、剥线钳等	套	1	
24	万用表	自定	块	1	
25	绝缘电阻表	型号自定，或 500V、0~200A	台	1	
26	钳形电流表	0~50A	块	1	
27	劳保用品	绝缘鞋、工作服等	套	1	

注：考试时间为 240min。

题 2：检修较复杂机床的电气控制电路。

序号	名称	型号与规格	单位	数量	备注
1	机床	Z3050 型车床	台	1	
2	机床配套电路图	Z3050 型车床配套电路图	套	1	
3	故障排除所用材料	与相应的机床配套	套	1	
4	单相交流电源	220V 和 36V、5A	处	1	
5	三相四线电源	3×380V/220V、20A	处	1	
6	电工通用工具	验电笔、钢丝钳、螺钉旋具（一字形和十字形）、电工刀、尖嘴钳、活扳手、剥线钳等	套	1	
7	万用表	自定	块	1	
8	绝缘电阻表	型号自定，或 500V、0~200A	台	1	
9	钳形电流表	0~50A	块	1	
10	黑胶带	自定	卷	1	
11	透明胶带	自定	卷	1	
12	圆珠笔	自定	支	1	
13	劳保用品	绝缘鞋、工作服等	套	1	

注：考试时间为 45min。

题 3：直流双臂电桥的使用与维护。

序号	名称	型号与规格	单位	数量	备注
1	支流双臂电桥	Q 型或自定	台	1	
2	被测绝缘电线	RV—0.5（16/0.2）或自定	米	2	
3	被测绝缘电线	RV—0.5（16/0.2）或自定	米	5	
4	绝缘电线	BVR—4	米	1	
5	万用表	500 型或自定	块	1	

注：考试时间为 120min。

题 4：正确遵守各种安全规程。

序号	名称	型号与规格	单位	数量	备注
1	劳保用品	绝缘鞋、工作服等	套	1	
2	安全设施	配套自定	套	1	

三、考场准备

1. 考场面积为60m^2，设有20个考位，每个考位有一个工作台，每个工作台的右上角贴有考号，考场采光良好，不足部分采用照明补充，保证工作面的照度不小于100lx。

2. 考场应干净整洁，空气新鲜，无环境干扰。

3. 考场内应设有三相电源并有漏电保护器。

4. 考前由考务管理人员检查考场各考位应准备的器材、工具是否齐全，所贴考号是否有遗漏。

四、人员要求

1. 监考人员与考生比例为1∶10。

2. 考评员与考生比例为1∶5。

3. 医务人员1名。

五、其他

本试卷总的考试时间为350min（不包括准备时间）。

参 考 文 献

[1] 王建明. 维修电工实训 [M]. 北京：机械工业出版社，2015.
[2] 陈亚南. 维修电工技能实训项目教程（中级）[M]. 北京：机械工业出版社，2012.
[3] 张明金. 电工技能训练 [M]. 北京：机械工业出版社，2012.
[4] 施振金. 电机与电气控制 [M]. 北京：人民邮电出版社，2012.
[5] 赵承荻. 电机与电气控制技术 [M]. 北京：高等教育出版社，2007.
[6] 李益民. 电机与电气控制技术 [M]. 北京：高等教育出版社，2006.
[7] 王兰君，张景皓，黄海平. 电气设备检修电工速成 [M]. 北京：人民邮电出版社，2008.